石油化工与勘探技术应用

林章碧　王菲菲　刘克胜　主编

吉林科学技术出版社

图书在版编目（CIP）数据

石油化工与勘探技术应用 / 林章碧，王菲菲，刘克胜主编 . -- 长春 : 吉林科学技术出版社，2024. 6.
ISBN 978-7-5744-1453-2

Ⅰ . TE

中国国家版本馆 CIP 数据核字第 20249731RY 号

石油化工与勘探技术应用

主　　编　林章碧　王菲菲　刘克胜
出 版 人　宛　霞
责任编辑　郭建齐
封面设计　刘梦杳
制　　版　刘梦杳
幅面尺寸　185mm×260mm
开　　本　16
字　　数　358 千字
印　　张　17.375
印　　数　1~1500 册
版　　次　2024 年6月第1 版
印　　次　2024年10月第1次印刷

出　　版　吉林科学技术出版社
发　　行　吉林科学技术出版社
地　　址　长春市福祉大路5788 号出版大厦A 座
邮　　编　130118
发行部电话/传真　0431-81629529 81629530 81629531
81629532 81629533 81629534
储运部电话　0431-86059116
编辑部电话　0431-81629510
印　　刷　廊坊市印艺阁数字科技有限公司

书　　号　ISBN 978-7-5744-1453-2
定　　价　98.00元

前 言

随着科学技术的进步，以及勘探经验的不断积累，现代油气勘探已经步入综合勘探的新阶段。通过全方位收集地下地质信息，采用多种技术，对控制油气的因素进行综合研究，找到了一批较难以发现的油气田。特别是随着新的地质和油气地质理论，如板块构造理论、层序地层学理论、烃源岩及储层地球化学理论、含油气系统概念等的不断涌现；现代勘探技术，如三维地震技术、深井超深井钻井技术、成像测井技术、计算机应用技术等的飞速发展；勘探领域开始向深层，向隐蔽圈闭，向海洋、沙漠、复杂山地和极地等新领域延伸，油气勘探开始进入全新的发展时期。

油田开发地质学包含了石油地质学、构造地质学、沉积学、生物地层学、层序地层学、流体力学、地质统计学、地球物理等，研究内容涵盖从宏观的地球演变到微观的孔隙喉道，兼容确定性实验成果与不确定性评估预测，旨在支撑油气田高效开发，具有阶段性、时效性、动态性、预测性、实用性。油气田开发地质学现在已经成为一门独立的应用科学，油气田开发地质学不同于石油地质学，它的特殊性在于着重描述控制和影响油气开发效果的地质特征，而不是描述所有的石油地质特征。“认识油气藏”和“改造油气藏”是始终贯穿油气田开发全生命周期的两大任务。油气田开发地质学的主要任务是认识油气藏，指导油气藏科学、经济地开发。油气田开发地质学是油田开发工程学的地质基础，油田开发技术的进步（如水平井、三次采油技术）和新类型油气藏的出现（如非常规油气藏）又在不断地发展和完善着油气田开发地质学。

本书围绕“石油化工与勘探技术应用”这一主题， 以油气田勘探为切入点，由浅入深地阐述油气藏地质、 储层研究方法、油气储层地质，并系统地分析了测井解释技术与应用、油藏地球化学基础与应用等内容，诠释了油田化学堵水、建筑工程流水施工等理论，以期为读者理解与践行工程建筑施工建设。本书内容翔实、条理清晰、逻辑合理，兼具理论性与实践性，适合于从事相关工作与研究的专业人员。

限于作者的水平，本书可能存在许多不足或错误，敬请各位读者批评指正。

目 录

第一章　油气田开发研究

油气田开发工程的研究对象是油气藏和油气田。科学合理地开发油气田，首先，要对油气层及其中流体的特性有深刻的认识；其次，要制订出适合于该油气田情况的开发方案；最后在油气田的开发过程中，还要经常对油气层的动态进行预测和分析，以不断加深对油气田的认识，进行油气田开发方案的调整，做到自始至终科学合理地开发油气田。

油气藏埋藏在地下，究竟处于什么样的状态？其几何形态、空间分布如何，内部结构如何？其内所含流体的分布、性质、状态又如何呢？当在油气田上钻井对其进行开发时，油气层中的流体又是如何流动的，它遵循什么规律呢？

第一节　油气田的地下构造

目前世界上所发现的油气田有99%是在沉积岩里，这些沉积岩都是由不同年代的沉积物经压实、成岩作用后形成的，通常是以成层、成片或成块的形式处于地下。在沉积岩形成的初期，它近似于水平，同一层内部存在着某种连续性，后来受到地壳运动的拉伸和挤压，发生了弯曲、扭曲甚至断裂，形成可以储集油气的地下构造。

研究地质构造的目的是弄清它与油气藏的关系。因为油气藏的形成与分布，都是受一定的地质构造条件所控制的。因此，地质构造条件的好坏是能否形成油气藏的重要因素。

一、地质构造

下面简要介绍与油气勘探开发关系密切的几种最基本的地质构造类型。

（一）倾斜岩层

倾斜岩层是指岩层层面和水平面形成一定的交角，而且岩层倾斜方向、倾角在一定范围内基本一致的岩层。它往往是其他地质构造的一部分，如后面介绍的褶曲构造的一翼、断层的一盘等。因此，在油气勘探钻井过程中，会经常遇到各种各样的倾斜岩层。研究倾斜岩层是搞清地质构造的基础。

1.倾斜岩层的产状要素

倾斜岩层的产状要素是指岩层的走向、倾向及倾角。一旦知道这3个要素，岩层在空间的位置就可以确定。根据岩层产状要素的变化，用制图的方法，可以了解与判断地质构造的形态。

（1）走向：岩层面与水平面交线的方向叫走向。

（2）倾向：岩层倾斜的方向叫倾向，也采用方位角表示。

（3）倾角：倾斜线OB与倾向线OC之间的夹角叫倾角，它是倾斜岩层的最大倾斜角，故又称真倾角。

2.产状要素确定方法

地质罗盘是用来在地面直接测量岩层产状的既简单又轻便的仪器。它的结构很简单，有磁针、刻度盘、测斜器及水准器，用它可直接在岩层地面露头上测得岩层的走向、趋向及倾角。

地下某个岩层产状要素的确定，可利用通过某岩层所钻三口井的资料来确定。每口井通过该层面的海拔高程确定后，用作图的方法可求得其产状要素。

（二）褶曲构造

一本很平整的书，放到桌面上，两端受到挤压后，它将变成弯曲的形状。这种弯曲有的部分向上凸起，有的部分向下凹陷。同样地，地壳表面沉积的水平岩层，在地壳运动过程中受构造力的作用，使其发生弯曲，这种发生弯曲的岩层叫作褶曲构造。

自然界弯曲的岩层虽然形态千变万化，褶曲的幅度有大有小，岩层出露时代有老有新，但根据它们的外表形态来看仅有两大类，即背斜构造和向斜构造。

背斜构造是指岩层向上弯曲的褶曲，其核部的地层比外围的地层要老。

向斜构造是指岩层向下弯曲的褶曲，其核部的地层比外围的地层要新。

如果在背斜的附近有油气源，则该背斜可能含有烃类，形成油气藏。因此，在油气勘探中，背斜是石油地质学家很感兴趣的地质构造，成为其寻找的主要目标之一。

（三）断层

断层是指岩层在构造力作用下，沿破裂面发生显著位移的构造现象。一方面它可以使油气藏遭到破坏，另一方面它也可以形成断层封闭类型的油气藏。

一般根据断层上、下盘沿断层面相对位移的情况，对断层进行分类。

正断层：上盘相对下降，下盘相对上升的断层称正断层。正断层在地面或井下的标志为地层缺失。

逆断层：上盘相对上升，下盘相对下降的断层称逆断层。逆断层在地面或井下的标志为地层重复。

平推断层：岩层沿断层面做水平错动，而无明显的上升或下降的断层称平推断层。

在自然界中，断层往往不是孤立存在，而是成群成组出现，它们的组合关系有阶梯正断层、地垒构造、地堑构造和叠瓦状构造。

（四）裂缝

裂缝据其成因可分为成岩缝及构造缝两种。对于构造缝，它是在地壳运动构造力作用下，使岩层发生变形，这种变形超过了岩石的弹性极限，使其发生破裂，但岩层沿破裂面没有发生明显的位移，由于裂缝的存在，使地下水沿裂缝进行溶蚀并发生次生变化，使裂缝在原来的基础上进一步扩大和互相连通，造就了形成油气藏有利的地质条件。

裂缝的分类方法很多，依据不同的标准有不同的分类方法。如依据岩石的受力性质，可将裂缝分为张裂缝和剪切裂缝。

张裂缝：岩层受张应力作用，沿最大张应力面所产生的裂缝称张裂缝。这种裂缝往往是张开的裂缝，裂缝面粗糙不平且带颗粒，裂缝面上没有擦痕。

剪切裂缝：岩层受切应力作用，沿最大剪切面形成的两组“×”交叉的裂缝称剪切裂缝。这种裂缝通常是闭口的裂缝，它可沿岩层走向和趋向延伸很远的距离。裂缝面上常具有擦痕、滑动沟和滑动镜面等位移痕迹。

二、认识地下构造的手段和方法

从沉积史来看，在地壳上的沉积岩从古到今，深浅不一。但我们最感兴趣的并不是从地面至地下地层的全部，而是油气的储集层及其盖层、夹层和底层，以及其延伸和边界。为了兼顾上下层间联系及钻井工程等的需要，还需简要了解上覆岩层的层序及其接触关系。这就是说，就油气藏构造而言，需要了解其构造形态、闭合面积、闭合高度和倾角、圈闭类型及条件，如盖层、褶皱、断层等，储层的断裂系统、断层的性质、产状和密封性等。

人们在长期的生产实践中，研究和总结出一套探明和了解地下构造和沉积地层层序的手段和方法。

（一）地震法

地震法是地球物理方法中有效的方法之一。地球物理方法是基于研究地球物理条件的若干基本变化，如地球中的重力变化，磁场的异常和电性的变化等，它涉及地球的组成和物理现象。在石油勘探中最常被解释的现象是地球的磁力、重力，尤其是地震波。因此，可采用敏感度高的仪器来测量与地下条件相关的物理性质的变化，而这些变化能够指出可能的含油气构造。

早期使用的地球物理勘探工具是原始的。第一次用于油气勘探的地球物理仪器是地面磁力仪、折射地震仪、重力仪，继而使用反射地震仪及航空磁力仪。

地震勘测通常是钻开探测部位之前的最后一个勘探步骤。重力和磁力法提供一般性的资料，而地震法可以详细和精确地给出有关地下构造和地层的情况。地震资料的采集是通过人工产生震动，用地震仪探测它们并记录下来，最后将它们绘成地震波曲线。根据地震波曲线可以形成地震剖面，从而就可大体确定有希望含油气构造的位置、深度、倾角、延伸的方向、大断层的发生处等。

地震图仍属于资料不完备下的解释，它不能保证解释的结果是完全正确的。因此，当地震解释结果与钻井资料或开发地质者的构造概念发生矛盾时，往往需修正地震资料的解释结果。

（二）钻井取芯和录井

这是直接认识地下构造和油层的方法。油气勘探的第一步是采用地震勘探等地球物理方法寻找地下可能储集油气的构造或地层圈闭。为了证实其中是否存在油气，需要在其上钻探井。在钻井过程中利用专门的取芯工具将地下岩心取上来观察分析，并通过实验室的分析化验，测得地下不同深度处岩层的物理性质。

除钻井取芯以外，岩屑录井也是认识地下构造和岩层的一种方法。所谓岩屑录井，就是在钻井时，从循环的钻井液中连续捞取井底返上来的岩石碎屑进行分析研究，来了解地下岩层的情况。这种方法简单易行，应用普遍。

因此，通过钻井取芯和录井，结合地质综合研究，可以得到该地区反映不同深度、不同地质年代岩性变化的地质纵剖面图。

第二节 储集层的性质和分布状况

一、储集层的基本特征

（一）碎屑岩储集层

碎屑岩储集层的岩石类型有砾岩、砂砾岩、粗砂岩、中砂岩、细砂岩和粉砂岩。目前，我国所发现的碎屑岩油气藏，多数以中砂岩、细砂岩为主。

砂岩一般是由颗粒、基质和胶结物组成的。组成砂岩的颗粒具有多种不同的粒度。基质是颗粒之间细微的颗粒物质，一般由黏土级的颗粒组成，其体积可以超过砂粒颗粒。此时，砂粒就悬浮在基质中，彼此不相接触。

作为胶结物，许多砂岩在孔隙中含有干净的结晶物质，通常是石英和方解石。由于所有的砂岩深埋时都具有孔隙水，并且二氧化硅微溶于水，所以它能转移和沉淀。它沉淀在石英颗粒上，具有与原来相同的结晶构造，故其覆盖在原来的石英颗粒表面上无法辨认。次生的氧化硅表面是平滑的，就像石英晶体一样。

根据砂岩沉积的状况，其可以是曲流河点坝砂体、三角洲分流河道砂体、三角洲前缘指状砂岩体、岸外堤坝砂岩体和冲积扇砂砾岩体等。因此，砂岩可以成薄层状、厚层状、块状、互层状，分布可以是连续的、稳定的，也可以是变化的。根据岩相、沉积旋回韵律及其分隔情况，我国学者将这类砂体的油层划分为四级。

1.单油层

单油层通称小层或单层，是组合含油层系的最小单元。单油层间应有隔层分隔，其分隔面积大于其连通面积。

2.砂岩组

砂岩组又称砂层组或复油层，由若干相互邻近的单油层组合而成。同一砂岩组内的油层，其岩性特征基本一致，组内相互之间具有一定的连通性，而砂岩组间上下均有较为稳定的隔层分隔。

3.油层组

油层组由若干油层特性相近的砂岩组组合而成。以较厚的非渗透性泥岩作为盖底层，且分布于同一相段之内，岩相段的分界面即为其顶底界限。

4.含油层系

含油层系由若干油层组组合而成，同一含油层系内的油层，其沉积成因、岩石类型相近，油水特征基本一致，含油层系的顶底界面与地层时代分界线具有一致性。

（二）碳酸盐岩

碳酸盐岩的主要矿物成分是方解石和白云石，据此可把碳酸盐岩分为两大类。当方解石含量大于50%时称为石灰岩，当白云石含量大于50%时称为白云岩。

石灰岩和白云岩都具有化学活泼性和脆性，容易形成缝洞，油气就储集在这些缝洞之中。我国四川盆地的主要储集层就是碳酸盐岩。就世界范围来说，碳酸盐岩油田储量约占世界石油总储量的57%，其产量约占世界石油总产量的60% 。

与砂岩一样，碳酸盐岩的孔隙度通常受沉积环境的控制，最重要的作用是波浪和水流的簸扬作用。这种作用带走了细颗粒，使其具有粒间孔隙度和渗透率。

碳酸盐岩的主要组分为颗粒、泥、胶结物、晶粒及生物格架。常见的颗粒类型很多，其中最主要的有4种：生物颗粒、原生沉积的石灰岩碎屑、蠕虫粪便、缅粒—灰质颗粒。

基质是黏土粒级的石灰质，有灰泥（方解石）、云泥（白云石）之分，称为泥晶。胶结物是干净的次生方解石。碳酸盐岩的原生孔隙是在沉积过程中，由强烈的波浪或水流带走细粒泥质后形成的。此时，石灰岩主要由颗粒组成，具有少量泥晶。次生孔隙是石灰岩沉积后，溶解和再沉淀形成的。最常见的类型是印模和沟，印模是某些颗粒受到选择性溶解留下的洞穴，而沟是溶液流经岩石所溶蚀出来的小沟。

碳酸盐岩储集层单位体积内的储集空间小，但其厚度大，缝洞分布极不均匀，且缝又常具有组系性和方向性。

二、储集层的性质

储集层的性质和储存油气的岩石有着密切的关系。岩石的种类繁多，已经被人们认识的就有100多种，如花岗岩、石灰岩、砂岩、泥岩、页岩、大理岩、白云岩等。并不是所有的岩石都能成为储集层，能够形成储集层的岩石必须具有两个条件：一是要有孔隙、裂缝或孔洞等，让油气有储存的地方；二是孔隙之间、裂缝之间，或是孔洞之间能够互相连通，构成油气流动的通道。当前，世界上常见的储集层种类很多，主要有砂岩储集层、砾岩储集层、泥岩裂缝储集层、碳酸盐岩储集层、火山岩储集层等。如我国黑龙江省的大庆油田、山东的胜利油田、辽宁的辽河油田等都是砂岩储集层（油层），而新疆克拉玛依油田则是以砾岩储集层为主的油层。储集层的类型很多，这里以砂岩储集层为主介绍它的特性，主要有储集层的孔隙度、渗透率、含油饱和度和有效厚度，这些都是储集层的物理性质，通常把它们叫作储集层的“物理参数”，可以用数字来表示。这些数据是油田计算储量、制订油田开发方案和掌握油田动态的基本数据。

（一）储层的孔隙度

储层中的岩石是由大小不一的岩石颗粒胶结而成的。在被胶结的颗粒之间，存在着微细的孔隙，如同用于修房屋的砖一样。假如一块砖在通常情况下的质量是3kg，那么把这块砖放在水中浸泡以后，再去称它就可能成为3.5kg，其中有0.5kg的水浸入了砖的孔隙中。同样地，油气通常就储存在储层岩石的孔隙中。为了计算储层储油气能力的大小，人们把储层岩石中孔隙的总体积占储层岩石总体积的比值叫作孔隙度，通常用百分数表示。

储层的孔隙度可以用实验的方法获得。孔隙度大，说明岩石颗粒之间的容积大，储集油气的场所就大；孔隙度小，储层岩石颗粒之间的容积小，储集油气的场所就小。

（二）储层的渗透率

在储层中，除了具有能储存油气的孔隙，还必须具有油气水能在孔隙之间流动的通道，才能在压力的推动下使油气从储集层流向井底。油气水在储层互相连通的孔隙中，在一定压力的推动下发生渗流，这种允许流体渗透的性质，也就是流体通过孔隙的难易程度，就叫作储层的渗透率。我们经常会见到这种现象，下雨之后，砂地上的水很快渗入砂内，地表面不存水，而泥土地上的水很长时间还残留在地面，容易形成积水。其原因就是砂地具有较大的孔隙通道，并且孔隙互相连通，也就是其渗透性好；而泥土地孔隙通道小，孔隙之间连通也不如砂地，渗透性就差。储集层也是如此，为了说明储层的渗透能力，一般用渗透率表示。储层的渗透率是不均匀的，不同的油田，不同的油层，渗透率有高有低，即使在同一油层内，也可能有很大的变化。

（三）含油饱和度

油层的孔隙里是不是都盛满了原油呢？不是的，一般来说，孔隙里含有油、气和水。人们把油层孔隙里的含油体积与孔隙体积的比值，叫作油层的含油饱和度。这个数值越高，说明油层中的含油量越多。这个参数也是计算油田储量的重要数据。

油层的含油饱和度，可以通过直接钻井取芯获得。但是，在取岩心时一定要采取得当时措施，尽可能保持岩心在地下的原始状态，避免外界干扰而失真，从而确保含油饱和度测定的准确性。通常采用油基钻井液取芯，也可以用实验室的方法求得。

（四）油层有效厚度

砂岩油田的油层通常有几层，甚至几十层。每一层的厚度大小是不同的。有的油层厚度达十几米，甚至几十米；有的油层可能薄到几厘米；还有的油层含油性质差，厚度也小，不具有工业开采价值。因此，为了准确计算油田的储量，将油层的总厚度去掉无工业开采价值油层的厚度，所剩下的厚度称为油层的有效厚度。油层的有效厚度是评价油层好坏、计算油田储量的重要参数。

三、油层的分布状况

油层在地下是如何分布的呢？这个问题对于评价油层进行油田开发设计、编制油田开发方案是一个重要的方面。

砂岩油层在地下是不是像人们想象的那样，一层一层均匀、整齐地分布着呢？不是的。从我国东部几个大油田的油层在地下分布的实际资料来看，深埋在地下几百米、上千米的油层是由很多不规则的砂体组成的。假如把地下的油层搬到地表上来，沿着油层横向进行追索，就可以看到，在一个油层中，它们的横向变化是很大的，一段是砂岩，一段是泥岩，有时是泥岩包围着砂岩，或是砂岩中包着泥岩。也就是说，在某一层内，不是单纯的砂岩或泥岩，而是既有砂岩又有泥岩。砂岩的部分叫作砂体，而把含油的砂体叫作油砂体。

在不同沉积条件下形成的油砂体，形态复杂多样。从平面上看，砂体的形态有长条状、手掌状以及其他不规则形态；单个砂体最大面积可达几百平方千米，最小的还不到1km^2。储油性好、渗透率高的砂体与储油性不好、渗透率低的砂体，其渗透率可以相差几十倍甚至几百倍。从纵向上看，在一套油层内厚薄不同、性能不同的油砂体参差错叠，互相串通。平面上既有大片分布的油砂体，也有零星分布的油砂体；在切开的剖面上可以见到很厚的、延伸很远的油砂体，也有薄层油砂体，错综复杂，形态不一。尽管如此，它们还是有一定规律的，在同样的沉积条件下形成的油砂体具有大体相同的形态特征和储油性能，概括起来主要有以下3种分布形态。

（一）厚层大面积连片分布的油砂体

这种形态的油砂体，从平面上看是大面积连片分布，而且油层延伸稳定。在这种油砂体内有的也混杂一些泥岩层或渗透性很差的岩层，但这些岩层都是孤立地、零星地分散在砂岩之中。从总体来看，砂岩体是大面积连续分布的，从切开的剖面上看，这种油砂体厚度大，当中有的也夹有一些很薄的泥岩和其他岩层的条带，但是这样的夹层延伸不远即消失。在厚层大面积连片分布的油砂体中，砂岩颗粒较粗，分选性好，孔隙度、渗透率都比较高，一般来讲是油田开发中的主力油层。

（二）薄层大面积分布的油砂体

这种油砂体其砂岩厚度薄，砂岩颗粒较细，虽然孔隙度、渗透率都不高，但油层均匀，也是油田开发中的好油层。

（三）孤立的各种形态的油砂体

这种油砂体的形态比较多，但大多呈孤立的、零星的分布。如长条状的油砂体，形态比较简单，往往沿着一个方向延展；还有零星分布的油砂体，砂岩呈一坨坨的砂体，有的形状像手掌；等等。砂体和砂体之间互不连通，被一些泥质岩所包围。这种油砂体一般属于差油层。

四、认识油层的手段和方法

人们在长期的生产实践中，总结了一套认识油层的手段和方法。这些方法主要包括钻井取芯和录井、地球物理测井、试油以及油层对比等。

（一）钻井取芯和录井

钻井取芯是直接认识油层的方法。在钻井过程中，利用专门的取芯工具将地下油层的岩心取上来观察分析，并通过实验室的分析化验，测得油层的物理性质，如孔隙度、渗透率和含油饱和度等参数。根据分析研究的结果来认识油层的性质，并对油层进行评价，为油田开发研究提供第一手资料。

除钻井取芯以外，岩屑录井也是认识油层的一种方法。岩屑录井又称砂样录井。在钻井过程中，随着钻头不断地破碎地层，而钻井液又连续不断地将这些破碎了的岩石碎块带到地面，地质人员按照一定的深度间隔，及时地把它收集起来进行观察描述，以了解井下地层变化情况，建立地层剖面，认识地下油层。

（二）地球物理测井

取岩心虽然是认识油层最直接的方法，但是会影响钻井速度，提高钻井成本。因此，对一个油田来讲，不可能每口井都取芯。在实际工作中，通常是在油田勘探和开发的初期，根据油田地质情况钻一定数量的取芯井，取出岩心直接进行观察分析。同时，还采用一种间接认识油层的方法，即地球物理测井。

地球物理测井是20世纪才发展起来的一门科学技术。它是根据不同的岩石具有不同的物理性质（如导电性、传热性、弹性、放射性等）这一思路提出来的。因此，地球物理测井就是通过对地下岩石的各种物理性质的测量，间接认识岩石各种性质的方法。如含原油的岩石，由于其中含有导电性很差的油，就会表现出高电阻率的特征。因此，人们根据测得的岩石电阻率等参数，就可间接推断岩石的孔隙性、渗透性和含油性质等。

地球物理测井就是利用专门的仪器下入井内，沿着井身测量在自然条件下各种岩石的物理性质，用以研究和认识地下油层及油层中所含油、气、水特性的方法。一般来说，岩石具有导电性、放射性、磁性和机械性质等，因而相应地就有视电阻率测井、放射性测井、自然电位测井和声波测井等方法，下面对其进行相应的简要介绍。

1.视电阻率测井

视电阻率测井法，简称电阻测井。其物理基础就是岩石不同，它们的导电能力也不同，即电阻率不同。对于相同结构的岩石，如果孔隙中所含流体性质不同，其电阻率也不同。例如，含油的砂岩电阻率就高，而含水的砂岩电阻率就低。

电阻率测井是利用3个电极，从地面下入井内，向井内供电，同时还需要个测量电极，用以测量从井底至井口各岩层的电阻率。因此，在仪器沿井身自下而上的测量过程中，如放电电极正对着容易导电的岩层或含水的砂岩时，通过的电流就多；相反地，当电极碰到不易导电的岩层或是油砂岩时，通过的电流就少。通常用曲线将测量结果表示出来，借助这条曲线就可了解地下岩层中含油、气、水的一般性质。这种测井方法主要用来划分油、气、水层。

2.自然电位测井

人们在实践中发现，在没有外加电场的情况下，测量电极在井内移动时可以测量到一条随井深而变化的电位差曲线。显然，井中的电位是自然产生的，而不是人工供电的，因此称为自然电位。井内自然电位是由于两种不同浓度的溶液（钻井液和地层水）相接触而形成的。用测量电极沿井深测量自然电位的变化，称为自然电位测井。这种测井方法主要用来区分岩层，进行地层对比和确定渗透层。

3.放射性测井

放射性测井就是通过测量岩石的自然放射性和人工放射性，划分井下岩层和油、气、水层的测井方法。

人们通过大量的岩石自然放射性实验研究，发现岩石中含有铀、钍等放射性物质和它们的分裂产物及放射性钾。这些物质能够放射出α、β、γ射线，其中以γ射线为最强。但是，不同的岩石，它们的自然放射性强度是不同的。一般来说，岩石的自然放射性强度随岩石泥质含量的增加而增高。因此，根据放射性测井曲线可以划分井下岩性和判断泥质含量，进行剖面对比等。

放射性射线能穿过井中泥浆、套管和水泥环。因此，放射性测井可以在已下套管的井中进行测量，它在这一方面要比电法测井更优越。同时，它还用于油田开采过程中，了解井下各层的生产动态等。

4.声波测井

利用不同岩石对声波的吸收能力和传播速度的不同，来研究井下岩层和油、气、水层的测井方法，称为声波测井。一般来说，随着岩石密度的增加，声速也增大。储集层的孔隙度越大，声速越小。

在测井过程中，将声波测井仪器下入井内，通过电缆由地面进行控制。当声波发声器发出一定频率的声脉冲后，经过地层进行传播的一束波，分别由相隔定距离的两个接收器所接收。根据这两个接收器所接收到的首波时间差，就可用来划分岩性，确定砂岩的孔隙度，划分裂缝渗透层，划分油、气、水层等。

以上只是简单地介绍了几种测井方法。但是，每种方法都是针对岩石与矿物的某种物理性质而提出的，它只能反映岩石物理性质的一个侧面。因此，为了全面了解地下油气层的性质，需要在同一口井中采用几种不同的方法进行测井，然后进行综合分析和对比。

随着现代科学技术的迅速发展，地球物理测井技术正向着综合、小型、数字化的方向发展。目前，已有使用一次下井可同时测量十多种曲线的综合测井仪，并直接应用计算机对测井记录进行处理。

（三）试油

通过取芯和测井等方法，虽然可以判断油层里是否含有油、气，但是，油层里有多少油？油层压力多大？有没有工业开采价值？这一系列问题还要通过试油来进一步证实。

当油井钻成之后，要向井筒里注入清水，把钻井时所用的钻井液置换出来，从而降低井筒内钻井液柱对油层的压力。如果油层的压力高于井筒里液柱压力时，油层里的油就能自动喷到地面上来；反之，油层压力低于液柱压力时，油层里的油就喷不出来。试油工作就是针对油井自喷和不自喷的情况，采用各种方法分别测得油井的产油量、产气量和油层压力等资料，为油田开发方案的制订、储量计算、确定开采方式提供依据。

（四）油层对比

前面几种方法都是认识和了解一口井里油层的状况和特性。可以说是“一孔之见”。但是油田上有许多油井，而且井之间的距离往往有几百米到几千米，如何把分布这样广泛的油层情况认识清楚呢？只有把油田所有井的“一孔之见”联系起来，做到由此及彼，才有可能得出对整个油层的认识。其关键就是要把各个井点上同一层位的油层联系起来，搞清楚这口井的某油层和另外一口相邻井的哪个油层相当，是否属于同一个油层。例如，有一口井钻遇9个油层，而相邻的一口井钻遇4个油层，那么这9个油层怎样和这4个油层联系起来呢？由于地下构造和油层厚度变化的复杂性，一不能按照油层上下顺序连接，二不能依据厚度连接，三不能按照相同岩性连接。而应当在综合分析研究各个单层地质沉积特征的基础上进行对比连接。通过逐井分析比较，把在所有井点上同一层位的油层寻找出来，并把它们对应起来以后，就可以联系起来，全面研究这个油层的地质特点。在石油地质工作中，把这种寻找油井间相同层位油层的工作叫作油层对比。

第三节　油气藏流体分布

一、中国油气的宏观分布

（一）西北古生代褶皱区

位于我国西北阿尔泰至昆仑广大古生代褶皱区内，包括昆仑山以北的许多含油气盆地，如塔里木、准噶尔、吐鲁番、柴达木、酒泉、民和等，属中间地块、山前坳陷及山间坳陷、山前坳陷型，盆地走向以北西西向为主；拥有数千至万米中、新生界沉积岩系，一般在盆地南侧最厚；中、新生界多为陆相沉积，但塔里木盆地却有广泛的下第三系海相沉积；生油层系时代呈从北向南逐渐变新的趋势。现已开发克拉玛依—乌尔禾、独山子、老君庙、鸭儿峡、冷湖等油田，近年来又在塔里木盆地第三系、白垩系、侏罗系、三叠系及奥陶系均有重要发现；产油层属中、新生界孔隙性砂岩或砾岩，古生界石灰岩及变质岩中也获得了工业油流。

（二）康藏中、新生代褶皱区

康藏中、新生代褶皱区包括藏北中间地块及喀喇昆仑—唐古拉燕山褶皱带、冈底斯—念青唐古拉燕山褶皱带、川滇印支褶皱带及喜马拉雅褶皱带。在喜马拉雅山前坳陷和藏北中间地块，中、新生界沉积岩系发育，从叠系至下第三系多为海相沉积，具有良好生油层系，并已发现地面油气显示，是一个具有含油气远景的区域。

（三）二连—陕甘宁—四川沉陷带

二连—陕甘宁—四川沉陷带主要包括陕甘宁和四川两个含油气盆地，属台向斜型，范围广阔，在震旦系及古生界海相或海陆交互相沉积的基础上，接受了巨厚的三叠系及侏罗系海相或陆相沉积。四川盆地已开发川南气区和川中油区，前者以震旦系、石炭系、二叠系及三叠系海相碳酸盐岩为生产层，后者则在侏罗系深湖相碳酸盐岩和细砂岩中找到了工业油藏。近年来又在川北大巴山前和龙门山前获得了工业油流，扩大了四川盆地的含油气远景。陕甘宁盆地在晚三叠世延长统和早侏罗世延安统都已发现砂岩油藏，印支运动后造成的古地貌对延长统和延安统的油气聚集都可能有重要影响。

（四）松辽—渤海湾—江汉沉陷带

松辽—渤海湾—江汉沉陷带主要包括松辽、渤海湾、江汉等含油气盆地。前者属台向斜型，下白垩统湖相砂岩产油，著名的长垣型大庆油气聚集带就在这里。盆地内下白垩统生油条件良好，又具有物性甚佳的砂岩，构成旋回式和侧变式生储盖组合，背斜圈闭完整，油气聚集条件颇为优越，形成长期高产稳产的工业油田，是我国的主要石油基地。后两者属断陷型，包括单断及双断凹陷，形成多凸多凹、凸凹相间的构造格局，同断层有关的各种二级构造带发育，有断裂潜山构造带、断裂背斜构造带、断鼻带、断阶带等类型，下第三系湖相砂岩产油，已发现胜利、大港等油田。

（五）苏北、台湾及东南沿海区域

苏北、台湾及东南沿海区域包括黄海—苏北沉陷带及台湾—东南沿海大陆架的广大区域。在台湾西部山前坳陷已发现许多气田，产气层为第三系砂岩；在苏北坳陷中、新生界发育，已在下第三系砂岩中发现工业油藏。水深在200m以内的大陆架面积达130万km²，分布着巨大的沉积盆地和巨厚的沉积岩系，陆相下第三系及海相上第三系都具备良好的生、储油层系，油气资源蕴藏丰富，东南沿海大陆架将会成为世界上一个极为重要的盛产油气的区域。

我国油气资源具有下列主要特征。

（1）由于印度洋板块和太平洋板块俯冲作用的影响，在我国造成数量众多、类型齐全的含油气盆地。尤其中生代燕山运动和新生代喜山运动引起许多台向斜、断陷、中间地块、山间坳陷及山前坳陷剧烈下降，接受了巨厚中、新生代陆相沉积，成为我国目前最重要的一些含油气区域。

（2）海相及陆相生、储油气层系在我国都有发育，西部以中、新生界陆相沉积为主，东部则在陆相中、新生界之下，尚伏有古生界及中、上元古界海相沉积，形成多时代生、储油气层系重叠的多层结构。因此，我国产油气地层时代延续很长，从中、上元古界至第三系都拥有丰富的油气资源，甚至在第四系也发现了浅层天然气。

（3）我国东部与西部的基底和区域构造性质的明显不同，决定了含油气盆地类型，产油、气时代，油气聚集条件等方面都有重大区别。西部属挤压作用强烈的山间坳陷、山前坳陷及山前坳陷—中间地块型含油气盆地为主，中、新生界陆相地层产油，油气聚集多受压性构造控制；东部属张性作用明显的台向斜型及断陷型含油气盆地为主，中、上元古界，古生界及中、新生界的海相或陆相地层均产油气，油气聚集除受长垣、隆起控制外，多受张扭及压扭性断层控制。

二、油气藏中流体的宏观分布

对于一个含油气构造而言，由于流体间的密度差，使油、气、水在宏观上分布为水底部、油中部、气顶部。

三、流体的微观分布

油水在油层孔隙系统中的微观分布受岩石润湿性的制约，在水湿、油湿岩石中的分布明显不同。如果岩石表面亲水，其表面则被水膜所包围；如果亲油，则被油膜覆盖。

在孔道中各相界面张力的作用下，润湿相总是力图附着于颗粒表面，并尽力占据较窄小的孔隙角隅，而把非润湿相推向更畅通的孔隙中间部位。环状分布。由于含水饱和度很低，这些水不能相互接触彼此连通起来，因而不能流动，而以束缚水状态存在。与此同时，油的饱和度很高，处于"迂回状"连续分布在孔隙的中间部位，在压差作用下形成渠道流动。当含水饱和度增加时，水环也随之增大，直至增到水环彼此连通起来，成为"共存水"的一种形式，它能否流动决定于所存在的压差大小。含水饱和度增大高于共存水饱和度后，水也成"迂回状"分布而参与流动。随着含水饱和度的进一步增加，最终油失去连续性并破裂成油珠、油滴，成为"孤滴状"分布。油滴虽然靠水流能将其带走，但很容易遇到狭窄孔隙断面而被卡住，形成对液流的阻力。

当岩石颗粒表面亲油时，油水分布状态及其随饱和度的变化与上述情况相反。油水在岩石孔隙中的分布不仅与油水饱和度有关，而且还与饱和度的变化方向有关，即是湿相驱替非湿相还是非湿相驱替湿相。通常，将非湿相驱替湿相的过程称为驱替过程，随着驱替过程进行，湿相饱和度降低，非湿相饱和度逐渐增高。把湿相驱替非湿相的过程称为吸吮过程，随着吸吮过程的进行，湿相饱和度不断增加。由于岩石饱和流体的先后次序（润湿次序）不同，即使饱和度相同，油水在孔隙中的分布状态也不同。这种饱和顺序的先后也称饱和历史，它代表了从原始到现在的润湿（饱和）过程的次序，其中也包含着静润湿滞后的含义，因为所谓"静润湿滞后"也就是由于润湿（饱和）顺序不同所引起的滞后现象。

第四节 油气藏流体性质

一、组成

原油是石蜡族烷烃、环烷烃和芳香烃等不同烃类，以及各种氧、硫、氮的化合物所组成的复杂混合物，原油中的这些非烃类物质对原油的很多性质都有重大影响。

二、气油比

地层原油与地面原油相比最大的特点是在地层压力、温度下溶有大量气体。通常把在某一压力、温度下的地下含气原油在地面进行脱气后，得到$1m^3$原油时所分出的气体称为该压力、温度下地层原油的溶解气油比。

三、体积系数

（一）地层原油体积系数

地层原油体积系数B是原油在地下的体积（地层油体积）与其在地面脱气后的体积之比，它用于原油地下体积和地面体积之间的换算。

（二）原油收缩系数

地层原油在地面脱气后，其体积必然变小，称为地层原油的收缩，收缩的程度用收缩系数表示。

四、压缩系数

在油藏工程中，进行弹性储量计算时，随着地层压力的降低，除考虑岩石本身得弹性膨胀系数外，还必须考虑原油的弹性膨胀系数。

原油的弹性通常用压缩系数或弹性体积系数C_0来表示，它是指随压力的变化地层原油体积的变化率。

地层油的压缩系数主要决定于油中溶解气量的大小，以及原油所处的温度和压力条件。地层原油的溶解油气比越大，原油中的溶解气越多，使原油的密度减小得更多而具有更大的弹性，所以它的压缩率也越大。地面脱气原油的压缩系数一般为（4 ~ 7）× $10^{-4}MPa^{-1}$；地下原油的压缩系数一般为（10 ~ 140）× $10^{-4}MPa^{-1}$。地层温度越高，石油越轻，密度越小，弹性越大。压力增加，原油密度增大，则其弹性压缩系数越小。

五、黏度

地面脱气油的黏度变化很大，从零点几到成千上万毫帕·秒不等。从外表来看，有的可稀到无孔不入，而有的则可能稠成半固态的塑性胶团。

原油的化学组成是决定黏度高低的内因，也是最重要的影响因素。重烃和非烃物质（通常所说的胶质—沥青含量）使原油黏度增大。

第五节　流体在储气层中的流动

一、达西定律和渗透率

（一）渗滤试验和达西定律

1856年法国水文工程师亨利·达西在解决城市供水问题时，曾用未胶结砂做水流渗滤试验。

达西实验发现，当水通过同一粒径的砂子时，其流量大小与砂层截面积（A）及进、出口端的水头差（ΔH或ΔP）成正比，与砂层的长度（L）成反比。在采用不同粒径的砂粒和流体时还发现，流量与流体的黏度μ成反比。当其他条件如A、L、μ、ΔP相同时，粒径不同，其流量也不同。达西将非胶结砂层中水渗滤的实验研究结果概括成一个定律（后又被命名为达西定律）。在一定条件下，达西定律也适用于流体在胶结岩石和其他多孔介质中的渗滤。若将水头差折算成压力差计算，达西定律可以用式（1–1）来描述：

$$Q = K\frac{A\Delta p}{\mu L}\times 10 \qquad (1\text{–}1)$$

式中：Q——在压差Δp下，通过岩心的流量（cm^3/s）；

A——岩心截面积（cm^2）；

L——岩心长度（cm）；

μ——通过岩心的流体黏度（MPa·s）；

ΔP——流体通过岩心前后的压力差（MPa）；

K——比例系数，又称为砂子或岩心的渗透系数或渗透率，D（法定计量单位为μm^2）。

当岩心全部孔隙为单相液体所充满并在岩心中流动，岩石与液体不发生物理化学作用的条件下，对同一岩心，比例系数K的大小是与液体性质无关的常数。对不同孔隙结构的岩心，K值不同。因此，在上述条件下，K值仅仅是取决于岩石孔隙结构的参数，我们把这一系数称为岩石的绝对渗透率。

达西定律在力学上是反映流体流经岩心时呈现为黏滞阻力。

岩石的绝对渗透率K具有面积的因次，其物理意义十分明显。由此可说明渗透率是只与孔隙形状及大小有关的参数，它与通过流体的性质无关。其大小反映了岩石允许流体通过能力的强弱。因而，我们可以将渗透率理解为它代表了多孔介质中孔隙通道面积的大小和孔隙弯曲程度。渗透率越高，多孔介质孔道面积越大，流动越容易，可渗性也越好。

世界上，除非是裂缝和极疏松的砂岩，实际油气层岩石渗透率高于1个达西的很少，故常用渗透率单位为千分达西或毫达西。

（二）达西定律的推广

若某一性质与其在介质中的位置无关，则介质对该性质是均匀的，称为均匀介质；反之介质是非均匀的，称为非均匀介质。若某一性质与其沿介质中的方向无关，则介质对于该性质是各向同性的，称为各向同性介质；反之则介质是各向异性的，称为各向异性介质。若有两种以上流体（如油、气、水）同时在多孔介质中流动时，在饱和度一定的条件下，每一种流体对多孔介质有各自的相渗透率（或称为有效渗透率），它们与多孔介质的绝对渗透率的比值称为相对渗透率。

（三）达西定律的适用范围

达西定律的应用是有一定条件的。首先对于多孔介质本身，当其孔隙和喉道尺寸达到一定尺寸时，此时流体在介质中的流动不再属渗流范畴，达西定律流动不符合；另外对流体本身，当其为非牛顿流体时，达西定律也是不适用的，如流体在大裂缝和压裂酸化工艺产生的人工裂缝中的流动。这里仅讨论达西定律对渗流速度和流体密度的适用范围。

1.速度上限

达西定律是在一定范围内适用的，如当渗流速度增大到一定程度之后，除产生黏滞阻力外，还会产生惯性阻力。此时流量与压差不再呈线性关系，达西定律被破坏。那么如何确定保持线性渗流的最高渗滤速度呢？

若定义雷诺（Reynolds）数Re为：

$$Re=\frac{\rho dv}{\varphi\mu} \tag{1-2}$$

式中：φ——介质孔隙度；

μ——流体黏度；

v——渗流速度；

ρ——流体密度；

d——介质等效（平均）毛细管直径。

此即为渗流时符合达西定律的临界流速公式，若超过此临界流速，线性渗流转为非线性渗流，流动不再符合达西定律。

此外，在低速渗流时，由于原油与岩石之间产生吸附作用，或在黏土矿物表面形成水化膜，降低了岩石的渗透率，因而必须有一个附加的压力梯度，克服吸附层的阻力，液体才能开始流动。这样，流量和压差间的直线关系也遭破坏。而气体在致密岩石中低速渗流时，却会出现与液体低速渗流时完全不同的现象，这就是气体滑动（滑脱）现象。

2.速度下限

在很低速度下达西定律也不适用。例如，在低速情况下，水出现宾厄姆（Bingham）流体的流变特性，即存在一个启动压力梯度或水力梯度（h_1-h_2）$/L$。对水在黏土中流动，这个启动水力梯度可以大于30。关于牛顿流体在低速或低压力梯度下出现类似非牛顿流体特性的机理，有多种不同的说法。一种说法是流体与毛管壁之间存在着静摩擦力，压力梯度必须大到一定数值才能克服这种静摩擦力。一种说法是颗粒表面存在着吸附水层，这种吸附水层阻碍着流体的启动。

对于原油，其中常含有少量的氧化物，如环烷酸、沥青质、胶质等表面活性物质，这些活性物质会与岩石之间产生吸附作用，出现吸附层，必须有一个启动压力梯度克服吸附层形成的阻力，才能使原油开始流动。当流速增大以后，吸附层就会被破坏，岩石的渗透性使得以恢复。

3.密度下限

对于气体渗流，在低密度亦即低压状态下，达西定律也不适用。气体流动按其密度的高低可分为连续流、过渡领域、滑流和自由分子流4个层次。气体分子运动过程中与其他分子两次碰撞之间的距离称为一个自由程。气体的密度可用平均自由程来表示，当气体分子的平均自由程接近毛细管管径的尺寸时会出现滑流现象，即管壁上各个分子都处于运动状态而不再为零。这与连续流情形相比相当于多出一个附加的流量。在渗流力学中把这种效应称为Klinkenberg效应。

二、连续性渗流微分方程

连续性渗流微分方程是流体在多孔介质渗流过程中质量守恒（有时用体积守恒或摩尔数守恒）的数学表达式。它是描述物质运动的一个基本方程（组）。

描述流体在多孔介质中能运动有两种观点。一种叫欧拉（Euler）观点，另一种叫拉格朗日（Lagrange）观点。前者着眼于空间的各个固定点，从而了解流体在整个空间里的运动情况；后者着眼于流场中各个流体质点的历史，从而进一步了解整个流体的运动情况。

在渗流力学中，一般的过程均用欧拉方法描述，相对来说欧拉方法要简单一些，因而较为常用。这是由于在流体运动的方程中，表示流体质量、动量和能量输运的项，总是用瞬时空间导数表示的。但在某些情况下，例如，在研究驱替流体和被驱替流体界面的推进过程时，用拉格朗日方法描述更为有效，这是因为这种界面始终是由一组固定的流体质点所组成的物质面。

另外，在渗流力学中，源和汇占有重要地位，并且涉及各种不同类型的源和汇。总的来说，按其在空间中所占的位置可分为平面点源（汇）、空间点源（汇）和连续分布源（汇）；而按其作用的时间可分为稳态源（汇）和非稳态源（汇），其中，非稳态源（汇）又可分为瞬时源（汇）和持续源（汇）。毕竟在油气开采过程中，是要将储层内的油、气流体开采出来，在数学上将生产井称为汇，注入井称为源。

单相流体渗流的连续性方程，我们用欧拉观点来描述质量守恒定律。为此，在流场中任取一个控制体Ω，该控制体内有多孔介质，其孔隙度为φ。多孔介质被流体所饱和，包围控制体的外表面为σ，在外表面σ上任取一个面元为$d\sigma$，其外法线方向为$\vec{n}$，通过面元$d\sigma$的渗流速度为$\vec{v}$，于是单位时间内通过面元$d\sigma$的质量为$\rho\vec{v}\cdot\vec{n}d\sigma$，因而通过整个外表面$\sigma$流出流体的总质量为：

$$\oint_{\sigma}\rho\vec{v}\cdot\vec{n}\mathrm{d}\sigma \tag{1-3}$$

储集层的岩石中往往发育着无数的裂缝，这些裂缝把岩石分成很多小块，称为基质岩块。我们可以将这类介质分成两类：一类是单纯天然裂缝介质，即基质块中没有孔隙，也不渗透。裂缝既是流体的储存空间，又是流体的流动通道。对这类介质可以按裂缝所占的体积定义一个孔隙度，同时定义一个渗透率K。这样，就数学描述而言，与单纯孔隙介质是完全相同的。另一类是孔隙—裂缝双重介质，排列状况和孔隙连通性等所限制。因此，这类介质可对孔隙和裂缝各定义一套孔隙度和渗透率。孔隙是流体的主要储存空间，裂缝是流体的主要流动通道。

三、20世纪渗流力学的主要发展

（一）非等温渗流

传统的渗流力学都把渗流看作等温过程，非等温是指除了考虑压力场和速度场，还要考虑温度场。在三次采油、地热开发以及某些工程渗流中，必须考虑流场中的温度分布以及流体和固体的热膨胀系数和热交换系数。稠油的热采包括注蒸汽、注热水、火烧油层和电加热等。注蒸汽又可分为吞吐（间歇注入）和蒸汽驱油（连续注入）。20世纪到20世纪80年代热采的技术指标和经济指标均已成熟，在美国、俄罗斯、加拿大、委内瑞拉等国均有热采油田。我国克拉玛依油田、胜利油田和辽河油田等已进行了多年热采工作。

对于非等温渗流，需要求解温度场，因而必须给出能量守恒方程。

能量方程是一个物质系统或空间区域内能量守恒和转换规律的数学描述。简述为单位时间内由外界传输给一个物质系统或空间区域的热量、内部热源产生的热量与由外界作用于该系统的质量力和表面力所做的功率之和等于该系统总能量对时间的变化率。

在非等温渗流中，由于一个物质系统或空间体积内含有固体和流体两部分，且两者的热力学特性参数（如比热导率等）各不相同，因而对这两部分需分别进行研究。

（二）非牛顿流体渗流

古典的渗流力学所研究的流体本构关系（应力—应变关系）是线性齐次的。不符合这种应力—应变关系的流体称为非牛顿流体。渗流力学中常碰到的非牛顿流体为Bingham型流体、幂律型的拟塑性流体和膨胀性流体。在三次采油中向地层注入驱油剂的溶液、聚合物溶液、乳状液、胶束液和压缩系数大的泡沫液等都是非牛顿流体。在水力压裂工艺中注入的流体往往也是非牛顿流体。在工程渗流中的非牛顿流体有通过多孔滤器的聚合物溶液和泥浆，通过多孔壁喷射减阻技术中的聚合物溶液，纺织工业中喷丝嘴内的流体等。当然，生物渗流中很多流体都是非牛顿流体。

一般来说，非牛顿流体渗流微分方程是非线性的。对于一维问题，有人通过某些简化假设将其进行线化求得其结果。对渗流机制、物理模拟方面也做了一些工作，对非线性方程可得到相似性解。对幂律流体用差分方法进行了数值求解。此外，在注聚合物段塞时的动态预测方面也发展了一些数值模拟方法。

（三）物理化学渗流

物理化学渗流是指含有复杂物理变化和化学反应过程的渗流。这些物理变化反应过程有对流、扩散、弥散、吸附、解吸、浓缩、分离、互溶、相变、多组分，以及氧化、乳化、泡沫化，等。在研究三次采油、铀矿地下沥取、化工、土壤盐碱化防治和盐水淡化诸技术中，都需要考虑物理化学渗流。

除上述一些研究进展外，其他如细观渗流、流固耦合的研究、多孔介质中的输运理论（扩散、弥散等）、现代非线性渗流理论（非等温渗流中的分叉、混沌，分形介质中渗流等）、生物渗流以及渗流实验手段的现代化、计算方法的快速精确化等方面都获得了可喜的进展。

第六节 油气藏储量

一、油气储量的分类与分级

油气田从发现起，大体经历了预探、评价钻探和开发3个阶段。由于各个阶段对油气藏的认识程度不同，所计算出的储量的精度也不同，因此需要对油气储量进行分级。

（一）油气储量分类

储量可分为地质储量和可采储量两类。

1.地质储量

地质储量是指在地层原始条件下，储集层中原油和天然气的总量，通常以标准状况下的数量来表示。地质储量又可进一步分为3种。

（1）绝对地质储量：凡是有油气显示的地方，包括不能流动的油气都计算在内的储存量。

（2）可流动的地质储量：在地层原始条件下具有产油气能力的储层中，原油及天然气的总量。也就是说，凡是可流动的油气，不管其数量多少，只要能流动的都包括在内的储量。

（3）可能开采的地质储量：在现有技术和经济条件下，有开采价值并能获得社会经济效益的地质储量，即表内储量。而把在现有技术和经济条件下，开采不能获得社会经济效益的地质储量，称为表外储量。但是，当原油价格提高、工艺技术改进成本降低后，某些表外储存量可以转变为表内储量。

2.可采储量

可采储量是指在现代工艺技术水平和经济条件下，能从储集层中采出的那一部分地质储量，原则上等于地质储量乘以经济采收率。显然，可采储量是一个不确定的量，随着工艺技术水平的提高、管理水平及油气价格的提高，其也会相应提高。

（二）油气储量分级

油气藏储量是编制勘探方案、开发方案的主要依据之一。但是，事实上，对于一个较大范围的油气田，往往不能也不可能很容易把实际储量搞得一清二楚。油气田从发现起，大体经历预探、评价钻探和开发3个阶段。因此，在我国根据勘探、开发各个阶段对油气藏的认识程度，将油气藏储量划分为预测储量、控制储量和探明储量三级。

1.预测储量

预测储量是Ⅲ级储量，相当于其他矿种的D～E级。预测储量是在地震详查以及其他方法提供的圈闭内，经过预探井（第一口探井）钻探获得油气田、油气层或油气显示后，经过区域地质条件分析和类比，对有利地区按照容积法估算的储量。此时，圈闭内的油层变化、油水关系尚未查明，储量参数是由类比方法确定的，因此它只能估算一个储量范围值，其精度为20%～50%，用作进一步详探的依据。

2.控制储量

控制储量是Ⅱ级储量，相当于其他矿种的C～D级。控制储量是指在某一圈闭内预探井发现工业油气流后，以建立探明储量为目的，在评价钻探阶段的过程中钻了少数评价井后所计算的储量。

该级储量是通过地震详查和综合勘探新技术查明了圈闭形态，对所钻的评价井已做详细的单井评价，并通过地质和地球物理综合研究，已初步确定油藏类型和储集层的沉积类型，已大体控制含油面积和储集层厚度的变化趋势，对油藏复杂程度、产能大小和油气质量已做初步评价的基础上计算出的。因此，计算的储量相对误差应在50%以内。

3.探明储量

探明储量是Ⅰ级储量，是在油气田评价钻探阶段完成或基本完成后计算的储量，并在现代技术和经济条件下可提供开采并能获得社会经济效益的可靠储量。探明储量是编制油气田开发方案，进行油气田开发建设投资决策和油气田开发分析的依据。

探明储量按勘探开发程度和油藏复杂程度又分以下3类。

（1）已开发探明储量简称Ⅰ类，相当于其他矿种的A级。已开发探明储量指在现代经济技术条件下，通过开发方案的实施，已完成开发井钻井和开发设施建设，并已投入开采的储量。新油田在开发井网钻完后，就应进行计算已开发探明储量，并在开发过程中定期进行复核。

（2）未开发探明储量简称Ⅱ类，相当于其他矿种的B级。未开发探明储量是指已完成评价钻探，并取得可靠的储量参数后计算的储量。它是编制开发方案和开发建设投资决策的依据，其相对误差应在20%以内。

（3）基本探明储量简称Ⅲ类，相当于其他矿种的C级。基本探明储量主要是针对复杂油气藏而提出的。对于多含油层系的复杂断块油田、复杂岩性油田和复杂裂缝性油田，在完成地震详查或三维地震并钻了评价井后，在储量参数基本取全，含油面积基本控制的情况下，计算出的储量称为基本探明储量。基本探明储量的相对误差应小于30%。

二、计算储量的容积法

对于已经探明和基本探明的油田，为了编制油田开发方案，确定油田的生产能力和建设规模，必须进行油田资源的落实和储量计算。

油田储量计算的方法，一般有容积法、物质平衡法、矿场不稳定试井法、水驱特征曲线法、产量递减法和统计模拟法等。在这些方法中，容积法是计算油、气藏地质储量的主要方法，应用最为广泛。它适用于不同的勘探开发阶段、不同的圈闭类型、不同的储集类型和驱动方式。其计算结果的可靠程度取决于资料的数量和质量。对于大中型构造的砂岩油气藏，计算精度较高，而对于复杂类型的油、气藏，则准确性较低。

前文已经介绍过，原油在地下是储藏在具有孔隙的储集层内，就如同日常见到的海绵里含有水的情况一样。要想知道一块海绵里含有多少水，首先要计算出海绵的体积，然后再计算这块海绵的孔隙体积，这也就是储藏在海绵里水的体积，这样再根据水的密度就可计算出水的重量。然而，在储集层的孔隙内，不仅含有油，还含有束缚水。因此，在计算油的体积时还要除去水占去的孔隙体积，这才可算出油的体积。由于原油在地下高温高压下体积有所变化，所以还要换算成地面体积。在我国，原油储量单位通常是万吨或亿吨，所以还需将地面体积换算成重量。

因此，按照容积法计算原油储量的公式是：

$$N=100A \cdot h \cdot \varphi \cdot S_{oi} \cdot \rho_0 / B_{oi} \tag{1-4}$$

式中：N——地质储量（10^4t）；

A——含油面积（km^2）；

h——油层有效厚度（m）；

φ——油层有效孔隙度（f）；

S_{oi}——原始含油饱和度（f）；

ρ_0——地面原油密度（t/m^3）；

B_{oi}——原始原油体积系数。

容积法计算油、气储量的原理比较简单，但要求准地下各项参数却十分困难。一般来说，6个参数对储量精度的影响是依次减弱的，即含油面积和有效厚度对储量计算的精度影响最大，勘探初期它们往往会出现成倍的误差，应特别引起注意。提交较可靠的含油面积是地震和地质勘探人员的重要任务，求准其他各项参数是油田地质和测井人员的工作，算准地质储量是地震、地质、测井和油藏人员共同努力的结果。

三、油气储量的综合评价

油气储量开发利用的经济效果，不仅和油气储量的数量有关，还取决于油气储量的质量和开发的难易程度。对于油层厚度大、产量高、原油性质好（黏度低、凝固点低、含蜡低）、储层埋藏浅、油田所处地区交通方便的储量，建设同样产能所需开发建设投资必然少，获得的经济效益必然高；对于油层厚度薄、产量低、油稠、含水高、储层埋藏深的油田，建设同样产能所需开发建设投资必然多，经济效益必然就要差些。因此，分析勘探的效果不仅需要看探明了多少储量，还需综合分析探明储量的质量。如果不分析探明储量的质量，就会使勘探工作处于盲目状态。为此，在我国颁发的油气储量规范中，明确提出了对探明储量必须进行综合评价。

在油田储量计算完成后，应根据以下内容进行综合分析，进行储量计算的可靠性评价：第一，分析计算储量的各种参数的齐全、准确程度，看是否达到本级储量的要求；第二，分析储量参数的确定方法；第三，分析储量参数的计算与选用是否合理，进行几种方法的对比校验；第四，分析油田的地质研究工作是否达到本级储量要求的认识程度。

在储量综合评价中，人们都希望有一个经济评价分等标准，因为各项自然指标只有落实到经济效果上才能衡量它们的价值。但考虑到影响经济指标的因素很多，除油气田本身的地质条件外，还有政治、经济、人文地理等社会因素，这些因素在勘探阶段提交储量时，往往计算不出来。因此，在我国颁布的油气田储量规范中，选择了影响经济效益的主要自然因素作为油气储量综合评价的指标，并要求各单位申报的油气储量必须按以下5个方面进行综合评价。

（一）流度

所谓流度就是油层的渗透率与地下原油黏度之比，根据其大小可分为4等，如表1–1所示。

表1-1 流度分级

评 价	流度，$10^{-3}\mu m^2/mPa \cdot s$
高	>80
中	30～80
低	10～30
特低	<10

（二）地质储量丰度

地质储量丰度如表1-2所示。

表1-2 地质储量丰度

评 价	油田地质储量丰富（$10^4t/km^2$）	气田地质储量丰富（$10^8m^3/km^2$）
高丰度	>300	>10
中丰度	100～300	2～10
低丰度	50～100	<2
特低丰度	<50	—

（三）地质储量

地质储量如表1-3所示。

表1-3 地质储量

评 价	油田地质储量，10^8t	评价	气田地质储量，0^8m^3
特大油田	>10	大型油田	>300
大型油田	1～10	中型油田	50～300
中型油田	0.1～1	小型油田	<50
小型油田	<0.1		

（四）油气产能大小

（1）千米井深的稳定日产油量（t/km·d），如表1-4所示。

表1-4　千米井深的稳定日产油量

评　价	日产油量
高产	>15
中产	5～15
低产	1～5
特地产	<1

（2）千米井深的稳定日产气量（$10^4m^3/km \cdot d$），如表1–5所示。

表1-5　千米井深的稳定日产气量

评　价	日产气量
高产	>10
中产	3～10
低产	<3

（五）储层埋藏深度

储层埋藏深度如表1–6所示。

表1-6　储层埋藏深度

	油田（m）	气田（m）
浅层	<2000	<1500
中深层	2000～3200	1500～3200
深层	3200～4000	3200～4000
超深层	>4000	>4000

第二章　油藏开发调整技术与案例

第一节　层系调整技术与方法

一、合理划分和组合开发层系的基本原则

（一）开发层系内的小层数

国内外实践经验表明，一套开发层系内的小层数越多，则实际能动用的层数所占的比例就越少，并且考虑到分层注水的实际能力有一定的限度，一套开发层系内主力小层数一般不超过3个，小层总数为8～10层，在细分调整时可以更少一些。

（二）储层岩石性和特性

在储层物性中，渗透率级差的大小是划分开发层系最重要的参数之一。一套开发层系内的各小层渗透率之间的级差过大将导致不出油层数与厚度显著增加。根据胜利油田的胜坨、孤岛，大庆的喇萨杏等油田资料的分析，一套开发层系内渗透率级差，大体控制在3～5较为合适。

需要注意的是，由于沉积条件的不同，其水淹特点也不同。例如，反韵律储层的水驱油情况比正韵律储层均匀得多。因此，在合理组合层系时，还应考虑各小层沉积类型尽可能相近，层内韵律性相近。其他岩石的特性如孔隙结构、润湿性等水驱油渗流特性参数最好也能相近。

（三）原油性质的差异程度

在组合开发层系时各小层原油性质应该尽量相近，黏度的差异不要超过1～2倍。

（四）油藏的压力系统

在一套开发层系内各小层应属于同一个压力系统，不然层间干扰非常剧烈。

（五）储量和产能

每套开发层系都是一个独立的开发单元，必须具有一定的物质基础，单井控制的可采储量必须达到一定的数值，要具有一定的单井产能，而且深度越大，所需要的单井可采储量及产能也要相应增大。因此，每套系统必须要有一定的有效厚度，以保证这套层系的开发是有经济效益的。

（六）隔层

两套相邻的开发层系之间必须有分布稳定的不渗透隔层将两者完全分隔开，以免两套开发层系之间发生窜流，造成开发上的复杂性。在没有垂直裂缝的条件下，3m厚的稳定泥岩是较好的隔层，若油层太多，隔层又不太稳定，只能从中选相对比较稳定的泥岩层作为隔层。

在实际工作中也会碰到无区域稳定隔层的情况，这时1m以上较稳定的泥岩层或厚度大、渗透率极低的砂层也可以在局部起到隔层的作用。

二、层系调整的原因

在多油层的油藏中，有些含油砂体或单层在水动力学上是连通的，需要分成多个开发层系，用不同的井网进行开发。

在中、低含水期，对开发初期的基础井网未做较大的调整，层系的划分是比较粗的。进入高含水期以后，层间干扰现象加剧，高渗透主力层已基本水淹，中、低渗透的非主力油层很少动用或基本没有动用，油气田产量开始出现递减。进行细分开发层系的调整，可能把大量的中、低渗透层的储量动用起来，这就是细分开发层系的必要性。另外，油井水淹虽然已经很严重，但从地下油水分布情况来看，被水淹的主要还是主力油层，大量的中、低渗透层进水很少或者根本没有进水，其中还能看到大片甚至整层的剩余油，具备把中、低渗透层细分出来单独组成一套层系的可能性。因此，进行开发层系细分调整是改善储层动用状况，保持油田稳产、增产、减缓递减的一项重要措施。

例如，大庆油田萨尔图油藏顶部到高台子油藏底部，从压力系统到油水界面的一致性来说，可以认为是一个油藏。但用一套井网来进行开采时，每口井的射孔层段都可能达到300m。这样在注水以后，由于不同层位渗透率的差异，层间干扰严重，甚至出现层间倒灌的现象。

因此，在开发实践中，往往把厚度很大的一个油藏分成若干个开发层系。

三、层系调整的原则和做法

通常油气田进行开发层系调整的原则包括下列几方面。

通过大量的实际资料，并经过认真的油藏动态分析证实，由于某种原因基本未动用或动用较差的油层有可观的储量和一定的生产能力，能保证油田开发层系细分调整后获得好的经济效果。

弄清细分调整对象。在对已开发层系中各类油层的注水状况、水淹状况和动用状况认真调查研究的基础上，弄清需要调整的油层以及这些油层目前的状况。

与原井网协调。调整层位在原开发井网一般均已射孔，所以在布井时必须注意新老井在注采系统上的协调。

大面积的层系细分调整时，如果需要划分成多套层系时，则尽可能一次性完成，这样的经济效益最佳。

层系细分调整时，相应的钻井、测井、完井等工艺必须完善、可行。层系细分调整有以下几种方法。

（1）新、老层系完全打开，通常是封住老层系的井下部的油层，全部转采上部油层，而由新打的调整井来开采下部的油层。这种方法主要适用于层系内主力小层过多，彼此间干扰严重的情况。把它们适当组合后分成若干个独立开发层系，这种方法既便于把新、老层系彻底分开，又利于封堵施工。如果封上部的油层，采下部的油层，封堵施工难度大，且不能保证质量。

（2）老层系的井不动，把动用不好的中、低渗透油层整层剔出，另打一套新的层系井来进行开发。这种方法主要适用于层系内主力小层动用较好，只是中、低渗透非主力层动用差的情况。这种做法工程上简单、工作量小，但老层系和新层系在老井是相联系的，两套层系不能完全分开，不能成为完全独立的开发单元，以致在各层系的开发上难以掌握动态，更难以进行调节。

（3）把开发层系划分得更细一些，用一套较密的井网打穿各套层系，先开发最下面的一套层系，采完后逐层上返。这种方法最适用于油层多、连通性差、埋藏比较深、油质又比较好的油藏。

（4）不同油藏对井网的适应性不同，细分时对中、低渗透层要适当加密。油气田开发的实践表明，对分布稳定、渗透率较高的油层，井网密度和注采系统对水驱控制储量的影响较小，因此，井网部署的弹性比较大；对一些分布不太稳定，渗透率比较低的中、低渗透层，井网部署和井网密度对开发效果的影响变得十分明显，因为油层的连续性差，井网密度或注采井距与水驱控制储量的关系十分密切。

（5）层系细分调整和井网调整同时进行。该方法是针对一部分油层动用不好，而原开采井网对调整对象又显得较稀的条件下使用的。这种细分调整是一种全面的调整方式，井打得多，投资较大，只要预测准确，效果也最明显。

（6）主要进行层系细分调整，把井网调整放在从属位置。

（7）对层系进行局部细分调整。一是原井网采用分注合采或合注分采，当发现开发效果不够好时，对分注合采的，增加采油井；对合注分采的，增加注水井，使两个层系分成两套井网开发，实现分注分采。二是原层系部分封堵，补开部分差油层，这种补孔是在某层系部分非主力层增加开采井点，提高井网密度，从开发上看是合理的，但是由于好油藏不能都堵死，所以只能是局部调整措施，凡是经过补孔实现层系细分调整的，都要坚持补孔增产的原则。

四、层系细分调整与分层注水

合理划分开发层系和分层注水是目前使用最为广泛的两类不同的减缓层间干扰方法。这两类方法各有其应用特点和阶段性，应用得好可以相辅相成。

（1）开发层系的粗细牵涉井数大量的增减，投资额相差很大。我国陆相储层油层数量多，非均质严重，因此，一方面受到对油藏地质条件认识程度的限制，另一方面也受到经济条件的限制，在开发初期一般不可能把开发层系划分得非常细。

（2）分层注水经济实用，但在技术上也有限制。由于同管分注各水嘴间存在着干扰，分得层段越多，不仅井下装置越复杂，成功率也越低，调配一次，花费的时间较多，油层过深，技术难度也增大，从实用的观点来看，使用比较方便的是二级三段或三级四段分注。因此，要靠分层注水完全解决多层砂岩油藏的层间干扰问题是不现实的。特别是含水越来越高，层间干扰越来越复杂时，单靠分层注水就难以阻止产量的递减。

综合上述，在油藏开发初期，以主力油层为对象，开发层系适当划分得粗一些，层系以内用分层注水的办法进一步减少层间干扰，等含水率增至这套系统已不适应时，再进一步进行以细分开发层系为主的综合调整。从我国40多年油田开发实践来看，这样一整套做法是行之有效的。

（3）开发层系合理划分和分层注采工艺的使用互相影响。层系划分得比较细，简单一些的分层注采工艺就可以满足需要；层系划分得粗，对分层注水工艺的要求就比较高，如果划分过粗，对分层工艺的要求超出其实际能够达到的水平，油田开发状况可能很快就会恶化，不得不过早地进行细分调整。例如，在编制喇嘛甸油田的开发方案时，过高地估计了分层注水的作用和实际可能达到的解决层间干扰问题的能力，层系划分过粗，对具有45～90个小层的油田只用一套半开发层系进行分注合采，使得在分层注采施工中，一口井下封隔器多达七八级甚至九级，配水非常困难，成功率低，结果层间干扰严重，含水上升率高达5%～6%，纵向上油层动用差，开发效果不好。因此，在选择这两类方法的最优搭配时，要考虑以下因素。

①要以开发层系的合理划分为主。如果地质认识程度及经济分析许可，应尽可能把开发层系划分得细一些。我国开发层系的划分逐步由很粗到稍细的趋势说明，对于这个问题的认识已逐步符合我国油田的实际情况。

②要正确估计分层注水实际上可能达到的能力和水平，在确定开发层系划分的粗细程度时，也要把这一条作为考虑的因素之一。

③这两类方法之间的搭配是否合理，要及时动用各种矿场测试资料特别是密闭取芯井、吸水剖面、出油剖面等资料进行评价。如发现含水率上升过快，中、低渗透层动用很差时，就应该及时采取措施调整。

（4）虽然初期开发层系划分基本合理，但因含水率上升到一定程度，层间干扰严重，开发状况变坏，产量递减，而且继续用改善分层注采的办法已经不再奏效时，就应该进行以细分开发层系为主的综合调整。根据多年实践，细分调整的时机大体为含水率50%～60%是合适的。值得注意的是，层系细分以后不能忽视分层注水的作用，应该在新的更细的层系范围内，继续搞好分层注水的工作。

（5）在划分及组合分层注水层段时，要综合考虑注水井和相应采油井的分层吸水状况、分层压力、含水率和产量状况，要把开采状况差异大的层段尽量划分开，同一注水层段内的开采状况要尽量接近。特别是要把那些对油井开采效果影响大的高含水层，在相应注水井中单独划分出来。

第二节　井网调整技术与方法

合理划分开发层系和部署注采井网是开发好油田的两个方面。两者各有侧重，前者侧重于调节层间差异性的影响，减少层间干扰；后者侧重于调节平面差异性的影响，使井网部署能够与油层在平面上的展布状况等非均质特性相适应，经济有效地动用好平面上各个部位的储量，获得尽可能高的水驱波及体积和水驱采收率。同时考虑到钻井成本在油田建设的投资额中占有很大的比重，因此如何以合理的井数获得最好的开发效果和经济效益是一个十分重要的问题。

一、井网调整的原因

油田注采井网调整的必要性有以下三个方面。

（1）油层多、差异大，开发部署不可能一次完成。我国陆相储层层数多，岩石和流体的物性各异，层间、层内和平面非均质性严重，各个油层的吸水能力、生产能力，自喷能力差别大，对注采井网的适应性以及对采油工艺的要求也有很大的不同。若采取一次布井的办法，则可能层系过粗，井网过稀，难免顾此失彼，使大部分中、低渗透层难以动用；若层系过细、井网过密，则投入过大，经济效益差，甚至可能打出很多低效井甚至无效井。因此，应该采取先开采连通性好、渗透性好的主力油藏，再开采连通性较差，甚至很差的中、低渗透层，并多次布井，分阶段调整。

（2）油藏复杂的非均质性不可能一次认识清楚。我国河流三角洲沉积多呈较薄的砂泥岩互层，目前地震技术还不能把大小、厚薄不等砂体的复杂形态和展布状况认识清楚，主要靠钻井获得信息。根据初期开发准备阶段对井网比较粗略的认识，一次性把井布死，将难以符合我国多层砂岩油藏复杂的非均质状况。因此，从这点来看，也应循序渐进，采取多次布井的方式，使我们对储层非均质性的主观认识逐步接近于油藏的客观实际，才能正确指导下一次的开发实践，获得好的开发效果。

（3）油藏开发是动态的变化过程，一次性、固定的开发部署不可能适应各开发阶段变动过程的需要。油藏注水开发的过程中，随着注入水的推进，地下油水井分布情况不断处于被动变化之中，层间、层内和平面矛盾随之不断发展和转化，各层位、各部位的压力、产量、含水率和动用情况也在不断发生变化。每当地下油水分布出现重大变化，原有的层系、井网就可能不适应新的情况，需要进行综合性的重大调整。

二、井网调整的主要做法

当油藏的含水率达到80%以上，即进入高含水期时，剩余油已呈高度分散状态，此时油藏平面差异性对开发的影响已经突出成为主要矛盾，靠原来的井网已难以采出这些分散的剩余油，需要进一步加密调整井网。

（一）井网加密方式

一般来说，针对原井网的开发状况，可以采取下列几种方式。

（1）油水井全面加密。对于那些原井网开发不好的油层，水驱控制程度低，而且这些油层有一定的厚度，绝大多数加密调整井均可获得较高的生产能力，控制一定的地质储量，从经济上看是合理的，在这种情况下油水井应该全面加密。这种调整的结果会增加水驱油体积，采油速度明显提高，老井稳产时间也会延长，最终采收率得到提高。

（2）主要加密水井。这种加密方式仍然是普遍的大面积的加密方式。在原来采用行列注水井网的开发区易于应用，对于原来采用面积注水井网的开发区用起来限制很多。

（3）难采层加密调整井网。这种方式就是通过加密，进一步完善平面上各砂体的注水系统，来挖掘高度分散的剩余储量的潜力，提高水驱波及体积和采收率。

难采层加密调整井网的开发对象，包括泛滥和分流平原的河边、河道间、主体薄层砂边部沉积的粉砂及泥质粉砂层，呈零散、不规则分布。另外，三角洲前缘席状砂边部水动力变弱部位的薄层席状砂，还有三角洲前缘相外缘在波浪作用下形成的薄而连片的表外储层，以及原开发井网所没有控制的小砂体等。

（4）高效调整井。由于河流三角洲沉积的严重非均质性，到高含水期，剩余油不仅呈现高度分散的特点，而且还存在着相对富集的部位。高效调整井的任务就是有针对性地用不均匀井网寻找和开采这些未见水或低含水的高渗透厚油层中的剩余油，常获得较高的产量，所以称为高效调整井。

（二）井网局部完善调整

井网局部完善调整就是在油藏高含水后期，针对纵向上、平面上剩余油相对富集井区的挖潜，以完善油砂体平面注采系统和强化低渗薄层注采系统而进行的井网布局调整。调整井大致分为局部加密井、双耙调整井、更新井、细分层系采差层井、水平井、径向水平井、老井侧钻等。

以提高注采井数比、强化注采系统为主要内容的井网局部完善调整，主要包括3个方面的措施：在剩余油相对富集区，增加油井；在注水能力不够的井区增加注水井；对于产量较高的报废井，可打更新井。高效调整井的布井方式和密度取决于剩余油的丰度和质量。一方面要保证调整井的经济合理性，另一方面要有利于控制调整对象的平面和层间干扰，达到较高的储量动用程度。

（三）井网抽稀

井网抽稀是井网调整的另一种形式，它往往发生在主要油层大面积高含水时，这些井层不堵死将造成严重的层间矛盾和平面矛盾。为了调整层间干扰，或为了保证该层低含水部位更充分受效，控制大量的出水，因此有必要进行主要层的井网抽稀工作。

井网抽稀的主要手段有两种：一是关井，二是分层堵水和停注。

在多层合注合采的条件下分层堵水（包括油井和水井）的办法比地面关井要优越。只有在井下技术状况好，单一油层或者各个主要层均已含水高的情况下，关井才是合理的。

三、合理井网密度计算

（一）合理井网密度计算方法

储量控制程度和采收率不仅受储层特性、流体性质、地层能量的影响，更取决于实际井网密度。储层非均质性弱，允许的井网密度小；储层非均质性严重，要求的井网密度较高。井网密度大，储量控制程度高，采收率也会提高，但是实际工作中需要从技术和经济两个方面进行井网密度优化。合理的井网密度有4个条件：一要满足采油速度，二要有高的控制程度和动用程度，三要有好的采收率，四要有好的经济效益。

由于油藏一般都存在着不同程度的非均质性，井网密度影响着水驱储量控制程度和水驱储量动用程度，影响最终注水波及效率，因此影响最终采收率。

$$\lg E_D=0.06971\lg（K/\mu_0）-0.41078 \qquad (2-1)$$

式中：K——平均空气渗透率（$10^{-3}\mu m^2$）；

μ_0——原油黏度（mPa・s）。

选用参数的变化范围：ED为0.4035～0.6031；K/μ_0为（5～600）×$10^{-3}\mu m^2$/mPa・s；利用谢氏公式得出5组最终采收率与井网密度的定量关系。国内井网密度常用单位为口/km²，如果用n表示，则n与S的关系为$n=100/S$。

合理井网密度问题的确定不仅与油藏的水驱控制程度和最终采收率等开发指标的好坏有密切的关系，而且直接影响到油藏开发的投资和费用的多少。所谓合理的井网密度要在以经济效益为中心的原则下综合优化各项有关技术、经济指标，包括水驱控制储量、最终采收率，采油速度、钻井和地面建设等投资，原油价格，成本，商品率、贷款利率，净现值、内部收益率，投资回收期等，最后得到经济效益最佳、最终采收率也高的井网密度，就是合理的井网密度。

（二）某断块合理井网密度研究

某断块区位于临盘油田大芦家构造东北部，主力含油层系沙二下属深层低渗透油藏。因产能相对较低，研究及调整力度不够，井网严重不完善，长期以来处于低速低效开发状况。

该单元原油地质总储量为264×10⁴t，含油总面积为2.3km²，单井进尺为3600m，钻井成本为1350元/m，单井钻井成本为486万元/井，单井采油工程与地面工程之和为162万元/井，压裂投产投注，单井压裂费用为75.0万元/井，可采期吨油生产费用为400元/t，原油价格分别为1000元/t、1116元/t、1250元/t、1500元/t。计算得到合理井网密度、合理井距、合理单井可采储量、经济极限单井可采储量、合理采收率，单位面积最大效益、单井效益、经济极限井网密度和经济极限单井可采储量。随着原油价格的升高，合理井网密度变大，合理井距变小，合理采收率提高、合理单井效益增加、合理单井可采储量降低、单位面积最大效益增加。

四、井网重组调整技术

井网重组调整技术研究是针对多层砂岩油藏细分层系后，仍然存在突出层系内部水驱动用状况不均衡，开发效果差异大，而油藏不具备进一步细分层系的储量基础的矛盾而开展的针对性研究技术。具体研究思路是，首先从层间非均质性、层间储量动用程度均衡性等层间开发效果差异方面分析，判断井网优化重组的必要性。然后通过精细油藏地质建模，韵律层剩余油分布特征及影响因素研究，开发技术政策界限研究，确定井网重组的技术政策界限，最后编制井网重组方案。下面以某油田坨七断块为例说明井网重组调整技术。

如某地储层非均质性严重，注水开发过程中层间、层内动用状况不均衡，虽然经过不断地注采调整、韵律层挖潜等措施，使开发效果得到一定的改善，但仍未彻底改变非主力韵律层动用差的状况，主要表现在以下方面。

（1）油层个数多，储层非均质性强。1～10砂层组共有46个含油小层（细分韵律层共73个，其中上油组49个，下油组24个），调整前分为5套井网开发，即1～2、3～7、8、9、10，每套井网包括2～3个主力层，1～7个非主力层，油层平均有效厚度为10～15m。但由于每套井网中主力层与非主力层所处的沉积相带不同，储层物性存在较大差异，上油组渗透率级差为10.5，下油组渗透率级差为12.5。

（2）储量动用状况不均衡。从各韵律层驱油效率来看，储量动用状况存在较大的差异，韵律层储量动用状况统计表明，非主力层的驱油效率比主力层低5～15个百分点。

（3）吸水状况差异大，中、低渗透储层动用较差。储层物性的差异导致注采矛盾突出。主体微相沉积的油层平均每米相对吸水量为7.5%，启动压力5.8MPa；侧缘微相沉积平均每米相对吸水量为2.6%，启动压力9.6MPa。65口井352个层，不吸水的井层为92个，其中76个为渗透率较低的侧缘微相沉积油层。吸水状况差异大，导致目前各韵律层之间及韵律层平面上不同部位的综合含水率，储量动用程度差异。新井多功能、碳氧比测井、单采井等资料表明，不同渗透性的油层开采状况存在较大差异，渗透率大于0.6μm²的油层驱油效率和综合含水率远远高于渗透率小于0.6μm²的油层，前者以主体微相沉积为主，后者以侧缘微相沉积为主，反映中、低渗透储层动用较差。

（4）进一步细分井网的物质基础较差。特高含水开发阶段，随着采出程度的不断提高，各套层系的剩余储量不断减少，难以满足进一步细分井网的要求，剩余地质储量丰度已下降至346×10⁴t/km²，剩余可采储量丰度为49×10⁴t/km²。虽然非主力层的动用状况较差，但在层系内也难以形成独立的井网。

（5）井况复杂、合采合注井多，不适应精细挖潜的需要。多次的井网细分调整以及大量的上产挖潜措施，使得坨七块射孔状况极其复杂，尤其是近年来随着套管损坏井的逐步增多，卡封难度逐步增大，跨层系合采合注井越来越多，层系间主力层与主力层之间、主力层与非主力层之间均存在不同程度的干扰，不适应当前精细挖潜的需要。

因此，在特高含水深度开发阶段，打破常规的调整模式，根据各类韵律层的具体特点分别进行井网完善，成为进一步提高采收率的途径之一。

该地井网优化重组的基本做法是在同一油藏内，根据储层物性和水淹状况的差异，将储层物性和水淹程度相近的韵律层进行组合，从而使每套井网在储层物性和开采特征上保持相近，最大限度地减少平面层间干扰，充分动用各类油层潜力。

根据开发技术政策界限研究结果，1~7砂层组井网重组，首先确定将主力层与非主力层采用不同层系开发。然后根据主力层或非主力层是否进一步细分，可以设计出三套井网重组方案。方案一是主力层分两套层系，非主力层一套层系；方案二是主力层分一套层系，非主力层一套层系；方案三是主力层分两套层系，非主力层两套层系；方案四是原井网层系，作为基础方案。8~10砂层组井网重组，方案一是主力层分三套层系，非主力层一套层系；方案二是主力层分两套层系，非主力层一套层系；方案三是原井网层系，作为基础方案。

井网重组方案与目前基础方案的开发指标对比表明，在特高含水阶段实施井网重组具有可行性，可以达到提高采收率的目的，层系细分后含水率上升速度减缓，开发效果改善，相同采出程度下含水率远低于基础方案，也说明实施井网重组后由于层间渗透率差异降低，层间干扰大幅减弱。对于井网重组方案之间，根据含水率与采出程度关系及井网细分投入指标对比，1~7砂层井网重组方案中方案一最佳，8~10砂层也是方案一最佳。

井网重组方案投入实施之后，效果显著。一是储层动用状况明显改善，油藏稳产基础得到巩固。主要是因为注采对应率提高，水驱储量控制程度提高，尤其是非主力层的动用程度得到极大改善，动态注采对应率由51%提高到75.4%，水驱储量动用程度由52.8%提高到72.7%，油藏稳产基础明显加强。二是油藏开发形势趋好，采收率明显提高。调整后自然递减率下降10个百分点，油田递减减缓。单元日产油能力上升，注水产液结构得到有效调整，综合含水率由96.3%下降到96.0%。非主力层开发效果改善尤其明显，1~7非主力层系日产液由1051.9t上升到1628.7t，日产油由66.3t上升到113.6t，含水率由93.7%下降到93%；8~10非主力层系日产液由272t上升到603t，日产油由9.1t上升到74.3t，含水率由96.6%下降到87.69%。根据驱替法测算，调整后1~10砂层组采收率由49%提高到49.8%，增加可采储量42×10^4t。

五、不同注水方式比较

油田的注水方式按照油水井的位置与油水边界的关系可以分为边内、边外、边缘注水；按照注水井和油井的分布及其相互关系可以分为面积注水、行列注水和点状注水。此外，还有沿裂缝注水等，这些都是空间上油水井的相互关系问题。在油田注采井网调整过程中，必须了解每种注水方式的特点和应用条件。

（一）边内注水、边外注水和边缘注水的比较

边外注水不能利用边水的天然能量，却可以利用大气顶的弹性能量（对于带气顶的油田）；边缘注水可以利用少部分的边水能量，也可以利用大气顶的能量；边内注水则两种天然能量均有可能充分利用。

边外注水由于注入水向含水区外流，所以消耗的注水量多，也就是消耗的注入能量远远大于采出油气所需要补充的能量；边缘注水与此类似，仅是数量少些；边内注水由于不存在水的外流问题，注入水全部可以起到驱油作用，所以经济效果最好。

边内注水存在注水井排上注水井间滞流区的调整挖潜问题，也就是储量损失问题，而边缘注水只有部分注水井间有储量损失，边外注水却没有储量损失。

边内注水如果处理不好，就有可能把可采出的原油驱进气顶或含水中，这样就会降低油田采收率；边缘注水同样存在这一问题，可能性较边内注水更大，只是可能损失的储量有限；而边外注水却不存在这一问题。

（二）行列注水、面积注水和点状注水的比较

面积注水使整个油田所有储量一次全面投入开发，全部处于充分水驱下开发，采油速度高。行列注水（线状注水除外）由于中间井排动用程度低，所以采油速度相对较低些，点状注水一般更低些。

在油层成片分布的条件下，行列井网的水淹面积系数较面积井网高，较点状注水也高。而且行列注水的一个很大优点是剩余储量比较集中，多在中间井排和注水井排上富集，比较好找。面积注水的剩余储量比较分散，后期调整难度增大、工作量增加而且效果相对较差。

在地层分布零星的条件下，面积井网比行列井网有利，若再有断层的切割，点状井网也是较好的注水方式。对于均匀地层，一般来说，采用行列注水比采用面积注水方式好。只有在地层非均质严重的情况下才采用面积注水和点状注水。

行列注水方式在调整过程中，可以全部或局部地转变为面积注水，或在一些地区补充面积注水和点状注水。

（三）正方形井网与三角形井网的对比

1.正方形井网的特点

注采井网系统转换的灵活性：正方形井网可以形成正方形反九点注采井网、五点注采

井网、线状注水井网、九点注采井网等，注采井数比在1：3～3：1变化，以适应不同储层特征的油藏。

井网加密调整的灵活性：当油田需要进行加密调整时，正方形井网可以很方便地在排间加井，进行整体或局部均匀加密，这样油藏整体或局部的井网密度就可增加一倍。这种注采井网调整方式在技术和经济上比较容易接受和实现。

2.三角形井网的局限性

三角形井网很难进行均匀加密，要均匀加密，就得增加3倍井数，显然这是不可行的。三角形注采井网也可以看作一种特殊的行列注水井网，即在两注水井排之间夹两排生产井，生产井与注水井排的夹角不同，水线比较紊乱，如果储层有裂缝存在，不论裂缝方位如何，总有生产井处于不利位置。

（四）沿裂缝注水

在定向裂缝发育的砂岩油田，水沿裂缝迅速水窜，使该方向上的油井暴性水淹，所以必须沿着水窜方向布注水井，向其他方向驱油才能获得最好的驱油效果。

第三节　注采结构调整优化技术

注采结构调整是一项很复杂的工程，它不仅涉及油藏工程研究，而且涉及采油工艺技术。在注采结构调整中必须充分发挥调整井、分层注水、分层堵水、分层压裂和优选油井工作制度等各种措施的作用。要搞好注采结构调整，首先要搞清楚不同油层的注水状况，开采状况以及地下油、水分布状况，掌握不同油井不同油层的生产能力、含水率和压力变化，在这个基础上研究油田的各种潜力。

一、注采结构调整的做法

注采结构包括注水结构调整和产液结构调整两个方面。

注水结构调整的目的是合理调配各套层系、各个注水层段和各个方向的注水量，减少特高含水层注入水的低效或无效循环，加强低含水、低压层的注水量，提高注入水的利用率，为改变油井的产液结构创造条件。

以下为注水结构调整的主要做法。

（1）在油水井数比较高、注采关系不完善的地区转注部分老油井或适当补钻新注水井，在成片套损区集中力量修复套损注水井或更新注水井，使原设计注采系统尽量完善；在原注采系统明显不适应的地区，通过转注老油井和补钻新注水井改变注采井数比和注水方式。

（2）针对油田各类油层的动用情况、含水率状况，不断提高注水井分注率，控制限制层的注水强度，提高加强层的注水强度，稳定平衡层的注水强度。

细分注水技术就是尽量将性质相近的油层放在一个层段内注水，其作用是减轻不同性质油层之间的层间干扰，提高各类油层的动用程度，发挥所有油层的潜力，起到控制含水率上升和产油量递减的作用，是高含水期特别是高含水后期改善注水开发效果的有效措施之一。

（3）满足油层产液结构变化的需要，进行跟踪分析并不断调整。

针对实施措施后各油井和油层产出液增长或下降的变化，对开采效果不好的井或层，要及时进行原配注方案的检验分析，不断调整。

产液结构调整，是在搞清储层层间和平面上储量动用状况差异和不同阶段投产油井含水差异的基础上，以提液控水为原则，分区、分井、分层优选各种调整挖潜工艺技术，对含水率大于95%的特高含水井层进行分层堵水，对低含水井层，通过分层措施加强注水，提高开采速度，对未动用的井间剩余油，通过钻加密调整井挖掘潜力，增加生产能力。

产液结构调整包括全油田分区的产液结构调整、分类井的产液结构调整，单井结构调整等方面。全油田分区的产液结构调整将全油田总的年产油量目标，按每区的含水率、采出程度、剩余可采储量、采油速度、潜力的分布和调整的部署等分配到每个区，确定分区的年产液目标；分类井的产液结构调整在满足分区年产油量目标的前提下，根据基础井网和不同时期投入的调整井的含水率和开采状况，调整分类井的产液和含水结构；单井结构调整根据每类井确定的具体目标，把各种措施落实到每类井的每口井上，进行每类井之间的注水、采液和含水结构的调整。整个油田产液结构调整优化的关键，在很大程度上就是要优化好几处井网的产液量和产油量。

在进行注水产液结构调整时，对基础井网既不能放松调整工作，又不能只重视控制产油量的递减，而忽略控制含水率的上升。应该在充分做好平面调整的基础上，努力控制产油量的递减和含水率的上升，使基础井网的控水工作在不断改善其开发效果的基础上进行。油田在高含水期尤其高含水后期进行注水产液结构调整的优化目标：在不断改善基础井网的开发效果的条件下，保持全油田产油量的稳定和产液量少量增长。

二、注水开发技术政策

注水开发技术政策研究包括地层压力保持水平、合理注采比、合理注采井数比、合理井底流压、合理注水压力等研究内容。

提高油井产液量必须保持一定的压力，而一定的压力是靠注水系统来实现的。油田在注水开发过程中，必须建立一个合理的注采系统，既要保持合理和较高的地层压力，满足较高泵效和达到最大单井产液量对压力的要求，为放大生产压差和提高采收率奠定基础，又要考虑地层吸水能力、注水泵压等注水条件，能够满足保持地层压力对注水量和注采比的要求。

通过注采比的调整，保持比较高的地层压力，才能保持较大的生产压差，这是保证油藏有旺盛生产能力的关键。

适量提高注入水压力，不仅有利于增加吸水量，保持较高的地层压力，而且有利于减缓多层砂岩油藏的层间干扰，增加波及体积。但注水压力过高可能反而加剧层间干扰，甚至造成套管损坏。注水井井底压力要严格控制在油层破裂压力以下。

从实践中常常可以发现，当注水压力提高到一定程度以后，少数高渗透层吸水量占全井吸水量的比重回会大幅度增加，而其他层或者其吸水量不能成正比例地增加，或者绝对值也有所降低，甚至停止吸水时，这说明注水压力的提高反而加剧了层间干扰。这种现象与油层内原来处于封闭状态的裂缝或裂缝张开有关。如果注水井井底压力高于油层的破裂压力，那么地层内没有天然裂缝或微裂缝，也会压开油层，形成人工裂缝。因此，须严格控制注水井的井底压力小于地层破坏压力。

多层合采时，合理降低生产井流动压力，不仅有利于提高单井产量，而且还有利于减少层间干扰，增加注入水波及体积，改善开发效果，但也要考虑油层条件的限制以及井底脱气和抽油泵工作效率等因素的影响。

要注意避免井间、区域间压力分布不均衡所造成的不良后果。在油田开发实践中经常可以看到，虽然总体上看注采是平衡的，压力系统是合理的，但由于油藏的非均质性，常常造成纵向上各小层间，平面上各井之间或区域间压力分布的不均衡性，不利于油藏的正常生产。这就要求我们不仅要从总体上把握注采的均衡性和压力系统的合理性，还要注意油藏各个局部的注采均衡和压力系统的合理分布。

三、强化采液保持油田稳产

在油田注水开发过程中，随着含水率上升，产油量逐渐下降，为了维持稳产，必须保持一定的增液速度。油田开发进入特高含水期后，液量的增加满足不了稳产的需求，产油量开始递减，递减率不同，对液量增长的要求也不同，相同含水率条件下，递减率越大，要求的增液量增长倍数越大。

提高油田排液量通常采用的方法是：①随着含水率上升，对自喷井放大油嘴或转抽，对抽油井调整抽油参数及小排量泵转为大排量泵等措施来降低油井井底压力，增大生产压差，使油藏中的驱油压力梯度得以提高，通过提高单井的排液量来提高整个油田的排液量；②采用细分开发层系，加密井网等方法，通过增加井数来提高油田排液量；③对低渗透油层或污染油层，采取酸化或压裂等油层改造措施。

这些方法不仅有利于延长油田的高产稳产期，也有利于提高油田的采收率。但是在提高油田排液量的同时，若不注意提高注入水的利用率，将使产水量大幅度增长，而产油量增长有限，有的还会出现一口或几口井大幅度提高排液量，导致所增长的油量低于邻近井，因压力下降带来的产量下降。

单元最大排液量是在最大生产压差条件下的排液量，但同时又受到泵的额定排量的限制，含水率一定时，平均单井最大产液量的计算步骤大致如下所述。

第一步，先求出在该含水率条件下，保证合理的泵效时，泵口压力的下限值，在根据各类泵的泵深和油层中部深度计算出最低流压，由此得出不同总压降时的最大生产压差。

第二步，根据含水率计算无因次采液指数，再根据各类泵的额定排量，最大生产压差和无因次采液指数，求出各类泵的油井流动系数下限值。

第三步，同一总压降情况下，从小泵到大泵，各油井流动系数逐一与流动系数下限值比较进行单井选泵，并记下各类泵的井数，计算出平均单井最大日产液量。

四、注采参数调整技术与方法

工作制度调整是指水驱油的流动方向及注入方式的调整，如调剖堵水、重新射孔、油井转注、改向注水、周期注水、水气交替等措施。下面重点介绍周期注水的原理和应用。

不稳定注水又称为周期注水，它不仅仅是一种注采参数调整技术，更被认为是一种以改变油层中的流场来实现油田调整的水动力学方法。它的主要作用是提高注入水的波及系数，是改善含水期油田注水开发效果的一种简单易行、经济有效的方法。

周期注水作为一种提高原油采收率的注水方法，其作用机理与普通的水驱不完全一样。在稳定注水时，各小层的渗透率级差越大，驱替前缘就越不平衡，水驱油的效果就越差。周期注水主要是采用周期性地增加或降低注水量的办法，使得油层的高低渗透层之间产生交替的压力波动和相应的液体交渗流动，使通常的稳定注水未波及的低渗透区投入了开发，创造了一个相对均衡的推进前缘，提高了水驱油的波及效率，改善了开发效果。

地层渗透率的非均质性，特别是纵向非均质性，有利于周期注水压力重新分布时的层间液体交换，有利于提高周期效应的效果。油层非均质性越严重，特别是纵向非均质性越强，周期注水与连续注水相比改善的效果越显著。

周期注水工作制度很多，但对某一油田来讲，并不是任何方式都可以使用。对某一个具体的油田来说，在实施中要根据油田的具体地质条件，运用数值模拟方法或矿场实际试验情况来优选周期注水方式。

在周期注水过程中，应尽可能选择不对称短注长停型工作制度，也就是在注水半周期内应尽可能用最高的注水速度将水注入，将地层压力恢复到预定的水平上；停注半周期，在地层压力允许范围内尽可能延长生产时间，这样将获得较好的开发效果。

目前，油田开发一般采用连续注水方式，在连续注水一段时间后往往为了改善开发效果而转入周期注水。因此，就存在一个转入周期注水的最佳时机问题，在这个时间转为周期注水后，增产油量最多，开发效果最好。

合理的注水周期是实施周期注水的重要参数。停注时间过短，油水来不及充分置换；停注时间过长，地层压力下降太多，产液量也随之大幅下降。而且，当含水率的下降不能补偿产液量下降所造成的产量损失时，油井产量将会下降。

关于周期注水，从实践中得出以下结论。

（1）非均质性越强，不稳定注水方法增产效果越明显。尤其适用于带有裂缝的强烈非均质油田。

（2）周期注水对亲油、亲水油藏都适用，但对亲水油藏的效果更好。

（3）复合韵律周期注水效果最好，正韵律好于反韵律。

（4）周期注水的相对波动幅度等于1时，周期注水的效果最好，在实际应用时，应使波动幅度达到实际允许的最大值。

（5）周期注水的相对波动幅度等于2时，此时注入水的波动幅度与地层的振动幅度达到共振，周期注水的效果最好。

（6）在油田开发实践中，为了达到最佳开发效果，应选择最佳周期注水动态参数进行周期注水开发。

第四节 开发方式调整技术与方法

一、概述

油藏的开发方式是指以哪种或哪几种驱动能量开采原油，即油藏的驱动方式。开发方式一般分为依靠天然能量开采、注水或注气补充能量等方式。

油藏开发到底选用哪一种开发方式，是由油藏自身的性质和当时的经济技术条件决定的。在选择油藏开发方式时，一般要考虑天然能量大小，最终采收率大小，注入技术条件和开发经济效益等因素。

利用油藏的天然能量（包括油藏自身的能量和油藏边底水的能量）进行开采，又称为衰竭式开发。衰竭式开发避免了早期大规模的注入井投资，可减轻公司的经济压力。一个油藏能否采用衰竭方式开发，要根据油藏试采的情况及天然能量大小进行分析。如果一个油藏地饱压差较大，天然能量充足，一次开采的采收率可达20%以上，则可以先用衰竭方式开采，而不需要补充人工能量。

油藏的开采方式和开发方式有所不同，开采方式是指采用哪种能量或方式，将原油举升到地面，如自喷开采和机械抽油。自喷开采是油藏最经济又方便管理的开采方式。为了保持油井自喷开采，也会用人工注水的方式补充地层能量。

开发方式的调整一般是在油藏动态生产规律和新的地质认识的基础上，从利用天然能量开采向注水（气）开发的调整，或从注水开发向EOR方法的调整。一般是从较低驱替效率的驱动方式，向较高驱替效率的驱动方式调整。

在实际油藏开发方式转换过程中，有以下经验做法。

（1）在储层中的含气饱和度还低于气体开始流动的饱和度以前进行注水，地下原油不会流入已被气体占据的孔隙空间，仍可得到很好的效果。

（2）关于合理地层压力保持水平，苏联学者认为，地层压力保持在饱和压力附近最佳；我国学者通过生产实践和研究认为，当地层压力高于饱和压力10%左右时，油层生产能力发挥最好。

（3）在异常高压油藏中注水是否保持原始油藏压力，要根据实际情况来定。

（4）国外开发实践和室内研究表明，带气顶的油藏压力不能过高，以避免部分原油进入气顶，而造成地下原油损失。

二、利用天然能量开发

天然能量开发是一种传统的开发方式。它的优点是投资少、成本低、投产快，只要按照设计的生产井网钻井后，不需要增加另外的采油设备，只靠油层自身的能量就可将油气采出地面。因此，它仍是一种常用的开发方式。其缺点是天然能量作用的范围和时间有限，不能适应油田较高的采油速度及长期稳产的要求，最终采收率通常较低。

天然能量开发主要有以下四种方式。

（1）弹性能量开采。油层弹性能量的储存和释放过程与我们在日常生活中所见到的弹簧的压缩和恢复相似。油层埋藏在地下几百米至几千米的深处。在未开发前，油层承受着巨大的压力，因此，在油层中积聚了一定的弹性能量。当钻井打开油层进行采油时，油层均衡受压状态遭到破坏，油层孔隙中液体和岩石颗粒因压力下降而膨胀，使一部分原油被挤了出来，流向井底喷至地面。随着原油的不断采出，油层中压力降低的范围不断扩大，压力降低的幅度也不断增加，这样油层中的弹性能不断减少。一般的砂岩油藏，靠弹性能量仅能采出地下储量的1%～5%。

（2）溶解气能量开采。油层被打开并开始采油后，油层压力降低，当其压力低于饱和压力时，在高压下溶解在原油中的天然气就分离出来，呈自由的气泡存在。在气泡向井底流动的过程中，由于压力越来越低，体积不断膨胀，就把原油沿着油层推向井底。

在利用溶解气能量的开采过程中，由于气体比原油容易流动，往往是气先溢出来，而且溶解在原油中的天然气量大幅减少，使得原油变得越来越稠，流动性越来越差。当油层中溶解的天然气能量消耗完以后，油层中还会留下大量的原油。因此，只依靠溶解气能量开采，一般只能采出原始储量的百分之十几。

（3）气顶能量开采。有些油田在油层的顶部有气顶存在。当油田投入开发后，含油区的压力不断下降。当这一压力降低到达气顶时，将引起气顶发生膨胀，气顶中的气体就会侵入原来储存原油的孔隙中，从而将原油驱向生产井井底。

（4）水压驱油气能量开采。水压驱油能量分为边水驱动和底水驱动两种形式。不管是边水驱动还是底水驱动的能量，地下油层必须与地面水源沟通，开采时能得到外来水源的补充。如果油田面积小，水压驱动条件好，开采时水的补给量能够与采出的油量平衡时，则在油田的开采过程中，产油量和地层压力也都可以在较长时间内保持稳定，可以获得较好的油田开采效果和较高的最终采收率。但实际中绝大多数天然水压驱动的油田，外界水源的补给都跟不上能量的消耗，因此，开采效果都不理想。

从上面四种情况可以看出，依靠油层本身具备的天然能量，可以采出一定的油量。在满足对石油产量要求的前提下，根据储油层和油田的具体情况，可以考虑利用某种天然能量开采。

第五节　开发调整技术案例

一、A油田胜二区沙二段层系细分与调整

1968年A油田胜二区沙二段投入开发，初期划分为沙二上和沙二下两套开层系，分得非常粗。注水开发后即使采取了分层注水的措施，层间干扰依旧非常严重，含水率上升很快，年含水率上升速度为4.1%～7.7%，采油速度为0.7%～0.9%。

胜二区沙二段的渗透率非常高，但是不同层之间的差异非常大。上油组各砂层组平均渗透率为1.15～7.68μm²，相差6.68倍；下油组各砂层组平均渗透率为0.51～5.78μm²，相差11.5倍。沙二3砂层组平均渗透率最高为7.68μm²，沙二9砂层组平均渗透率最低为

0.51μm²，相差15倍。

调整后开发效果大为改善，年产油量由调整前的69.93×10⁴t增加到197.75×10⁴t；上下油组的采油速度由原来的0.7%～0.9%提高到2.19%～2.43%；采收率则由原来的21.3%～22.4%增加到37.2%～41.1%。

开发实践表明，在含水率较低时，使用分层注水的技术可以在一定程度上减少层间干扰，维持油田的稳产。但含水率越高，层间干扰越严重，光靠分层注水的工艺是不够的，需要进行细分层系的调整。

二、B油田注采井网调整

B油田储层是以砂岩和泥质粉砂岩组成的一套湖相、河流三角洲相沉积砂体。纵向上与泥质岩交互呈层状分布，自下而上沉积了高台子、葡萄花和萨尔图三套油层，共分37个砂岩组，97个小层。平均砂岩厚度112.1m，有效厚度72m。喇嘛甸油田是一个受构造控制的气顶油田，全油田含油面积100km²，原油地质储量8.1亿吨。储层纵向和平面非均质性严重，上部砂体平均空气渗透率为0.464～2.203μm²，纵向渗透率级差可达5～8倍。地下原油黏度10.3mPa·s，原始溶解气油比为48 m³/t，原始地层压力为11.21MPa，饱和压力10.45MPa，地饱压差只有0.76MPa。

1973年B油田开始采用了反九点法面积注水方式投入开发，油田全面转抽后，地层压力下降幅度大，压力系统不合理的问题特别突出，突出表现在以下几个方面。

（1）原井网油水井数比大，注采关系失调，限制了油田产液量的进一步提高。由于采用了反九点井网，实际油水井数比在3：0以上。

（2）压力系统不合理，原油在地层中脱气严重，使采液指数下降。

（3）由于注采井数比低，注水井负担加重，油田分层注水条件变差。

为了满足注采平衡需要，注水井放大水嘴和改为笼统注水提高注水量，加剧了层间矛盾，削弱了分层注水的作用，降低了注水利用率，客观造成了油田综合含水率上升过快。

为此，在矿产试验的基础上，对原有井网进行调整，将反九点法面积井网的角井转注，调整为局部五点法或五点法注水井网。另外，条带状发育的储油层改为行列注水，转注原井网中含水率较高的边井，以便控制综合含水率，使剩余油向中间井排集中，也便于后期的挖潜改造。注采系统的调整对于改善低渗透薄油层的开发效果不明显，这部分油层的开发效果改善，还有待于井网的二次加密调整。

行列注水方式的井网调整工作分两步进行。第一步，隔排转注原九点法井网中注水井排东西方向的采油井，中间注水井排上的采油井不转注，仍为间注间采，形成两排注水井夹三排井的行列注水方式，注采井数比为1：1.67；第二步，将间注间采井排上的采油井转注，形成一排注水井一排采油井的行列注水方式，注采井数比为1：1。

调整后油田开发效果明显改善。压力系统趋于合理，地层压力恢复到原始压力附近，产液量增加，产量自然递减率由13.38%下降到6%～8%；含水上升率由2.28%下降到1.25%；水驱控制程度提高，预测最终采收率可提高1.5个百分点。

三、C油田萨北过渡段周期注采调整

C油田北部过渡带含油面积为33.35km²，地质储量10949.1×10⁴t，其属于河流三角洲沉积，地下原油黏度为14.1mPa·s。

C油田北部过渡带地区油层的非均质性比较严重，原油物性差，黏度比较高，在合采情况下，层间干扰严重，低渗透层储量动用程度低，生产能力差。基于上述情况，为了提高储层动用程度，降低综合含水率上升速度，增加原油采收率，多年来，在萨北北部过渡带开展了周期注水。

C油田北部过渡带第四条带周期注水实践表明：越早采用周期注水，对注水过程的强化越有利，停注期间产油下降的幅度越小，含水率下降的幅度越大。

对比相同停注方式下的降油幅度，随着油田含水率上升，同步停层的降油幅度由13.3%上升到20.8%。交替停层的降油幅度由2.4%上升到6.8%。

根据数值模拟结果选用的停注周期为70～90d。但现场实施后，产液量下降幅度大，含水率下降不能弥补产液量下降造成的产量递减，并且造成原油脱气，抽油泵气影响严重。根据周期注水后油井生产情况，摸索适合萨北北部过渡带开发特点的特高含水阶段的停注周期为30d。

（一）周期注水方式的选择

北部过渡带在周期注水停注方式上，采用的是全井同步停注和隔排交替全井停注的方式，在这种停注方式下，油井产液、产油、含水率及压力等下降幅度相对较大，而在注水井恢复阶段，含水率上升速度过快。为进一步扩大波及体积，结合停注时液流方向的改变，将停注方式优化为交替停井停层，该停注方式降低了产液、产油的下降速度以及恢复注水后的含水率上升速度。

全井同步停注可提高厚油层中储量动用程度，而薄差层中的剩余油动用效果不明显。各层分期注、停，尤其是停注高渗透油层，保持加强低渗透油层注水，实际上高渗透率油层受到了周期注水的影响，低渗透率差油层主要受到分层注水的影响，减轻了层间干扰，更能起到“抑高扬低”的目的，取得稳油控水的效果。不同周期注水方式下的数值模拟结果表明，交替停层方式最终采收率较全井停注增加0.5%。

（二）周期注水现场应用及效果

（1）在全年节约注水$6.44 \times 10^4 m^3$的同时，加强层的注水量得到了相对提高。周期注水期间加强层的注水量分别达到了控制层的1.32倍和1.80倍。而正常注水加强层注水量只是控制层的75%和1.05倍，减缓了层间矛盾，控制了含水率上升。

（2）油井受效效果较好，剩余油潜力得到发挥。第四条带的周期注水加强层注水时，周围油井产量上升，含水率下降；控制层注水时，油井产油量下降，含水率上升，但总体开发效果较好。

（3）周期注水整体取得了较好的效果。第四条带降液幅度6.6%，周期注水期间产油量增加，含水率下降0.72%。由于加强层注水周期长，累计增油650t，因此，在经济效益上加密井周期注水是可行的。

（4）地层压力向均衡过渡。

（5）自然递减率得到有效控制，自然递减率由16%下降到8%，提高最终采收率0.29%。

第三章　油气田勘探

第一节　油气藏

一、概述

对一个油气藏来说，它的存在需要满足几个条件。其中第一个条件就是要有一个在漫长的地质时期沉积了适当岩石序列的区域，即沉积盆地。在地层内发育有高含量的有机物，即烃源岩。随温度的升高和压力的增大，烃源岩逐渐成熟，即满足油气从烃源岩中排出的条件。运移描述了将生成的油气输送至孔隙型沉积物，即储集岩的过程。只有当储层形成有利的构造，或者横向上逐渐变成致密的地层时，才能形成一个运移聚集油气的圈闭。

二、沉积盆地

20世纪地质科学的重大突破之一就是板块构造学说被人们所接受。该学说超出了本书从任何细节入手来探讨油气勘探基础理论的范围。简言之，板块构造模型假设海洋和大陆的位置在地质时期逐渐发生变化，大陆就像巨大的木筏漂移在下伏的地幔上。

在大陆间的碰撞造成挤压的地方，地壳运动所产生的地貌可能是像喜马拉雅山这样的山脉。相反地，红海和东非裂谷盆地的坳陷，则是由拉伸性板块运动形成的。这两种类型的板块运动都会形成大规模的坳陷，而来自周边地势较高地区（隆起）的沉积物则会被输送到这些坳陷中。这些坳陷称为沉积盆地，而盆地的充填沉积可达数千米之厚。

三、烃源岩

沉积物中发现的所有有机物大约90%都存在于页岩中。对烃源岩沉积来说，必须满足以下条件：有机物质必须丰富并且缺乏氧气，以防止有机残渣分解，在相当长的一段时间内的连续沉积导致有机质被掩埋。根据沉积区域的不同，这些有机质可能主要是由植物残留物或浮游植物组成的。这些植物是生活在海洋上层水体中的海藻，当这些海藻死亡时会大量沉入海底。来源于植物的烃源岩往往会产生含蜡原油，为北海北部多个大油田提供了烃类来源的基默里奇黏土层就是海相烃源岩的一个例子。而石炭纪时期的煤则构成了北海南部气田的烃类来源。

四、成熟作用

有机沉积物质向石油转化的过程称为成熟作用。其产物主要受初始物质组成的控制。当页岩中干酪根的浓度较高，且没有被加热到足够高的温度以释放其碳氢化合物时，这些干酪根可能会形成油页岩沉积。

随着沉积物在盆地内整体沉降，其温度也在升高。干酪根转化的高峰发生在大约100℃的条件下。如果温度高于130℃，哪怕时间很短，原油本身也会开始裂解，天然气开始生成。最初，天然气的组成中$C_4 \sim C_{10}$组分的含量较高（湿气和凝析油），但随着温度的进一步升高，这一混合物将趋于向轻烃转化。因此，对成熟作用和烃的类型来说，最重要的因素是温度。温度随深度的增加而升高的速度取决于地温梯度的大小，而这一数值因盆地的不同而各不相同。其平均值约为3℃/100m（深度）。

五、运移

在烃源岩成熟之后，所产生的油气会从盆地中埋藏更深、温度更高的部分运移进入适当的构造。油气比水轻，因此会趋于通过渗透性地层向上运动。

油气运移过程分为两个阶段。在初次运移阶段，干酪根的转化过程本身会导致非渗透性和低孔隙烃源岩形成微裂缝，而这些裂缝会使油气进入渗透性更强的地层。在二次运移阶段，所生成的流体会更自由地沿着层理面和断层运动到适当的油藏构造中。这种油气运移可以发生在长达数十千米的横向距离上。

六、储集岩

储集岩要么是碎屑岩，要么是碳酸盐岩。前者是由硅酸盐，通常是砂岩组成的；而后者则是由生物成因的岩屑，如珊瑚或贝壳碎片组成的。这两种岩石类型之间存在着一些重要的差异，这些差异会影响储层的质量以及储层与流经其中的流体的相互作用。

砂岩储层（硅质碎屑储层）的主要成分是石英。从其化学性质来看，石英是一种相当稳定的矿物，不易受压力、温度或孔隙流体的酸度等变化的影响而发生改变。而砂岩储层是在砂粒已被搬运了较长的距离并在特定的沉积环境中沉积下来以后形成的。

碳酸盐岩储层通常是在其形成地（原地）发现的。碳酸盐岩容易被成岩作用过程所改变。

岩石颗粒之间的孔隙，如砂岩储层中的砂粒之间的孔隙，最初被孔隙水所充注。而运移的油气将驱替水并因而逐渐充满该储层。对一个储层来说，要想成为有效储层，孔隙之间需连通，确保油气运移；一旦一口井钻入构造，油气可向井筒流动。在油田术语中，孔隙空间用孔隙度度量，岩石允许流体通过其孔隙系统的能力用渗透率衡量，具有一定的孔隙度，但渗透率过低而不允许流体流动的储集岩称为致密储集岩。

七、圈闭

一般来说，油气的密度要比地层水低。因此，如果在适当的位置没有阻止油气向上运移的构造或封堵层，那么烃类将会最终渗透到地表。在一些海上地区进行的海底勘测中，我们可以发现一些类似于火山口的构造，这些构造也是油气逸出到地表的证据。据推测，在过去的漫长地质时期中，已经有数量巨大的油气以这样的方式从沉积盆地中损失掉了。

圈闭主要有三种基本形式，它们分别是背斜圈闭（韧性地壳变形的结果）、断层圈闭（脆性地壳变形的结果）、岩性圈闭（其中非渗透性地层封闭了储层）。

然而，全世界许多石油和天然气田中都有油气是在断层控制的背斜构造中发现的。这类圈闭构造称为复合圈闭。

即使一个沉积盆地具备迄今为止介绍的所有要素，也未必一定能够形成油气藏。远景评价中的关键问题之一是事件发生的时间。地层变形为适当圈闭的时间必须早于油气成熟和运移的时间。另外，储层的盖层还必须在整个地质时期完好无损。如果过去的某个时段曾经发生过泄漏，那么勘探井将只能钻遇少量残余油气。相反，封闭断层可能在油气藏形成以前就已形成，并且阻止了油气运移进入这一构造。

在某些情况下，细菌可能已造成了石油的生物降解，从而破坏了油气中的轻烃部分，许多浅层油气藏已被这一过程所改变。考虑到勘探项目成本高，人们将付出巨大的努力来避免勘探的失败。在对一个远景区进行分析时，需要用到多个学科，如地质学、地球物理学、数学和地球化学等。然而，即使是在多年来一直不断进行勘探作业的非常成熟的地区，平均也仅有1/3的探井会钻遇大量油气。而在真正的初探区，即此前尚未钻过井的盆地，则平均只有1/10的井能够获得成功。

第二节 勘探方法与技术

一、勘探方法与技术概述

任何勘探项目的目标都是在较短的时间内以较低的成本找到新的油气储量。勘探预算与购买机会互相竞争。如果一家公司为寻找一定数量的石油投入的资金比其在市场上购买相同数量的石油需要的资金还要多，那么它就很少会有动力继续进行勘探作业。相反，一家以较低成本设法找到新的油气储量的公司却具有显著的竞争优势，因为它可以承担更多勘探作业，可以用更有利可图的方式发现、开发油气藏，可以找到并开发更小的远景构造。一旦一个地区被选作勘探目标，那么技术活动的一般次序都是从盆地的界定开始。而重力异常图和磁异常图的绘制将是最早应用的两种方法。在许多情况下，这些数据都是可以在公共领域获得的，或者可以作为非专属勘测结果购买到。接下来，为了界定有利区，即可能存在油气藏构造的地区，需要获取一个覆盖较大面积的粗略的二维地震测网。此前出现的电磁技术也已用于这一阶段，以协助描绘盆地的轮廓并识别潜在的油气藏。此阶段的勘探理念往往是一个人或一个团队的奇思妙想，由于当时很少有充分的资料来判断这些想法的价值，勘探区只能称为远景区。之后人们将会综合使用更详细的勘测方法来界定一个远景构造，即一个具有成熟烃源岩、运移、储集岩和圈闭等所有油气成藏要素的有利地下构造。

最后，要证明这一观念的正确性，唯一的方法就是钻一口探井。“野猫井”是指在此前没有井控制的地区所钻的第一口井。此类井要么发现油气，要么目的层发现只是水层，而在后一种情况下，这些井称为干井。勘探活动会对环境造成潜在的危害。在为陆上地震勘探做准备的过程中进行的树木砍伐可能会导致未来几年内水土流失严重。而在海上，珊瑚礁等脆弱的生态系统可能会由于原油或钻井液添加剂的溢出而被永久破坏。因此，有责任感的公司将在作业规划之前进行一次环境影响评估，并制定出应对事故的应急方案。

二、地球物理方法简介

油气行业有各种不同的，用以寻找潜在油气藏的常规地球物理勘探方法。这些地球物理方法会对地下岩石、流体和孔洞等物质的物理性质的变化产生响应，从而确定出两侧物理性质发生变化的边界位置。这些物理性质的变化会引起相对于背景值的异常，而这一异常现象正是这些方法试图探测的目标。

沿网格或测网的测线来测量信号强度的变化即为剖面测量，通过这一方法可以绘制出这些异常的空间图像。在这一过程中应该注意避免空间图像失真，即由于仅在少量的测量站上收集数据而造成的精细信息的损失。耗费时间和预算的作业往往存在于这一阶段。

重要的是，仅凭采集和处理数据并不能保证勘测的成功，信息不等于认知。地球物理数据的解释应该始终在清晰的地质框架范围内进行。人们往往使用若干种方法来相互补充，或者与其他学科联合使用，以建立一个可以解释所观察到的异常现象的有地质意义的模型。这有助于减少不确定性，并且解决一种异常现象可以用多种方式来模拟等效性或非唯一性问题。

（一）重力测量

重力方法测量的是由于地质构造内密度的变化而引起的地球重力场的微小变化。该方法使用的测量工具是一个可对较大范围内的数值做出响应的精密的弹簧秤。重力场内的波动会引起弹簧长度的变化，而沿二维网络剖面布置的不同测量站则会对这种长度的变化（相对于基站的长度值）进行测量。然后，根据记录站的纬度位置和海拔对测量结果进行校正，以确定“布格”重力异常。

航空重力测量技术的发展，使得人们能够测量以前无法进入的地区，能够测量比陆上测量方法测量的面积更大的盆地。

（二）地磁测量

地磁方法探测的是由于岩石的磁性变化而引起的地球磁场的变化。特别是基岩和火成岩，磁性都相对较高。如果这些岩石的位置靠近地表，则会引起波长较短和幅度较高的异常。地磁方法是通过航空（飞机或卫星）技术实现的，从而使得快速的测量和绘图成为可能，并且覆盖面积较广。与重力技术一样，地磁测量往往用于勘探项目的开始阶段。

（三）控源电磁海底测量

控源电磁（CSEM）测量或海底测量是一种遥感技术，其中所使用的电磁信号来自海底附近的一个信号源，频率非常低。检波器等距放置在海底，用以记录高阻地质体，如为油气所饱和的储层等产生的电磁信号异常与扭曲。

控源电磁方法在砂页岩序列相对简单的地区（碎屑岩储层）的深水（>500m）中应用效果最好；在测量其他海上测量方法不太实用或不太经济的较大圈闭（远景构造）时，这一方法也尤为有用。

人们正在越来越多地将该方法与地震资料相结合来验证远景构造内储集岩为流体充满

的可能性，从而通过更成熟的方式布井来降低风险，提高成功的概率。

三、地震资料的采集与处理

（一）引言

在过去的一二十年，地震勘探技术的进步和更为先进的地震处理算法的发展已经改变了人们开发和管理油田的方式。地震勘探已经从一个主要着重于勘探的方法变成了成本效率最高的油气田生产优化方法之一。在许多情况下，地震资料使作业者将成熟油气田的开采期限延长许多年成为可能。

在地震勘探中，首先要产生通过地球岩石向下传播到储层目标的声波。声波反射到地表后，由接收器接收、记录和存储，以便进行处理，由此得到的数据会构成一个由地球物理学家和地质学家解释的地下岩石声波图像。

地震勘探用于：（1）为刻画构造和地层圈闭的界限而进行的勘探；（2）为估算储量和制定油气田开发方案而进行的油气田评价和开发；（3）生产中储层监测（如观察储层流体随着生产的进行所发生的运动）。

地震采集技术随着勘探环境（陆上或海上）和勘探目的的不同而变化。在勘探区，地震勘探可能由间距较宽的二维测线网络组成。相比之下，在评价区则要进行三维地震勘探。在一些成熟的油气田，人们可能会在海底设置永久性的三维地震采集网络，以进行定期（6～12个月）储层监测。这些采集网络称为海底观测站（OBS）或海底电缆（OBC）。

（二）地震勘探的原理

声波是在地面（陆上）或水下（海上）产生的，并通过地表下的岩石传播。在相邻的两个岩石单元的声阻抗有明显变化的地方，地震波会在二者的界面处被反射回来。声阻抗是岩石地层的密度与通过该特定岩石的波速（地震速度）的乘积。

褶积是指通过滤波器而导致地震波波形改变的过程。地球可以被看作一个滤波器，其作用是改变下行波的波形特征（振幅、相位和频率）。借助示意图的形式，可以将地球描绘成一个随深度变化的声阻抗曲线或一系列表现在时域上的称为反射系数曲线或反射系数序列的尖峰信号。当地震波通过岩石时，其形状会发生变化而产生一个波形道，而这个波形道是原始震源子波与地球性质的函数。

反射信号的以下两个属性会被记录下来：反射时间或传播时间，与界面或反射面的深度以及上覆岩层中的地震速度有关；振幅与反射区间内岩石和流体的性质以及处理过程中需要去除的各种外来影响有关。

当地震波垂直入射在一个界面上时，一部分能量会被反射回地面，而另一部分能量则会继续传播下去。在地震波倾斜入射的情况下，入射波的角度与反射波的角度相等。在这种情况下，同样会有一部分能量传播到下面的地层中，但传播角度会有所改变。

（三）地震资料的采集

地震波从震源传播到深度处的反射点后再向上到达距震源一个炮检距，或炮点与检波器之间的接收器所花费的时间由传播路径与波速的比值决定。数据采集系统的布局要保证每个地下反射点（也称为共中心点或CMP）都有多个炮点一检波器对。

在不同的炮检距处测量反射时间，对一个特定的地下反射点来说，炮点与检波器之间的距离越大，传播时间越长。零炮检距下（垂直入射）和非零炮检距下（倾斜入射）传播时间的差值称为正常时差（NMO），该值取决于炮检距、波速和距离反射面的深度。在夹层或构造会对到达目标的能量大小造成影响，或者会引起地震速度变化的地方，从不同炮检距处以不同的角度收集数据对地表下岩石的正确成像很重要。

震源是通过能量的突然释放来产生声波的。实际作业中有多种类型的震源，它们的区别在于：所释放能量的大小，决定了声波的具体穿透深度；所产生的频率，决定了具体的垂向分辨率，或者说将间距很小的两个反射面作为两个独立的事件识别出来的能力。

根据勘探目标的特点，通常需要在这二者之间做取舍。对深部地壳构造的研究需要能够到达地球10km以上的低频信号，而浅部地质勘探则需要频率非常高，允许在进入地下几百米后就逐渐消失的信号。

用于陆地的典型震源是车载振源或在浅孔内引爆的疵麦特炸药震源。最常见的海上震源是气枪和水枪等空气声源，它们通过将空气或水排到周围的水体中而产生声波脉冲。另外，还有电火花发生器、布默震源和声信号发生器等将电能转化成声能的电气设备。一般来说，后面这几种声源所产生声波信号的能量较低，但频率却比空气声源要高。

地震检波器是指记录机械输入信号（地震脉冲）并将其转换为电输出信号的装置。这些电信号会在记录到磁带上之前被放大。在陆地上，接收器称为检波器，它们在使用时可以散布在地面上或放置在浅孔内；而在海上，接收器则称水中检波器，通常是以阵列的形式成串使用的，它们要么被拖带在船后面的水中，要么在使用海底电缆的情况下被布置在海底。

地震资料采集系统的几何形状或震源和接收器的布局取决于勘探目标、地表下岩石的地质特征和后勤保障情况。地震勘探数据的采集可在方形回路甚至圆形回路内沿直线或锯齿线进行。在过去的几年，宽方位角地震勘探已变得越来越普遍。在这种采集模式下，地震资料的采集是沿不同方位角进行的，以允许从不同角度做出构造的图像，从而改善了放射状断层模式以及受盐岩影响的区域等复杂地质条件的成像。

（四）井下地震勘探

在垂直地震剖面勘探（VSP）中，震源放置在地表，而接收器组合则被下入井眼中。而在井中地震层析成像中，震源和接收器组合则都被下入（不同的）井眼中，并在不同深度激发震源。一般来说，其震源的频率要高于地面地震勘探中所用震源的频率。

井下地震技术的优点包括提高了分辨率，并且能够预测或更准确地模拟井间地震速度的变化。该技术还去除或抑制了近地表风化层的影响。与那些已在油气田开发和钻井设计中被证明非常有效的传统的地面地震方法相比，井中地震技术得到的数据可以更好地反映储层连续性中小范围的特点和细微的变化。此外，该技术还被用来帮助刻画致密含气砂岩和煤层气储层的特征。在致密含气砂岩和煤层气储层中，即便是一些细微的特征也会对资源的分布和开采产生重大的影响。

（五）地震资料的处理

1.引言

地震资料处理的三个主要步骤是反褶积、叠加和偏移。在以上每个步骤开始之前或完成之后，都需要额外的过程来准备地震资料或提高资料的质量。

一般在二维地震勘探中有数百条地震道，而在三维地震勘探中则有数千条地震道。一旦地震道被抽取后，必须采用静校正来补偿由于地形起伏造成的变化，例如，在被沙丘覆盖的地区采集地震资料时就必须进行静校正。另外，有时也需要对近地表地震速度的变化进行静校正，例如，在沼泽地带进行地震资料采集时。

2.反褶积

地震资料处理的下一个阶段是反褶积。从本质上说，这是一个剔除或抑制干扰信号的反滤波程序。它的目的是压缩子波，并使其尽可能明显，以致其类似于尖峰的形状。实际上反褶积是试图通过将地质边界再现为反射系数序列来除去地球的过滤效果。

3.速度分析和正常时差校正

地震速度在地震勘探和处理中起着重要的作用，它可以将地震图像转换为地质深度剖面。地震速度有几种类型，包括平均速度、均方根速度和层速度等。前两种速度仅仅是统计参数，而层速度则在地质上更有意义。如前所述，对每个共中心点来说，在零炮检距和非零炮检距两种情况之间存在着一个传播时间差，该差值称为正常时差。在逐条检查地震道时可以清楚地看到，需要先剔除每个非零炮检距道的正常时差，然后才能对地震道进行叠加。叠加速度是指对正常时差进行最佳校正的地震速度。

4.叠加

对所有来自与一个共中心点有关的不同炮检距的反射波进行加和或叠加，从而为每个共中心点得到一个地震道，这会导致信噪比的改善。随机噪声往往随地震道的不同而各有不同，因此将得以消除或至少得到压制。而来自不同地震道的真实地质信号往往是相似的，因此会在叠加过程中得到增强。

5.偏移

在理想的情况下，叠加后的地震资料应该处于正确的位置并且具有正确的振幅。然而，大倾角的层位会使即将记录到的反射信号的地面位置不同于实际地下位置。当地震速度发生大幅度或突然变化时也会出现这样的情况。

在反射面倾角很大的情况下，入射波的传播时间与反射波的传播时间是不同的。在这种情况下，反射波的传播时间比入射波的传播时间要短得多。偏移是指重新确定反射信号位置的过程，以给出一个事件（地质边界或其他构造）在地下的真实位置及其正确深度。主要有两种类型的偏移：叠前偏移和叠后偏移。前者是在叠加前进行地震资料的偏移处理，而后者则是在叠加后进行偏移。

如果地质层几乎是平坦的并且地震速度是均匀的，那么简单的叠后时间偏移就会取得良好的结果。如果地震速度只发生少量的变化，或者倾角较小，那么叠前时间偏移也将很好地解决这一问题。而在地质构造复杂的区域，如盐下或玄武岩下区域，由于这两种方法都不能正确地刻画出盐岩或玄武岩以下的事件，则需要应用叠前深度偏移（PSDM）技术。

叠前深度偏移技术要求处理者建立一个地下地震速度模型，这一要求本身就构成了一个相当大的挑战。输入模型将反射面复原至它们在地下的真实位置处，并将视倾角校正为真实倾角。尽管叠前深度偏移技术是复杂构造成像的一个重要方法，但它却是一个既耗时又成本高的过程。因此，该技术往往只在其他方法都未能给出有效解决方案的情况下才会使用。但是，随着计算机技术和处理能力的进步，它有可能成为一种经济的、更易于使用的技术。

6.多次反射波

处理过程中经常要求使用的一个额外步骤是消除多次反射波。多次反射波是指那些已在多个界面处被反射的信号，这在有夹层的情况下是很常见的。海底多次反射波是许多海洋地震剖面上的一个共同特点。海面就是一个强反射面，向上传播的声波会被海面弹回，随后在海底发生第二次反射。如果多次反射波掩盖了真实的反射面，则很难去除，并且会严重妨碍地震解释。

7.地震资料的输出

二维地震勘探是由一个测线网络组成的，该测线网络往往布置成一个等间距的正交网格。处理后的结果是一系列节点或测线交点上，用时间或深度表示的地震剖面。单独的一条二维测线通常包含数百个地震道。

在三维地震勘探中，地震资料是以束状条带方式采集的，每个条带都包含大量间距通常介于12.5～50m的主测线和联络测线。处理后的结果是一个可沿全部三个轴（测线、地震道和时间/深度）查看的三维数据体或方块，也可以沿一条“任意测线”（如沿一条蜿蜒河道的轴线）将这一数据体分割开来。一个三维地震数据体通常包含数千个地震道。显而易见的是，这样大量的数据在处理过程中会需要巨大的磁盘空间。

四、地震解释

在处理完成后，可将数据加载到一个工作站内由地质学家和地球物理学家进行解释。工作站是指功能强大的、基于Linux系统的计算机，并带有两台显示器，解释者在一台显示器上按垂直剖面查看数据，在另一台显示器上以平面视图的形式查看数据。解释周期中的第一个步骤是将地震资料与现有井的资料对应起来，以确定重要的反射面事件所对应的特征，如油藏的顶部或主封闭层的顶部等所对应的特征。在一个成熟的油气田中，通常会有几十口井用以校准数据，但是在勘探区却可能只有两口井，而且有时还相距好几千米。

从显示器上（选取）主要反射面或层位进行数字化处理并将其存储在数据库中，对断层也采取同样的方法。用这样的方法绘制出油气田的构造图，并勾画出潜在的构造或地层圈闭。通过更详细的分析还可以识别出储集层段的内部构造，例如一个复杂的河道体系内的独立砂体。现在，地球科学家和工程师们更愿意查看声阻抗形式的地震资料，而不是带有典型子波特征反射数据的形式。这可以通过地震反演来实现。地震反演是指消除子波的影响，并将数据以一个具有地质意义的方式，即以岩石性质的函数形式体现出来的过程。在进行反演时，需要对井的数据进行认真校准以及对地表下岩石的广泛地质模型的认识。

一旦已在时域内完成解释工作，需要将解释的界面转换为深度，以便用于地质和工程模型之中。深度转换仍然需要了解地震速度及横向和纵向上可能存在的任何重大变化。深度转换有几种方法，其中一个简单的方法是导出多个关键层段的地震层速度，然后计算每个层段的厚度，再对这些厚度进行累加。这种方法称为等时差线法，并且能够在不受速度变化影响的区域给出合理的结果。另一种方法是在叠加速度的基础上建立一个速度模型。在地质情况复杂的地区，则需要更为复杂的方法，而且即使是这样真实深度和计算深度之间也会存在很大的差异。

五、地震属性

叠后处理算法的发展使解释者以日益改进的方式研究三维地震资料的构造属性，如倾角、方位角和均匀程度等可以帮助解释者了解一个盆地内的构造形式，或者帮助他们解释复杂的断层形式。

从地震资料的振幅特征中获得的属性，可以帮助人们了解孔隙度和密度等岩石性质，并且在某些情况下，还可以显示出油气饱和度等流体充注情况。详细的振幅分析工作，需要在尝试将岩石或流体性质与地震资料中显示出的振幅联系在一起之前仔细进行校准和建模。值得注意的是，分析结果仅依赖于所输入的数据和模型的质量。近年来，人们还开发出一种称为频率分解或者频谱分解的技术来更为详细地分析三维地震资料。该技术包括将振幅信号分解成多个组成频带并研究每个波段的振幅强度。

六、振幅随炮检距变化技术

振幅随炮检距的变化技术（AVO）或振幅随角度的变化技术（AVA）可以成为寻找油气的有力工具。炮点和检波器之间的距离为较近、中等和较远的三种情况下的地震道可以单独叠加并进行振幅对比，而不是仅对所有炮检距下的地震道进行叠加。假设岩石性质是一定的，不同炮检距叠加之间的地震幅度和/或地震波相位会发生变化。例如，在含气砂岩的情况下，随着角度的增加，振幅可能也会增加。为使AVO分析取得成功，需要认真模拟岩石性质和流体充注情况，以了解相对于背景趋势发生的变化。此外，AVO方法并非适用于所有的油气藏类型。该方法在胶结较差的、地质年代较晚的岩石，如西非的浊积岩中的应用效果要好于在北海地区遇到的一些地质年代较早、胶结较致密的油气藏。

七、时移地震勘探（四维地震）

地震勘探可以在油田开采期的不同时间点上重复进行，例如，可以在生产开始后定期进行。与生产开始前的地震资料（原始资料）对比，生产后的地震资料（监测资料）可能会在地震振幅和其他属性上发生变化。这些变化通常与由于油气藏的开采而造成的流体运动和流体含量的变化有关。

时移地震资料包括反复的垂直地震剖面勘探、二维地震勘探或三维地震勘探，其中后者称为四维数据。时移地震勘探变得越来越流行，特别是在四维资料可以突出未波及区域的存在或者可以追踪水驱前沿的运动情况的老油田时更是如此。显然，在具有永久性地震采集系统（海底电缆）的地方，反复地震勘探的数据采集成本会大大降低。

八、成本与规划

规划、采集、处理和解释地震资料所需的时间之久往往出人意料。在北海地区，三维地震勘探从构思到最终解释的周期还是非常长的。虽然人们努力缩短所需的时间，但采集和处理技术的不断改进却往往意味着周期和勘探成本的增加。

第四章　油气藏地质概述

第一节　油气的生成和运移

一、石油与天然气

石油一般是指地下天然形成的、主要由碳氢化合物及其衍生物组成的一种可燃的液态混合物。石油中可溶解少量的气体和固体，是最重要的可燃有机矿产。从地下开采出的石油在加工提炼以前称为原油。石油没有确定的化学组成，其中可含有50多种元素，但元素组成还是有一定变化范围的。石油的主要组成元素是碳和氢，碳含量为84%~87%，氢含量为11%~14%（两者之和占95%~99%），还有次要元素氧、氮、硫及其他的微量元素成分。石油的化合物组成可分为烃类和非烃化合物两大类，以烃类化合物为主。烃类化合物根据化学结构分为烷烃、环烷烃、芳香烃三类，原油中各种烃类的含量变化很大。非烃化合物包括含硫、氮、氧的各种化合物，种类很多，如含氧的酚、醛、酮，含硫的硫醇、噻吩等，但非烃化合物在原油中的含量较少。

石油是数以百计的若干种烃类和非烃有机化合物的混合物，其中每种化合物都有自己的沸点和凝固点，通过对原油加热蒸馏，沸点低的成分首先蒸发分离出来，可将石油分割成不同沸点范围的若干馏分。分割所用的温度区间不同，馏分有所差异，如汽油、煤油、柴油、润滑油、渣油等，就是原油分馏出来的石油产品。

天然气可泛指在大气圈和地壳内自然形成的各种气体，石油地质学中通常专指在地下天然形成的，主要由碳氢化合物组成的可燃气态混合物。天然气中的烃类是低分子量的烷烃，以甲烷气为主，其他的烃类有乙烷、丙烷、丁烷、戊烷等，统称重烃气。重烃的含量不多，各自数量不等，变化较大。非烃气以氮、二氧化碳、硫化氢气较为常见，还可含有一氧化碳、二氧化硫、氢等。根据天然气中重烃的含量，把天然气分为干气和湿气。重烃含量高于或等于5%的定为湿气，含量低于5%的定为干气。

天然气相对于石油密度更低，扩散能力更强，成因产状更多样。天然气按照地下产状分为油田气、气田气、凝析气、水溶气、煤层气、天然气水合物等。石油和天然气的化学成分变化决定了它物理性质的差异，油气的主要物理性质包括密度、黏度、凝固点、荧光性等。一般低分子量的烃类颜色浅、密度小、黏度低、凝固点低、相反高分子量的烃类颜色深、密度大、黏度高、凝固点高，所以烃类化合物在物理状态上有气体、液体和固体。石油、烃类天然气是贮存于地下，可流动的、可燃的、不可再生的矿产资源，是自然界化石燃料的重要类别。

二、油气的成因

石油与天然气的化学组成复杂，鉴定困难，又是流体状态，所以石油的成因是一个极为复杂的课题，至今还存在一些争论。但石油的成因问题关系到油气的勘探方向，因此，它一直吸引着许多地质学家、生物化学家和地球化学家对其进行大量研究。19世纪70年代以来，对油气成因的认识基本上分为无机成油学说和有机成油学说两大学派。无机成油学说认为，石油和天然气是在地下高温、高压条件下由无机物形成的。有机成油学说认为，石油和天然气是在地质历史时期由分散在沉积岩中的动物、植物有机体转化而成。油气勘探实践表明石油和天然气主要是有机成因的，也得到了大多数人的认同。世界上已发现的油气田99%在沉积岩中，而且主要在中生代地层中。

根据有机成油理论，油气生成需要满足两个基本条件：一是有利于石油生成的丰富的有机质，二是有机质向石油的大量转化。不同的沉积环境中生物的种类和数量差异很大，生成油气的能力和数量是不同的。要生成大量的油气，必须有大量的生物生长和繁殖的环境，必须有有机质不被破坏的保存条件。沉积物中有机质的主要供应者是细菌、浮游植物，浮游动物和高等植物。而且沉积有机质并不能直接生成油气，油气是在沉积成岩过程中经历了复杂的化学变化才最终形成的。生成油气的直接母质称为干酪根，是沉积岩中所有不溶于非氧化性的酸、碱和非极性有机质溶剂的分散有机质的统称。

油气生成（沉积有机质大量向油气转化）需要一定的物理化学条件，比如适当的温度、时间、细菌活动、催化剂等。这是受地质环境因素影响的，主要包括构造运动性质和沉积相类型两个方面。构造运动形成盆地，而且持续下沉埋藏达到并保持一定的温度、压力和还原条件，这时盆地内某些沉积相中保存下来的生物有机质能够大量地向油气转化。

三、有机质生成油气的过程

有机质向油气的转化过程随着埋藏深度逐渐加大，地温不断升高，具有明显的阶段性，一般划分为四个阶段。

（一）生物化学生气阶段

原始有机质堆积到盆地底部之后，就开始了生物化学生气阶段。深度范围从沉积界面到界面下方1500m深度，温度介于10～60℃，与沉积物成岩作用阶段相符，相当于碳化作用的泥炭—褐煤阶段。这个阶段以细菌活动的生物能量为主，在还原环境下，厌氧细菌将沉积有机质选择性分解，结果有机质中不稳定组分被完全分解成CO_2、CH_4、NH_3、H_2S、H_2O等简单分子，产生大量气态物质，而生物体被分解成分子量低的生物化学单体，如苯酚、氨基酸、单糖、脂肪酸等，这些产物再聚合生成结构复杂的固态干酪根。这个阶段埋藏深度较浅，温度、压力较低，有机质除形成少量烃类和挥发性气体以及早期低熟石油外，大部分转化成干酪根保存在沉积岩中。产物以甲烷为主，缺乏烃质（C_4～C_8）正烷烃和芳香烃，称为生物化学气或细菌气。

（二）热催化生油气阶段

沉积物埋深超过1500～2500m，温度升至60～180℃时，进入后生作用阶段，相当于碳化作用的长焰煤—焦煤阶段。这时有机质转化最活跃的因素是热催化作用，催化剂为黏土矿物。由于成岩作用增强，黏土矿物对有机质的吸附能力增大，降低了有机质成熟的温度，加快了有机质向石油转化的速度。此阶段干酪根发生热降解，杂原子（O、H、S）键破裂产生二氧化碳、水、氨、硫化氢等挥发性物质逸散，同时获得大量的低分子液态烃和气态烃，烃类已进入成熟期，是主要的生油时期。国外称此为“生油窗”或“液态窗口”。有机质进入油气大量生成的最低的温度界限，称为生烃门限或成熟门限，所对应的深度称为门限深度。

（三）热裂解生凝析气阶段

沉积物埋深超过3500～4000m，温度达到180～250℃，进入后生成岩阶段后期，相当于碳化作用的瘦煤—贫煤阶段。此时温度超过了烃类物质的临界温度，除干酪根继续断开杂原子官能团和侧链生烃外，主要反应是大量C—C链断裂及环烷烃的开环和破裂，长链烃急剧减少，C_{25}以上趋于零，低分子的正烷烃剧增，加少量低碳原子数的环烷烃和芳烃，以气态烃为主。在地下呈气态，采到地上反凝结为液态烃质油，并伴有湿气，称为凝析气，这是进入了高成熟期。

（四）深部高温生气阶段

当深度超过6000～7000m时，沉积物已进入变生作用阶段，相当于半无烟—无烟煤的高度碳化阶段，温度超过了250℃。已形成的液态烃和重质气态烃强烈裂解，变成最稳定的甲烷，干酪根残渣释出甲烷后，进一步缩聚形成碳沥青或石墨。以上是油气演化的一般模式，对于不同的沉积盆地而言，由于其沉降历史、地温历史及原始有机质类型的不同，演化过程可能只进入了前二或前三个阶段，并且每个阶段的深度和温度界限也可能略有差别。

四、生油气层

能够生成石油和天然气并能将其排出，聚集成商业性油气藏的岩石称为生油气岩或烃源岩。生油气岩组成的地层称为生油气层。生油气层研究主要是根据地质学和地球化学分析，确定一个沉积盆地的生油气区域，进行生油气量的定量评价，判断盆地的含油气远景。地质研究的内容有生油气层的岩性、沉积相、厚度、分布范围等。岩性和沉积相决定有机质的类型、含量和生烃潜能；厚度和分布范围决定有机质的总量、生烃总量和排烃效率。

能够作为生油气层的岩石主要有泥岩、页岩和石灰岩，都具有细粒、暗色、富含有机质的特征。暗色主要指黑色、深灰色和褐色，是还原条件的标志。生油气层一般在稳定的还原条件的深水环境形成，十分有利于生物的大量繁殖和保存，最有利的生油气岩沉积相是三角洲相、浅海相和深湖相。

地球化学研究主要是利用定量指标（包括有机质丰度、类型、成熟度等）确定油气生成的数量、程度和进行油源对比等。

有机质丰度指标主要是有机碳含量，岩石热解参数、氯仿沥青和总烃含量等，是决定岩石生烃潜力的主要因素。岩石中有足够量的有机质才能产生大量的油气。

有机质类型不同，生烃潜力及产物是有差异的。根据干酪根的元素组成，显微组分和岩石热解参数划分有机质类型，一般分为3种类型：Ⅰ型干酪根（腐泥型）具高氢低氧含量，生烃潜能大；Ⅱ型干酪根氢含量较高，生烃潜能中等；Ⅲ型干酪根（腐殖型）具低氢高氧含量，生烃潜能差，可成为有和的生气来源。

有机质成熟度是指有机质向石油和天然气的热演化程度。常用的指标包括三大类：光学指标包括镜质体反射率、沥青反射率、孢粉颜色、热变指数、牙形石色变指数和生物碎屑反射率。化学指标包括有机质最大热解峰温度、甲基菲指数、H/C原子比值、碳同位素指标和生物标志物指标。谱学指标包括干酪根的自由基浓度、干酪根芳核平均结构尺寸和有机碳激光拉曼光谱。

五、油气运移

生油气岩中生成的油气流体压力较大，不断向外扩散、运动，这个过程称为油气运移。油气在岩石中的运动有渗滤和扩散两种基本形式，区别于宏观物体的运动称为运移。渗滤是在一定压力差下的整体流动，扩散是浓度差引起的分子运动。油气运移贯穿油气生成到破坏的全部过程，油气的运动散失是绝对的，聚集保存是相对的。运移过程的不同阶段具有不同的运移方式、运移状态、运移方向等变化。一般把油气运移分为两个阶段：油气从生油层向储集层的运移称为初次运移；油气进入储集层以后的一切运移都称为二次运移。二次运移可以形成油气的聚集，也可以造成油气的逸散，对油气藏的形成与保存都有直接影响。

油气的渗滤必须由某种驱动力产生一定的压力差，才能从高压向低压方向流动。油气运移的方向和距离受多种因素的控制，实际运移的距离一般不会太长。我国陆相沉积盆地中油气运移距离在50km左右，最大也只有80km。油气在运移的过程中，由于地层的吸附和水的溶解，油气的化学成分和物理性质会发生一些变化。

第二节　油气的储集层和盖层

生油气岩中生成的油气被排出、运移，又怎么聚集储存起来的呢？勘探实践已证明：油气是储存在地下的那些具有微小孔隙的岩石中，就像水充满海绵里一样。油气聚集储存起来必须具有的两个基本要素是储集层和盖层。

一、储集层定义及类型

能够容纳和渗滤石油与天然气流体的岩层称为储集层。岩石作为储集层须具备两个条件。

（1）要有容纳流体的空间，即孔隙。

（2）具有渗滤流体的能力，即孔隙是连通的，流体在其中可以流动。

衡量储集层好坏的参数包括它的储集性能，用孔隙性表示，渗滤能力用渗透性表示，统称为储油物性。如果储集层中储存了油气，称为含油气层，已经开采的含油气层称为产层。

二、孔隙性

（一）孔隙类型

孔隙是指岩石中未被固体物质所充填的空间。可以说，所有的岩石内部都有不同程度的孔（空）隙，包括洞穴和裂缝，但孔隙的成因、大小、形状、发育程度及分布情况差别很大。岩石孔隙从成因的角度可分为两类：原生孔隙指沉积时产生的孔隙，以粒间孔隙为主；次生孔隙指沉积后形成的孔隙，包括裂缝、溶孔等。

（二）孔隙度

孔隙度是衡量岩石孔隙发育程度的参数，由孔隙空间在岩石中所占体积的百分数表示，具体有3个参数。

1.绝对孔隙度

全部孔隙空间所占岩石体积的百分数称为绝对孔隙度或总孔隙度。

2.有效孔隙度

充填可采石油或天然气的孔隙空间所占体积的百分数，即充分连通的孔隙空间的数量，称为有效孔隙度。油田生产单位一般使用有效孔隙度概念，是有实际意义的孔隙。

3.残余孔隙度

不连通的孔隙称为残余孔隙，其中的油气是不能采出的。残余孔隙空间所占体积的百分数称为残余孔隙度。

三、渗透性

（一）渗透性概念

渗透性指岩石渗滤流体的能力，即在一定压力差下，岩石使流体通过的能力。岩石的渗透性只能说明流体在其中流动的能力，对储集层来说，它仅仅反映了油气被采出的难易程度，不反映岩石内流体的含量。通常所称的渗透性岩石与非渗透性岩石是指在地层压力条件下流体能否通过岩石，一般油气的储集层应该是渗透性岩石，盖层是非渗透性岩石。

（二）渗透率

岩石的渗透性好坏用渗透率来表示。渗透率的数值大小是用达西渗滤定律求得的，单位时间内通过岩石的流体体积（流量）与岩石两端压力差及岩石横截面积成正比，与岩石长度及流体黏度成反比。渗透率的大小跟岩石的组构有关，取决于孔隙的形状、孔径大小、连通情况及岩石的吸附性等。

油气的渗透率有3种表示方式。

1.绝对渗透率

当地层中只有一种流体时，且在这种流体与岩石不发生任何物理和化学反应的层流条件下，按达西直线渗滤定律所测得的渗透率称为该岩石的绝对渗透率。岩石的绝对渗透率与流体性质无关，只由岩石自身性质所决定。

2.有效渗透率（相渗透率）

如果岩石中存在多相流体时，各相之间彼此干扰，这时岩石对其中每一相的渗流作用与单相流体有很大差别。多相流体共存时所测得的每相流体的渗透率称为该相流体的有效渗透率或相渗透率。有效渗透率不仅与岩石的性质有关，也与其中流体的性质和它们的数量比例有关。比如油层中常常是油、气、水共存，并相互作用，每种流体的渗透性变化复杂。

3.相对渗透率

某相流体的有效渗透率与绝对渗透率之比称为相对渗透率。

实验证明，多相流体共存时，各单相流体的有效渗透率以及它们的和总是低于绝对渗透率。因为多相共渗时，流体不仅要克服本身的黏滞阻力，还要克服流体与岩石孔壁之间的附着力、毛细管力及不同流体间的附加阻力等。

某相流体的有效渗透率随该相流体在岩石孔隙中含量的增高而加大，当该相流体饱和度达100%时，其有效渗透率等于绝对渗透率。当某相流体的饱和度减小到某一极限含量时，该相流体即停止流动。例如，油水共存时，当含油饱和度小于15%时，有效渗透率等于零，这也说明并非所有可找到的地下油气都能开采出来。

四、储集层类型

分布最广、最重要的油气储集层岩石类型是碎屑岩类、碳酸盐岩类，此外还有喷出岩、变质岩、泥岩等。

（一）碎屑岩储集层

碎屑岩是最重要的储集层类型，世界上已发现的油气储量一半以上在碎屑岩中。我国中、新生代陆相盆地的油气储集层绝大多数为碎屑岩类。碎屑岩储集层的岩石类型包括砾岩、砂岩（粗、中、细）、粉砂岩，储集性最好的、最常见的是砂岩。

碎屑岩结构上由碎屑颗粒和一定数量的填隙物（基质、胶结物）所构成。储集层的孔隙类型主要为碎屑颗粒之间的粒间孔隙，是沉积成岩过程中逐渐形成的，成因上属原生孔隙。次要的孔隙有裂缝、溶蚀孔隙等，属次生孔隙。但在特定条件下，次生孔隙也可成为主要储集空间类型。

碎屑岩储集层一般在强水流条件下形成，沉积相类型主要是陆相组的河流相、滨浅湖相、冲积扇相、海陆过渡相的三角洲相、海相组的滨海相。不同沉积相岩石储集性差异很大，储集性最好的是滨海相和三角洲相。碎屑岩储集层主要是在原生的粒间孔隙中储集油气，沉积作用对储集性能的影响是最根本的。储油物性的影响因素包括颗粒的成分、粒度、分选、磨圆、排列方式、基质含量与胶结物、沉积构造等。

一般而言，石英含量越高，储油物性越好；砂岩孔渗性最好；碎屑颗粒分选好，颗粒大小均匀，则孔渗性好；颗粒被磨圆的程度越好，孔渗性也越好；颗粒排列越不紧密，孔渗性越好；泥质含量少，胶结物、储油物性好。层理明显的砂层沿层理面方向渗透性好，垂向渗透率变差。

（二）碳酸盐岩储集层

碳酸盐岩储集层也是重要的储集层，油气储量在世界上占将近50%，产量占60%以上。碳酸盐岩储集层主要是石灰岩和白云岩，白云岩的储集性更好。岩石类型主要为高能环境下形成的礁灰岩、砾屑灰岩、生物灰岩、藻灰岩、结晶灰岩、白云岩等。碳酸盐岩储集层的孔隙类型有孔隙、溶洞和裂缝3类，可以是原生的孔隙为主，也可以是次生的溶洞和裂缝为主。碳酸盐岩原生孔隙包括粒间孔隙、生物体腔孔隙、生物格架孔隙、干缩孔隙等多种成因类型。因为碳酸盐化学性质活泼，容易发生化学反应，所以次生变化大，使岩石结构更复杂，储油物性的变化很大，储集孔隙具有更大的复杂性和多样性。

碳酸盐岩储集层的沉积相类型主要是生物礁相、浅滩相、台地相，其中原生孔隙与次生溶孔均十分发育。影响碳酸盐岩储油物性的因素包括沉积作用、成岩作用和构造作用。原生孔隙受沉积作用控制，次生溶孔受成岩作用控制，次生裂缝主要受构造作用控制。

华北任丘古潜山油田储集层属于溶蚀孔洞型，古风化壳的白云岩中岩溶带发育，洞孔缝普遍，新生古储。我国陆上最大的气田——长庆气田的储集层也是古风化壳的溶蚀孔洞型。四川盆地川南、川东南地区储集层多为裂缝型，分布受构造控制明显。塔里木盆地碳酸盐岩储集层也以裂缝型为主，其次是溶洞。

五、盖层

油气在地下能够保存，只具有生油层和储集层还不行，油气在储集层当中会不断移动而逸散，所以要有不渗透的岩石封闭保护储集的油气才能使其保存下来。在储集层上方能防止油气向上移动逸散的屏障性岩石称为盖层。盖层是油气聚集的前提条件，盖层是不渗透岩石，与储集层的作用相反，它的作用是阻碍油气继续逸散，直接影响油气在储集层中的聚集效率和保存时间。盖层的层位和分布影响油气田的层位和分布。盖层的封闭作用是相对的，液态和气态的烃类始终在向周围不断逸散。

（一）盖层的岩石类型

能够成为盖层的不渗透岩石主要有3类：泥质岩、膏盐岩和致密石灰岩。泥质岩类盖层是最常见的一种盖层，大多数油气田的盖层均属此类。膏盐岩类盖层由石膏、硬石膏和岩盐组成，多与碳酸盐岩储集层组合，也较为常见。

（二）盖层分类

盖层可按分布及对油气的封盖作用分3类：盆地性盖层是遍布整个盆地范围、厚度大、面积广、分布稳定的盖层；区域性盖层是分布在盆地或坳陷的大部分地区，厚度大、面积广、分布较稳定的盖层。局部性盖层是分布在一个或几个油气保存单元内或某些局部构造上的盖层。

第三节　圈闭与油气藏

一、圈闭

圈闭是指地壳中能够阻止油气继续运移，并使油气聚集成油气藏的地质场所。一个圈闭必须具备3个条件，称为圈闭三要素。

（1）容纳流体的储集层——具有储集油气的孔隙空间；

（2）阻止油气向上逸散的盖层；

（3）在侧向上阻止油气继续运移的遮掩物，它可以是盖层本身的弯曲变形（如背斜），也可以是断层、岩性变化等。

圈闭只是一个具备了捕获分散状油气而使其发生聚集能力的一个有效地质体，它内部可以有油气聚集，也可以无油气，圈闭概念本身与油气无关，但圈闭是形成油气藏的必要条件。

二、油气藏

运移着的油气遇到了圈闭，在盖层和遮挡物的作用下，它们的继续运移被阻止了，就在其中的储集层内聚集起来，形成了油气藏。油气藏是指油气在单一圈闭中的聚集，具有统一的压力系统和油水界面，它是地壳上油气聚集的基本单元。如果圈闭中只聚集了油或只聚集了气，就分别称为油藏或气藏，二者同时聚集就称为油气藏。油气藏的重要特点是在“单一”圈闭内的聚集，所谓“单一”的含义，主要是指受单一要素所控制，在单一储集层内，具有统一的压力系统和统一的油、气、水边界，以及同一面积内的油气藏。同一个构造中有多个储集层，实际上组成多个圈闭，形成多个油气藏。

三、油气田

受单一局部构造单位所控制的同一面积内的所有油藏、油气藏、气藏的总和称为油气田。油气田的含义包括以下3个方面。

（1）“局部构造单位”是广义的，它可以是褶皱构造、断裂、单斜，盐丘或泥火山刺穿构造，也可以是生物礁体、古潜山、古河道、古沙洲、沙坝等非构造单元。

（2）一个油气田总占有一定面积，其大小的变化取决于局部构造单元的规模大小，它包含一定的经济意义。

（3）一个油气田范围内，可以有一个或多个油藏或气藏。

四、成藏要素

油气藏形成需要一定的条件，称为成藏要素，包括7个方面：生油层、储集层、盖层、运移、圈闭、聚集、保存。油气藏的形成过程，实际上是在各种成藏要素的有效匹配下，油气从分散到集中的过程。油气藏的形成和分布是各成藏要素综合作用的结果，缺一不可。任何一个要素不优越，都不能形成现今的油气藏；已经形成的油气藏在条件变化时也会遭到破坏。油气藏的存在是一个动态过程，油气藏富集油气必须有充足的油气来源、有利的生储盖组合、有效的圈闭和良好的保存条件。

油气藏形成的最基本条件是生油层、储集层、盖层的有效匹配，称为生储盖组合。生储盖组合可以有不同的方式，根据空间关系分为4种类型。

（1）下生中储上盖：也称正常式生储盖组合，是最主要的类型。

（2）侧变式组合：由于岩相、岩性的横向变化导致生、储、盖侧向的接触和分布关系。

（3）顶生式组合：生油层同时也是盖层，储集层位于其下部。

（4）自生、自储、自盖式组合：生油层、储集层和盖层属于同一层，是局部的岩性或物性变化产生的。

第四节　油气藏类型

一、构造油气藏

油气在构造运动使地层发生变形和变位而形成的构造圈闭中的聚集，称构造油气藏。它是最重要的一类油气藏，根据地质构造的成因不同，又可分为背斜、断层、岩体刺穿及裂缝构造油气藏。

（一）背斜油气藏

油气在背斜构造形成的圈闭中的聚集称背斜油气藏。背斜油气藏的形成条件，形态、油气聚集机理比较简单，在油气勘探史上一直占据最重要的位置。在油气勘探历史早期，因为容易发现，背斜油气藏是最早认识的油气藏类型。到目前为止，背斜油气藏在油气储量和产量中仍占据重要位置。背斜油气藏易于用地震方法发现，是油气勘探的首选对象。但随着勘探程度的提高，背斜油气藏越来越难以找到。背斜圈闭的成因有多种，形态、分布有很大差异，所以背斜油气藏的特点也不同，又进一步分为挤压背斜油气藏、基底升降背斜油气藏、披覆背斜油气藏、底辟拱升背斜油气藏、滚动背斜油气藏几种类型。

（二）断层油气藏

由断层沿储集层上倾方向遮挡封闭而形成的圈闭中的油气聚集称断层油气藏。这类断层在断裂发育的裂谷盆地及前陆盆地有较多的分布，我国断层油气藏的分布十分广泛，在渤海湾断陷盆地中很多油气藏都属于这种类型。断层破坏了岩层的连续性，在油气藏的形成过程中，可起通道作用、破坏作用和封闭作用。这些不同作用，在不同的历史阶段可能表现不一样，断层的开启与封闭情况是复杂的。断层油气藏的形成须具备以下三种条件。

（1）断层在纵向是封闭的；

（2）断层位于储层的上倾方向；

（3）在平面上封闭断层与构造等高线或地层尖灭线，能组成侧向封闭的闭合线，即能圈定出一定的闭合面积。

（三）岩体刺穿油气藏

油气在刺穿岩体接触遮挡而形成的圈闭中的聚集称为岩体刺穿油气藏。底辟拱升构造中地下塑性岩体（包括盐岩、膏岩、软泥以及各种侵入岩浆岩）刺穿沉积岩层，使储层上倾方向被侵入岩体封闭而形成刺穿（接触）圈闭。按刺穿岩体性质不同，可分为盐体刺穿、泥火山刺穿及岩浆柱刺穿。

（四）裂缝性油气藏

裂缝性油气藏是油气储集空间和渗滤通道主要为裂缝或溶孔（溶洞）的油气藏。在各种致密、性脆的岩层中，原始孔隙度和渗透率都很低，不具备储集油气的条件。但由于构造作用，加上其他后期改造作用，使其在局部地区的一定范围内产生了裂缝和溶洞，具备了储集空间和渗滤通道的条件，与其他因素（如盖层、遮挡物）相结合，就形成了裂缝性圈闭，油气在其中聚集就形成了裂缝性油气藏。裂缝性油气藏在碳酸盐岩中具有重要地位，中东波斯湾盆地，北美地区都有巨大的裂缝性油气藏，我国四川盆地也发现很多这种油气藏，如石油沟气田。

二、地层油气藏

油气在储集层纵向沉积连续性中断而形成的地层圈闭中的聚集称为地层油气藏，即与地层不整合有关的油气藏。地层圈闭也属构造成因，是构造运动引起沉积间断，但主要强调储集层上、下不整合接触的地层和岩性关系，与前述构造油气藏是不同的。目前地层油气藏的发现越来越多，勘探前景巨大。根据储集层与不整合面的关系，地层油气藏主要分为3类。

（一）地层不整合遮挡油气藏

剥蚀突起和剥蚀构造被后来沉积的不渗透性地层覆盖而形成的圈闭，油气在其中的聚集就称为地层不整合遮挡油气藏，我国也称其为古潜山油气藏。古地形与古构造一致，形成的圈闭在古构造内受构造控制，称为剥蚀构造；古地形与古构造不一致，形成的圈闭不受古构造控制，称为剥蚀突起。遮挡油气藏都与区域性的沉积间断及剥蚀作用有关，潜伏的剥蚀构造或剥蚀突起称为古潜山。地层不整合遮挡油气藏中发现了许多大型油气田，在我国的渤海湾盆地、准噶尔盆地、鄂尔多斯盆地均有分布。

（二）地层超覆油气藏

地层超覆沉积形成圈闭，油气在其中聚集形成地层超覆油气藏。地壳的升降运动及其差异性常引起区域性的海水或湖水的进退，结果发生沉积地层的超覆和退覆现象。水进时，沉积范围不断扩大，较新沉积层覆盖了较老地层并向陆地扩展，称为地层超覆；水退时，沉积范围不断缩小，较新沉积层向盆地退缩，称为地层退覆。地层超覆时先在坳陷边部的侵蚀面沉积了孔隙性砂岩，后来又在其上面沉积了不渗透性泥岩，就形成了地层超覆圈闭。地层超覆油气藏位于不整合面之上。

（三）生物礁块油气藏

生物礁是指由造礁生物珊瑚、层孔虫、苔藓虫、藻类、古杯类等组成的，原地埋藏的碳酸盐岩突起建造。生物中除造礁生物外，还有海百合、有孔虫等大量喜礁生物。生物礁圈闭是指礁组合中具有良好孔隙、渗透性的储集岩体被周围非渗透性岩层和下伏水体联合封闭而形成的圈闭。油气在生物礁圈闭中的聚集就称为生物礁块油气藏。

生物礁相分为前礁、主体和后礁相，最有利的储集体为前礁和主体，其原生孔隙和次生孔隙均发育，多构成良好的储存空间。除礁体本身具备良好的生油条件外，邻近的油源也可提供充足的油气。生物礁顶部常有暴露和剥蚀现象，盖层一般是后期的不渗透岩层。加拿大和墨西哥的生物礁油气藏很多，是两国油气产量的主要来源。

三、岩性油气藏

油气在储集层岩性变化所形成的岩性圈闭中的聚集称为岩性油气藏。岩性的变化可在沉积过程中形成，亦可在成岩过程中形成。根据储集层岩性横向变化特点，岩性油气藏主要分为上倾尖灭油气藏和透镜体油气藏两类。岩性油气藏中储集体往往穿插和尖灭在生油岩体内，不仅有充足的油气来源，而且有良好的储盖组合条件。其分布与河湖沉积体系和古地形有关，在三角洲相、海（湖）相、河流相和浊积相中最易被发现，而且往往成群、成带地出现。

圈闭往往受多种因素的控制。当某种单一因素起绝对主导作用时，就会很容易把它们划归为一类。但当这些因素共同起到大体相同或相似的作用时就不好归类，只好称为复合圈闭。所以把由两种或两种以上因素共同起封闭作用而形成的圈闭称为复合圈闭，油气在其中的聚集就称为复合油气藏。主要类型有构造—地层复合油气藏、构造—岩性油气藏、岩性—水动力复合油气藏等。

第五章　储层研究方法

第一节　储层研究概述

一、勘探和开发对储层研究的区别

储层历来是勘探地质和开发地质研究的重点和核心，但它们研究储层的目标和侧重点有很大差别。了解其差别，对于深入理解储层研究的目的、内容和方法都有重要意义，也有助于认识和掌握适应自己工作方向的储层知识。随着油气田勘探开发进程的深入，对于储层的研究，其内容侧重点不同，工作方法和技术手段也不同。

从阶段上分为勘探过程中的区域储层研究和开发过程中的精细储层研究两个部分。区域储层研究是从石油地质角度分析储集体的时空分布和储盖组合规律，用以指导油气勘探工程，目的是寻找新的油气田；而精细储层研究是指以油层物理定量化手段，从找到油气田后一直到开发结束的整个过程中的分析工作，它是直接为油气开发工程服务的，目的是合理开发油气田，提高最终采收率。区域储层研究是精细储层研究的重要基础，而精细储层研究是区域储层研究的进一步细化。

二、储层精细研究的内容

储层精细研究要求的定量化和精细化程度较高，广义的储层精细研究包括以下几方面。

（1）沉积微相的细分、组合特征和空间配置关系；

（2）各微相砂体内部结构特征及物性参数分布；

（3）流动单元划分与对比及流动单元的空间结构；

（4）以微构造研究为主的微地质界面研究；

（5）孔隙结构、黏土矿物及敏感性研究；

（6）注水开发过程中储层物性动态变化空间分布规律研究；

（7）生产测井解释和剩余油分布特征及规律研究；

（8）精细储层预测模型建立。

通过研究所要解决的关键问题是建立储层预测模型，确定剩余油分布特征及规律。狭义的储层精细研究则侧重储层本身的特征分析，忽略其中流体的特征。

三、储层研究的主要方法

储层研究是油气藏地质研究的核心。只有在科学的、系统的、定量化的储层研究基础上，才能有效地提高勘探开发效益，准确地评价油气藏，预测最终采收率。所用方法如下。

（一）地质分析方法

地质分析方法是根据钻井取芯资料和野外地面露头的观察描述以及实验室分析化验资料，研究储层的沉积特征、成岩作用、成岩序列、微观孔隙结构、黏土矿物及其敏感性，以及储层的物性、含油性特征。

（二）地球物理测井方法

地球物理测井方法是在关键井研究的基础上，通过建立测井资料数据库，运用数学地质的方法，研究岩性，物性、含油性与电性（测井信息）之间的关系，建立研究区的最佳测井解释模型，从而实现储层参数从取芯井到非取芯井的最佳求取。

（三）地震方法

地震方法是把地震资料同测井、地质及油藏工程等资料结合起来，并利用高分辨率地震技术，声阻抗反演技术，井间地震层析成像技术及多波、多分量地震技术来圈定储层的横向展布、确定厚度变化、估算孔隙度、预测岩性及含油气性变化、监测热采前缘等。

（四）储层动态测试方法

储层动态测试方法主要包括在注水井测吸水剖面，在自喷井测产液剖面，在抽油井进行环空测试，以及进行示踪剂测试、压力监测等，用以研究储层的生产动态。

上述每种方法都有其独到的特点，但在实际工作中不可只用某一种方法进行全程研究，而是采用多种方法相互配合，互补有无，从而对储层的认识更加全面。

第二节 储层划分与对比

一、储层对比的方法

储层对比所应用的方法和区域地层对比基本相似，只是划分和对比的精细程度远比区域对比高。如油层组的划分一般与地层单元一致，可以应用地层对比方法。而砂岩组和单油层由于单元小，古生物、重矿物等在剖面的小段内变化不显著，主要是在油层组的对比线和标准层控制下，根据岩性、电性所反映的岩性组合特点及厚度比例关系作为对比时的依据。

（一）旋回—厚度对比法

形成于陆相湖盆沉积环境的砂岩油气层，大多具有明显的多级次沉积旋回和清晰的多层标准层，岩性和厚度的变化均有一定的规律可循。依据这些特点，在我国多数陆相盆地沉积的油田均采用了在标准层控制下的旋回—厚度对比油层的方法。即在标准层控制下，按照沉积旋回的级次及厚度比例关系，从大到小按步骤逐级对比，直到每个单层。

1.利用标准层对比油层组

储层对比成果的精确程度，取决于井网密度和标准层的质量和数量。储层对比中的标准层，要求是分布广泛、岩性与电性特征明显、距目的层较近，厚度不大且易与上下岩层相区别的岩层。根据岩性和电性的明显程度以及稳定分布的范围，在油层对比时，可将其分为标准层与辅助标准层。

在储层对比中选择好标准层是对比工作的基础。选择标准层时首先应研究油田区域内各油层剖面中稳定沉积层的分布，然后逐层追踪，编制分层岩性平面分布图，以确定其分布范围和稳定程度，进而从中挑选出可作为标准层的层位。与此同时，必须掌握标准层本身的岩性、电性特征和平面的变化规律，及其在剖面的顺序和其邻层的岩性和电测曲线特征。因为只有综合掌握了这些资料，才能避免在应用标准层时弄错位置，特别是当剖面上同时存在几个相同岩性的标准层时，识别邻层的特征显得更为重要。

一般来说，稳定沉积层多形成于盆地均匀下沉，水域分布广阔的较深水沉积环境中。从剖面上看，一般在两个沉积旋回或两个岩相段的分界附近，由于沉积环境在时间上的交替，往往使两种岩相的岩性直接接触或出现混相现象，易于形成特征明显的岩层，所以寻找与选择标准层应着重于这些环境或层段。

2.利用沉积旋回对比砂岩组

在划分油层组基础上的砂岩组对比，应根据油层组内的岩石组合性质、演变规律、旋回性质，电测曲线形态组合特征，将其进一步划分为若干个三级旋回。在二级旋回内划分三级旋回，一般均按水退和水进考虑，即以水退作为三级旋回的起点，水进结束作为终点。这样划分可使旋回内的粗粒部分的顶部均有一层分布相对稳定的泥岩层，这层泥岩既可作为划分与对比三级旋回的具体界线，又可作为砂岩组的分层界面。

3.利用岩性和厚度对比单油层

在油田范围内，同一沉积时期形成的单油层，不论是岩性还是厚度都具有相似性。在划分和对比单油层时，首先应在三级旋回内进一步分析其单砂层的相对发育程度及泥岩层的稳定程度，将三级旋回细分为若干韵律。韵律内较粗粒含油部分即为单油层。井间单油层则可按岩性和厚度相似的原则进行对比。韵律内单油层的层数和厚度可能不尽相同，在连接对比线时，应视具体情况做层位上的合并、劈分或尖灭处理。

每钻完一口井，应立即绘制同层单层对比资料图。以此图为依据，逐井、逐层进行划分和对比并统一层组编号。若发现油层缺失、重复或有其他变化时，需仔细核实。单井对比成果应整理成图或表。

4.连接对比线

储层对比不仅需将油层的层位关系，还要将油层的厚度变化、连通状况表示在对比图上，这项工作通过连接对比线完成。由于砂层的连续性和厚度稳定性的变化很大，用简单方法很难将砂层的真实面貌表示出来。在单井对比的基础上，应再按井排、井列或井组组成的纵、横剖面和栅状网进一步对比，以达到统一层位划分。最后做出油层剖面图、栅状图和小层平面图，为编制油田开发方案提供基础资料。在对比中若发现层位不一致时，应及时修改对比界线，修改后再进行剖面或区间对比校正，只有经过多次反复，最后达到点（井）、线（剖面）、面（区块或全区）层位一致。

（二）沉积时间单元对比法

所谓沉积时间单元，是指在相同沉积环境背景下，经物理作用、生物作用所形成的同时沉积。从理论上讲，一套含油层系内的沉积从时间上是可以无限细分的，而单元的大小则视研究目的而定。

1.沉积时间单元的划分

在油层的划分和对比时，必须从油田实际地质情况出发，针对不同的沉积环境采用不同的方法。像湖相及三角洲前缘相这样比较稳定的沉积环境下沉积的油层，可以应用“旋回对比，分级控制”的“旋回—厚度”对比油层的方法，而对河流沉积相的油层则需采用等高程划分对比方法，河湖交替的三角洲地带则可两者兼用。

为准确划分出沉积时间单元，要求在砂岩组内尽可能多地挑选出岩性—时间标志层。但一般在不稳定的陆相地层中，这种标志层难以大量找到。对我国的一些油田，在研究了河流三角洲沉积体系的特点后发现，处于地势平坦的三角洲分流平原或泛滥平原带的，同一时期形成的沉积物，特别是河道末期因淤塞而形成的以悬浮物为主的泛滥平原沉积物，不但高程十分接近，而且其顶面距标志层的距离也大体相当。

据此，在我国的一些油田，以同时沉积的砂层距标志层等距离为根据，提出等高程划分沉积时间单元的方法。这种方法的具体含义是：采用岩性—时间标志层作控制，把距同一标志层等距离的砂层顶面作为等时面，将位于同一等时面上的砂岩划分为同一时间单元。

划分沉积时间单元的具体做法如下。

（1）在砂岩组的上部或下部，选择一个标志层，标志层应尽量靠近其顶面或底面。

（2）分井统计砂岩组内的主体砂岩（如大于2m）的顶界距标志层的距离。

（3）在剖面上按照砂岩顶面距标志层距离近似为同一沉积时间单元的原则，根据不同距离的砂岩划分为若干沉积时间单元。

2.沉积时间单元的对比

在单井划分沉积时间单元的基础上，应根据砂岩内不同沉积环境下砂体的发育模式对比沉积时间单元，通过对比也将验证时间单元划分的准确性。

对于河流沉积类型的砂体，冲刷、下切和叠加等沉积现象频繁出现，它们给沉积时间单元的划分对比带来了一定的困难。因此，在沉积时间单元对比中必须识别它们，并运用已知的地质概念指导对比工作的正确进行。

（1）冲刷面。冲刷面是存在于河流沉积地层剖面中的一种重要地质特征。它常存在于上下旋回的界面处，一般都有冲刷痕迹可寻。由于上部旋回底部的泥砾层或砂层与下部旋回的泥岩接触，在电性上显示突变的特征。且冲刷面上下为不同时期的沉积物，故应为不同的沉积时间单元。因此，在对比时识别冲刷面，准确划分对比沉积时间单元是十分重要的。

（2）下切。下切是一种常见的河流动力作用结果。下切作用虽导致砂层增厚，但其垂向上的岩性组合仍保持为一个完整的正韵律。若因下切使砂层增厚而跨时间单元，在对比时此厚砂层仍应按一个时间单元与相邻井对比，而不能按厚度劈分。

（3）叠加。叠加是指由河床侧向迁移而形成的叠加型砂岩，在岩性垂向组合上呈多个间断性的正韵律反复出现。在电性上一般有两种反映：一种是自然电位和微电极曲线有回返，表示下部有较细粒沉积物或泥岩残留；另一种是无回返，自然电位呈筒状，表示下部韵律的泥岩或残留物被切完。

（4）构造和压实因素。具继承性隆起的含油气构造，由于构造的不断上隆往往使得同期接受的沉积物经压实而呈顶部薄、两翼增厚的趋势。这种影响将导致同时沉积的砂层顶部至标志层的距离在垂直构造等高线的方向上发生较大的变化。

由沉积时间单元的划分与对比的方法叙述中可知，应用等高程法在目前所能划分的大多是层位大体相同的、与上下层之间有明显泥岩夹层的那些砂层。对于河流或分流砂体，或因切割叠加严重而测井曲线又难以详细划分的砂层，以及层位相差不多、平面上又无明显分界、砂体形态和延伸方向又大体相同的砂层都只能当作同一时间单元处理，而实际上它们很可能是多单元的侧向复合体。因此，具体对比过程中应特别注重应用已知的动态生产资料进行验证。

二、碎屑岩储层对比成果图的编制与应用

碎屑岩油气层的研究，主要解决的基本问题有两个：油层的分布状况与油层内部储集物性及孔隙结构的变化。查明油层的分布，包括厚度变化趋势、形态分布特征、上下层位的连通状况，可以通过整理油层对比的资料，编制各种反映油层分布的图件来完成。在油田开采中，用于研究油层的图件很多。

（一）小层平面图

小层平面图是反映单油层分布特性和储油物性变化的基本图件，它是由单油层分布图、单油层等厚图、等渗透率图叠合而成。编制小层平面图步骤如下。

1.编制小层划分数据表

编制小层是以井为单元，将各井的“自然小层”统一分成全区可以对比的单层。对由单层合并的“自然小层”，必须将其劈分出单层数据，对因单层分叉成的“自然小层”又需将其合并整理出单层数据，用作编图时的基本数据，进一步做出全区各单层对比数据。平面分布栏内应注明各井点油层的连通、断失、尖灭等情况，纵向连通栏应注明与上下单层的连通情况。

2.绘制小层平面图

绘制小层平面图一般以分区断层、油水过渡带作为作图边界，按所选取的比例尺将各井点绘制于图上，并将各井的渗透率、油层有效厚度、砂层厚度以“渗透率”的形式注于相应井位旁。按三角网法勾绘有效厚度、渗透率等值线，并确定砂层尖灭线及有效厚度零线。一般而言，砂层尖灭线均由有砂层与无砂层井点间通过。有效厚度零线的勾绘原则为：由砂层尖灭线与有效厚度不为零的井间通过；由有效厚度不为零的井与有效厚度为零的井间通过；在油水过渡带，有效厚度零线与油水边界重合。为了突出渗透率的变化，在图上可按不同的色谱，对高、中、低渗透分区染色。

（二）油层连通图

油层连通图是由油层剖面图和小层平面图综合组成的立体图幅。在油田开发地质研究工作中，一般以砂岩组为单元进行编图，编图步骤如下。

1.编制小层连通数据表

油层连通图应综合反映各个小层的连通状况，根据油层的对比结果，编制单井小层连通数据表。表中小层号是各井的“自然分段”的层号，对合并的“自然小层”，不需进行劈分，对不连通的井点，需注明尖灭或断失。

2.绘制井位图

若平面井点分布不匀，可将密集井疏散开，常用的方法是用等度投影法将直角坐标改成菱形坐标网。

3.绘各井的层柱

按所确定的纵向比例尺，于井位点旁绘该井层柱，按深度标出各单层的顶、底界线，按分井单层切分数据表中所给的自然小层数据，将小层号、砂层厚度、有效厚度、渗透率等数据注写于图上。

4.连接井间小层对比线

连线不宜太多，一般按左右成排、前后斜行连线。连线相遇即行断开以避免交错。

5.注释射孔井段、渗透率分级符号

渗透率可用符号或色谱按分级界限注释于图上。

（三）油砂体连通图

在油田地质研究中，将渗透性较好、含油饱和度较高、能产出工业油流的砂岩体称为油砂体。油砂体是组成油层的基本单元，油砂体之间一般都被非渗透性的地层隔绝，上下和四周油水窜流甚微或不存在。因此，在注水开发的油田油砂体也是一个相对独立的油水运动单元。为揭露油砂体的分布特征，必须依据油层对比所获得的每个单层层位关系资料，进一步组合和划分油砂体。划分油砂体是通过编制油砂体连通图和油砂体平面图来完成的。

油砂体连通图是反映相邻油砂体相互连通关系的立体图。油砂体连通图编图单元一般选用砂岩组，作图步骤如下。

（1）根据作图区的大小，选用适当比例尺的井位图。为避免南北点对比连线过陡，可以变换坐标或上下适当移动个别井位，或将井位图旋转适当角度，以对比线清晰为准。

（2）根据单层划分数据表，按选定的纵向比例尺，将砂岩组内各单层的厚度，标示于井层柱内。

（3）根据连通关系资料，从图幅下端各井点开始，逐次向上连接井间对比线。

（4）划分油砂体。在连通图上切分油砂体的原则是：在纵向上对于上下连通的单层，应根据区内单层井点数与共同钻遇这些单层的总井数的百分比值的大小进行劈分或合并。对于一些在局部地区连通井点极为集中的小层，则可单独划分一个油砂体，但必须选择在物性较差部位，将其与不连区切开。在平面上划分油砂体，应以砂岩尖灭线、断层线、切割线注水井排为界。狭窄地带相连接的油砂体，可在狭窄地带内选择物性差的部位切开。在连通区以外，如果油层延伸不远就尖灭，则不另划油砂体；反之，如油层延伸较远，则需在紧靠连通井点部位切开而另划油砂体。

（5）对划分的油砂体进行编号和着色以显示其区别。

（四）油砂体平面图

油砂体平面图反映单砂体分布特征，是在分析单砂体有效厚度、渗透率后进行编制的。编图单元为油砂体，每个油砂体编绘一张平面图。

油砂体平面图编图步骤如下。

（1）在井位图上，按规定格式将单层号、砂层厚度、有效厚度、渗透率值标绘于井位下方，并连接横向对比线。

（2）勾绘砂岩尖灭线和有效厚度零线。正常情况所用方法与小层平面图勾绘尖灭线及零线方法相同。若作图区内或作图边界存在断层，则应视砂层与有效油层断失情况而定，如果断层未将砂层全部断失，勾绘时可以不考虑断层。若断层将油层全部断失，或断层一侧为油层而另一侧为水层，则有效厚度零线将与断层线相交。分布于油水过渡带内的井点，若油层为1类有效厚度，则有效厚度零线将交于外油水边界。若为 2 类有效厚度，则有效厚度零线应交于内油水边界。

三、碳酸盐岩储层对比成果图的编制与应用

研究碳酸盐岩储层的分布特征，不能沿用碎屑储层的研究方法。在碳酸盐岩油气层研究工作中，四川油气勘探开发地质工作者积累了比较丰富的经验。

（一）储集单元的划分与对比

在碳酸盐岩油气藏中，形成具有工业开采价值的产层，必须具备两个条件：储层中应存在孔隙发育的渗透层段；储层的上、下存在抑制油气散失的封闭条件。在碳酸盐岩储层的划分与对比中，将这种在剖面上按岩性组合划分的，能够储集与保存油气的基本单元称为储集单元。显然，一个储集单元应包含储层、产层、盖层和底层。其中产层和盖层最为重要，前者将决定储集单元的产油能力，后者决定储集单元油气的保存能力。

1.储集单元的划分

在单井剖面上划分储集单元，应考虑以下原则。

（1）同一储集单元必须具备完整的储、产、盖、底的岩性组合。在正常情况下，碳酸盐岩的沉积旋回是由正常浅海碳酸盐岩开始到蒸发岩结束。完整的碳酸盐岩—蒸发岩的沉积旋回自下而上的次序为石灰岩→白云岩→硬石膏→盐岩→钾岩→石灰岩或白云岩。其中硬石膏和盐类是良好的盖、底层，而石灰岩和白云岩是良好的储层。

（2）在储集单元划分中主要考虑盖、储、底的岩类组合。因此，在储集单元划分中，底、储、盖的上下界面不受地层单元界面的限制，既可与地层单元界面一致，也可与地层单元界面不一致。

（3）同一储集单元必须具有统一的水动力系统。如因断层对盖、底层的破坏或盖、底层尖灭而导致储集单元间水动力系统连通，则应将其合并划为一个储集单元。

（4）同一储集单元中的流体应具有相似的流体性质。

2.储集单元的对比

储集单元的连续性与稳定性的研究是通过储集单元井间的对比来完成的。储集单元的对比是依据在标准层控制下的盖、底层岩性对比来进行的。由于是岩性的对比，因此储集单元对比与地层单元对比所依据的基本理论和方法都是相似的。但也存在两点差别：首先，储集单元对比的界面可以斜切几个地层单位的界面，不受地层层位关系的约束；其次，一个储集单元可以相当于若干个地层单元，一般都在一个小层以上。有些岩性均匀的白云岩块状油气藏，一个储集单元可以包含十几个小层，具有几百米高的油气柱。

（二）储集单元的对比方法

（1）建立标准剖面，划分储集单元。

（2）选择标准层、确定水平对比基线。

（3）将各井置于水平对比基线的相应位置上，按比例绘制各井的岩性剖面及电测曲线，并划分出储集单元。

（4）连接对比线。逐井对比，用对比线连接相应的储集单元。

（5）动态资料验证。为了证实所划分与对比的储集单元是否合理，应引用油田所获得的油气层原始压力、油水或气水界面位置、流体性质等资料加以验证。

小层对比完成后，编制小层分层数据表，并依据此表可编制小层平面图、油层剖面图、油砂体连通图等图件，作为对油层特征研究和评价的基础。在大多数情况下，油田小层对比和沉积微相划分工作多采用人机联作方式，配有完整的储层研究综合数据库，利用地质、地震、测井、动态数据一体化处理及建模系统化，大多数图件由计算机制作完成。

第三节　储层沉积微相及微构造

一、沉积微相概念

根据沉积岩石学理论，沉积相是指在一定时期内的沉积环境及其在该环境下形成的沉积物的特征综合。自然条件在沉积环境中起决定作用，一般把自然条件作为划分沉积相的主要依据。对于开发储层评价而言，进行相分析必须逐级分析到微环境。微环境是指控制成因单元砂体，即具有独特储层性质的最小一级砂体的环境，如研究曲流河环境沉积的砂体，应进一步细分为点坝、决口扇、串沟和废弃河道等微相，它们虽属同一曲流河上的沉积，但储层特性完全不同，开发效果差别很大。因此，开发阶段的油层沉积相研究称为细分沉积相。

二、沉积微相分析方法

开发储层沉积相分析一般的程序为：分析区域沉积背景，验证已划分的大相和亚相，确定油田所处的相带位置；划分沉积时间单元；确定各沉积时间单元的微相类型。

（一）验证大相和亚相

油田开发中储层沉积相分析总是在一个油田范围内进行的，研究范围比较局限，若脱离大相的控制，直接进行微相分析，就容易发生“窜相”。因此，识别微相必须在识别大相、亚相的前提下逐级进行。一般利用区域岩相古地理研究成果，分析区域沉积背景，结合岩心观察和分析化验资料以及测井相分析和地震相分析，划分大相和亚相。

对全油田稳定分布的最小单元砂岩组划分沉积大相，是指区域岩相古地理研究中一般所属的二级相（沉积亚相），如河流三角洲沉积体系中的泛滥平原亚相、分流平原亚相、三角洲平原亚相、前三角洲亚相。在油田内以砂岩组为单元划分沉积大相，主要依据的资料有区域岩相古地理研究成果、岩心观察和分析化验资料、砂岩体的几何形态、测井曲线资料。

（二）划分沉积时间单元

进行单砂体沉积微相分析时，划分的沉积单元应当是一个一次连续沉积的单砂层。对河流沉积，各井内旋回界线往往是不一致的，故把两个标准层间控制的大套河流沉积，带有一定任意性地等分或不等分地按总厚度变化趋势切成若干个片（小层段砂组）。切片界线就是对比的等时界线，再按此等时界线进行地层划分和对比，即所谓“切片”对比法。

（三）进行各沉积时间单元微相分析

进行砂层沉积微相分析，首先必须依靠单井岩心资料，对取芯井作出岩相柱状图，并依此定出各类微相的测井典型曲线，进而由测井相分析来确定砂体的微相类型和平面展布规律。

1.单井相分析

岩心资料是进行沉积相研究的最直接、最可靠的第一手资料，沉积环境的判别依据主要来自岩心观察描述。通过对取芯井的岩心观察描述，建立了单井的沉积相模式。单井相分析柱状图主要反映砂层的定相标志、确定相类型和在纵向上的相序以及选定指相测井曲线。单井相分析的可靠程度直接影响着相分析的最终结果。

2.测井相分析

取芯井总是有限的，要详细研究储层的微相纵横向和平面展布规律，必须借助测井相分析。测井相（又称为电相）是指能够表征沉积物特征，并据此辨别沉积相的一组测井响应（参数）。具体做法为：首先在取芯井中用一系列测井曲线或参数划分若干种“测井相”，将这些测井相与岩心分析所得到的“沉积相”进行相关对比，将测井相赋予沉积相含义，然后反过来在没有取芯的井中，用测井资料进行沉积相分析。

3.沉积微相的划分

在划分沉积大相，确定砂岩组所处相带位置和划分与对比沉积时间单元后，应着手各沉积时间单元细分微相的工作，具体步骤如下。

（1）以取芯井的岩心资料为基础，从详细观察岩心入手，经综合分析建立单井相剖面工作。并在此基础上建立全区的沉积模式图，为利用测井形态曲线判别砂体成因提供理论依据。

（2）以沉积模式图为依据，详细分析不同成因砂体的岩性组合，旋回特性反映在电测曲线上的形态特征。进而编制各种亚相砂体的典型测井曲线图版，作为在密井网条件下利用测井曲线形态资料划分亚相依据。

（3）依据密井网系统的测井曲线资料，编制砂体的平面图和剖面图，以便应用砂体的平面和剖面形态特征、厚度分布形式法，识别和划分不同成因类型的砂体。

（4）据大相模式和亚相配置关系，先在单井剖面上划分沉积类型，后在平面上追溯主体砂岩的骨架形态，再经反复调整，最后在各相带内依据各井点的沉积类型勾绘沉积相带图。

近些年地震技术发展较快，用地震相参数（如反射结构、连续性、外部几何形态、振幅、频率、层速度等）所代表的地质意义来解释地层沉积相的地震解释技术在许多油田应用已取得成功。应用这种技术要求一方面掌握地震相参数特征及其所代表的地质意义；另一方面必须掌握沉积体系理论，各种沉积的一般组合模式、发育模式，这样才能解决好沉积相—地震相的因果对应关系问题。将地质相分析、测井相分析和地震相分析技术相结合是沉积相研究的必然趋势。

三、储层构造研究方法

地质构造是岩石变形的产物，主要表现为地层的倾斜、褶皱和断裂。储层构造则是指油气藏储层含油部分的总体形态和内部结构，以及油气藏顶部和四周的封盖遮挡条件。它决定油气藏的规模大小、圈闭特征和内部复杂情况。开发阶段所针对的微构造是在油田总的构造背景上的微细起伏，所以要以油田大构造精确特征为前提进行逐步研究。圈定如此复杂的连通体的外部边界，描述其几何形态和产状，需要相应的资料和手段。

（一）地震方法

地震勘探可以提供油气藏的测线剖面图及构造图。利用它可分析一个地区的构造形态、高点位置、闭合面积、闭合高度以及断层特征，具有完整、齐全、连续的特点。但其准确性较差，因此必须用钻井资料校正才能较真实地反映构造特征。

（二）钻井和测井方法

通过钻井能够得到各井各层的分层数据、岩性特征、断层断点的深度等资料，利用这些资料恢复地下构造。由于钻井资料可靠，用它校正地震构造图，能为详探和开发提供与实际相吻合的构造特征图件。在钻井资料较多时，通过钻井剖面及测井曲线地层对比，可获得各地层界面的实际高程，起伏状况、岩性特征和含油、气，水情况，以及断点的位置、层位、落差等资料。地层倾角测井及裂缝测井可解释地层和断面的产状及裂缝分布特征，加深了对地下构造的认识。

（三）动态方法

应用井下地层的含油、气、水情况及井间动态等资料，既可检验构造研究成果的准确性，如断层的连通与否、分层是否正确等；又可为构造研究提出问题，如构造的形态及局部变化等，以便配合其他资料使构造的解释更准确、更符合地下的真实情况。这是一种构造特征分析的辅助方法。

第四节　储层流动单元划分

一、储层流动单元的概念

截至目前，流动单元的研究还是一个新的课题，不同研究者对其概念和研究方法还有不同的理解，归纳总结有如下几种。

（1）储层流动单元是指影响流体流动的岩性和岩石物理性质在内部相似的、垂向上和横向上连续的储集体。按照这一概念，一个储集体可以划分为若干个岩性和岩石物理性质各异的流动单元块体。在这个块体内部，影响流体流动的地质参数相似，块体间则表现为岩性和岩石物理性质的差异性。

（2）流动单元（水力单元）是具有相似流动特征的不同层段，即为孔隙几何单元。岩石物理相是流体流动单元最基本的岩石单位，并称从渗流特征角度来看，岩石物理相就是水力单元。

（3）流动单元是指一个油砂体及其内部因受边界限制、不连续薄隔挡层，各种沉积微界面、小断层及渗透率差异等造成的渗流特征相同、水淹特征一致的储层单元。在一个小层或单砂体内部可能细分出多个流动单元，也可能就是一个，即油砂体本身。不同流动单元水淹状况可以很不相同，有的可能只有残余油，有的已被水洗净，有的仍有可动油等。流动单元划分的粗细与当前的技术水平和要解决的生产问题有关。

（4）储层流动单元是指沉积体系内以隔挡层为边界按水动力条件划分的建造块或结构单元。

（5）认为流动单元是具有相同渗流特征的微相或岩相的组合。这一理论主要是考虑影响流体流动的微观孔隙结构特征，以孔喉半径为基础对储层进行流动单元划分。该方法能对厚油层内部进行定量划分和表征，同时可以把微观与宏观参数联系起来，在理论上和机理上较完善，在单井划分方面比前几种方法要细致得多，可以反映厚油层的层内非均质特征。这种方法也是目前国内外厚油层细分中应用较广的方法。

（6）动态流动单元是指垂向和侧向上连续，影响流体流动的油藏性质相似的储集岩体，它需要用岩石、流体两大方面多参数综合评定。这一研究方法是利用露头层次界面研究成果指导井下微相和岩相非均质性研究，然后主要根据钻井和测井资料进行流动单元划分。这是一种宏观的全井段或相当于地层精细划分和对比的定性分析方法。如大庆油田所做的细分沉积微相的研究工作大体相当于这一方法。

二、储层流动单元研究的目的和意义

流动单元的概念是随着油田向深层次开发不断出现新的矛盾，要求有新的储层描述手段来解决这些矛盾而提出来的，它本身就是油藏地下动态管理与静态储层非均质描述紧密结合的产物，实际上为相对独立控制油水运动的储层单元。在同一流动单元内，储层的岩性、物性、内部建筑结构相同或相近，流体性质和开采方式接近，造成水淹特征相同或接近，渗流性相对独立；其外部具有较好的隔挡界面或渗流屏障。储层流动单元的提出，使地质学家在研究和描述储层时，不仅要考虑静态地质特征，同时还要考虑反映流体流动性能的工程信息。

流动单元研究的目的是揭示油水运动的规律，水驱油效率的差异、剩余油饱和度的分布规律等。开展储层流动单元研究对油气田开发，特别是二次采油，具有较大的实际意义。注入水或其他注入剂驱替油气的过程及驱替效率受到储层内部结构、地质界面及岩石物理参数等因素的影响和控制，因此为了提高油田开发效果，就必须对这些因素进行深入研究，深入地表征其性质和分布及其对流体渗流的影响。

三、流动单元的划分

流动单元的提出既反映了储层研究的精细化，又能紧密地与储层中的油水运动规律相结合，它的识别和划分必须动态、静态资料结合才能解决，其井间对比及空间结构问题更需要露头和现代沉积的精细研究及随机建模予以解决。

（一）流动单元分类参数

1.岩相参数

岩相参数包括层理构造、粒度中值、泥质含量、砂岩厚度、砂岩有效厚度、净毛比。其中，层理构造决定着流动单元内油水运动的方向性，这时必须把油、水层看成各向异性渗流介质场。这是由于受沉积条件的影响，使颗粒沉积时大小界线分明，产生了带有方向性的斜层理、水平层理、平行层理、交错层理等。净毛比有时也称有效砂岩系数，其值越大，流动单元性质越好。

2.储层物性参数

储层物性参数包括孔隙度、渗透率、渗透率变异系数、垂直渗透率与水平渗透率之比、含水饱和度。

3.微观孔隙结构参数

微观孔隙结构参数包括孔喉半径、平均流动半径和流动带指数。平均流动半径可以通过压汞法或图像分析法等测试数据获得。

4.存储系数

存储系数反映了储层存储流体的能力。

5.流动系数

流动系数反映了流体在储层中的流动能力，它是储层流动单元描述的重要参数。通常在开发过程中利用不稳定试井资料处理得到。应用时需注意以下两个问题：一是避免造成大厚度低渗层与小厚度高渗层划为同一流动单元；二是对于层内非均质的河道砂体，渗透率的取值不是采用单层内的厚度权衡或算术平均值，而应直接选用侧向连通最好的下部单元体的渗透率值。因为这一数值最能反映储层侧向上的连续性、渗流特征的非均质性及其实际水淹状态，而算术平均值往往扭曲了储层的真实面貌，权衡值虽然相对好些，但其求取较为麻烦，而且也难以避免其结果可能代表油层其他部位（与之不直接连通层段）的数据。

（二）流动单元划分的原则

流动单元是指独立控制注采井之间油水运行的最小储层单元，同一流动单元内部应具有相同的储渗能力或渗流特征。划分流动单元应以充分揭示油水运动规律，满足油田开发动态分析为基础，具体原则如下。

（1）平面上流动单元划分应以细分沉积微相为基础，在侧向上同一流动单元应为岩性、物性相近的连续储集体，且具有相似的储渗能力和渗流特征，对油层水淹动态影响相近。岩性、物性差异较大，对油层水淹动态影响明显不同。不同流动单元的储渗能力和渗流特征具有较大的差异。

（2）流动单元在垂向上应当是有相对连续隔层分隔的，井间可对比、可作图的最小储层单元，不同流动单元相互分隔（包括储层不连续和断层遮挡等）。

（3）流动单元划分的精细程度要以满足油田开发需要为前提，不宜过细或过粗，划分得过细不仅可操作性差，同时也会抹杀同类储层的共性特征；划分得过粗则不能满足开发动态分析的精度要求。

（4）由于构造对储层内部流体运动具有一定的限制性，因此划分流动单元必须考虑断层的边界效应和微型构造对油水动态分布的影响。

（5）适应油田开发调整的需要和数值模拟的实际能力。

第五节 储层非均质性研究

一、储层非均质性的概念及分类

（一）储层非均质性的概念

储层非均质性是指表征储层特征的参数在空间上的不均匀性。这种不均匀性是储层的普遍特性，完全、绝对的均质储层是不存在的。在开发储层评价中，储层的非均质性是指储层所具有的双重非均质性，即赋存流体的岩石的非均质性和岩石空间中赋存的流体的性质和产状的非均质性。在岩石非均质性中无论是岩性或物性变化，通常都是极其复杂的，并且是直接影响开采效果的主要地质因素。而流体的非均质性，虽然在一个油田、一个油藏或一个开发单元，其性质变化不大，但产状分布却变化异常，而且还随其生产过程而发生变化，这就更加剧了储层非均质性的复杂化。

岩石非均质性和流体非均质性，往往是相互关联又相互制约的。但岩石的非均质性又往往是首要的主导因素。岩石的非均质性主要是在原始沉积过程中形成的，也可能是后来的成岩作用，构造变动造成的。可以说沉积环境主要控制着储层岩石非均质性，而岩石的非均质性又控制着储层孔隙空间中流体的非均质分布和流动。虽然岩石的许多性质都是非均质的，但影响流体在其中分布和流动的那些性质及其变化，却是油田开发中储层描述和评价的重点内容。

（二）储层非均质性分类

储层非均质性可以根据非均质性规模、成因和对流体影响程度来进行分类。国际上有提出按非均质性规模大小的分类，根据我国陆相沉积盆地的特点，提出了一套适用于陆相注水开发油藏储层非均质分类方案，该方案既考虑非均质性的规模，也考虑开发生产的实际。目前国内已普遍采用，该分类将碎屑岩储层非均质性由小到大分成四级，即微观孔隙非均质性、层内非均质性、平面非均质性、层间非均质性。

二、微观孔隙非均质性

储层的微观孔隙非均质性是指孔隙内影响流体流动的地质因素，主要包括孔隙和喉道的大小、分布、配置与连通性，以及岩石的组分、颗粒排列方式、基质含量及胶结物的类型等。这些因素直接影响注入流体驱替原油的效率，因此油层微观孔隙非均质性的研究是了解水驱油效果及剩余油分布的基础。

（一）喉道的非均质性

对于油层开采而言，油层的渗透率对油气的产能影响极大，而喉道的大小及形状又会形成不同的毛细管压力，进而影响渗透率。因此，喉道的非均质性直接影响储层渗透率的非均质性。根据显微镜下观察，每一喉道可以连通两个孔隙，而每一个孔隙至少和三个以上的喉道相连通，有的甚至和多个喉道相连通。这种连通的形式与岩石颗粒的接触关系、颗粒大小、形状及胶结类型有关。

（二）储层微观孔隙结构

所谓储层的孔隙结构是指岩石的孔隙和喉道的几何形状、大小、配置及其相互连通关系。孔隙结构的分析方法较多，通常可分为间接和直接分析两大类。目前，国内使用的间接分析为测量毛细管压力法，包括半渗隔板法、离心机法、压汞法和动力学法，较常用的是压汞法。而直接分析，包括铸体薄片、扫描电镜和图像分析。当前进行孔隙结构的定量描述主要是应用压汞法及铸体法求得的相关参数。

三、层内非均质性

层内非均质性是指一个单砂层在垂向上的储层性质变化，包括层内垂向上渗透率的差异程度、高渗透率段所处的位置、层内粒度韵律、渗透率韵律及渗透率的非均质程度、层内不连续的泥质薄夹层的分布。定性和定量的描述如下。

（一）粒度韵律

单砂层内碎屑颗粒的粒度大小在垂向上的变化称为粒度韵律，它受沉积环境和沉积方式的控制。韵律分以下几种类型。

1.正韵律

颗粒粒度自下而上由粗变细，常常导致物性自下而上变差。

2.反韵律

颗粒粒度自下而上由细变粗，往往导致岩石物性自下而上变好。

3.复合韵律

即正、反韵律的组合。正韵律的叠置称为复合正韵律，反韵律的叠置称为复合反韵律。上、下粗，中间细或上、下细，中间粗者称为正反复合韵律。

4.均质韵律

颗粒粒度在垂向上变化无韵律或均质韵律。

（二）沉积构造

在碎屑岩储层中，层理是常见的沉积构造，有平行层理、斜层理、交错层理、波状层理、递变层理、块状层理、水平层理等。层理类型受沉积环境和水流条件的控制，层理的方向决定渗透率的方向。因此，需要研究各类纹层的岩性、产状、组合关系及分布规律，以便了解渗透率的方向。

（三）渗透率韵律

渗透率在纵向上的变化受韵律性的控制，不同的韵律层具有不同的渗透率韵律。同粒度韵律一样，渗透率韵律可分为正韵律、反韵律、复合韵律等。

第六节　储层敏感性分析

一、黏土矿物的敏感性特征

储层中不同程度地含有黏土矿物，其中黏土矿物的类型、数量、分布，以及在孔隙中所处的位置，不仅对储层岩石的储渗条件及储层评价有明显的控制作用，而且对控制伤害油气层也具有十分重要的意义。

（一）黏土含量

在粒度分析中，粒径小于5μm者皆称黏土，其含量即为黏土总含量。当黏土矿物含量在1%～5%时，则是较好的油气层，黏土矿物含量超过10%的，一般为较差的油气层。

（二）黏土矿物类型

黏土矿物类型较多，常见的有蒙皂石、高岭石、绿泥石、伊利石以及它们的混层黏土。黏土矿物的类型和含量与物源、沉积环境和成岩作用阶段有关。不同类型黏土矿物对流体的敏感性不同，因此要分别测定不同储层出现的黏土矿物类型，以及各类黏土矿物的相对含量。目前多采用X射线衍射法分析黏土矿物，碎屑岩中的黏土矿物有自生及他生成因两种类型。他生成因的黏土矿物是沉积作用以前形成的，在沉积场所与砂粒混杂在一起同时沉积。自生黏土矿物是沉积以后发育的，包括新生及再生两种形式。自生黏土矿物在碎屑岩中的产状有孔隙衬里、孔隙充填（包括裂隙充填）及假晶交代。

（三）黏土矿物的产状

黏土矿物产状对储集层内油水运动影响较大，其产状一般分为分散状（充填式）、薄层状（衬垫式）和搭桥状。黏土矿物的产状一般通过扫描电镜来观察鉴定。在上述三类黏土矿物类型中，以分散状储渗条件最好；薄层状次之；搭桥状由于孔喉变窄变小，其储渗条件最差。除上述主要的产状外，还有高岭石叠片状，伊蒙混层的絮凝状等，而且几种黏土矿物的产状类型也不是单一出现的，有时是以某种类型为主，与其他几种类型共存。

二、敏感性的研究方法

常规储层敏感性评价包括速敏、水敏、盐敏、碱敏、酸敏五敏实验，随着技术的不断发展，增加了应力敏感实验和温度敏感实验。故目前储层敏感性评价是七敏实验，其目的在于找出油气层发生敏感的条件和由敏感引起的油气层伤害程度，为各类工作液的设计，油气层伤害机理分析和制订系统的油气层保护技术方案提供科学依据。

（一）速敏评价

1.概念

速敏是指在钻井、测试、试油、注采、增产等作业或生产过程中，当流体在流速大于临界流速时，引起油气层中微粒运移并堵塞喉道造成油气层渗透率下降的现象。影响临界流速的因素包括岩样本身和流体两方面，岩样本身因素有微观粒径、孔隙大小、孔隙度及微观的润湿性；流体方面包括pH、矿化度、离子价数、黏度和水油比等。

2.目的

（1）找出由于流速作用导致微粒运移从而发生伤害的临界流速，确定由速度敏感引起的油气层伤害程度。

（2）为以下水敏、盐敏、碱敏、酸敏4种实验及其他各种伤害评价实验确定合理的实验流速提供依据。

（3）为确定合理的注采速度提供科学依据。

3.做法

以不同的注入速度向岩心中注入实验流体，水速敏用地层水，油速敏用煤油或地层原油，并测定各个注入速度下岩心的渗透率，用注入速度与渗透率的变化关系来判断油气层岩心对流速的敏感性，并找出渗透率明显下降的临界流速。

（二）水敏评价

1.概念

水敏指当与地层不配伍的外来流体进入储层后，引起黏土矿物膨胀、分散、运移，从而导致储层渗透率不同程度降低的现象。

2.目的

了解这一膨胀、分散、运移的过程，及最终使油气层渗透率下降的程度。

3.做法

用地层水测定岩心的渗透率，然后用次地层水测定岩心的渗透率，最后用淡水测定岩心的渗透率，从而确定淡水引起岩心中黏土矿物的水化膨胀及造成的伤害程度。

（三）盐敏评价

1.概念

样品渗透率随注入流体矿化度降低而下降的现象称作盐敏。

2.目的

盐敏评价的目的是找出盐敏发生的条件，以及由盐敏引起的油气层伤害程度，为各类工作液的设计提供依据。

3.做法

通过向岩心注入不同矿化度等级的盐水（按地层水的化学组成配制），并测定各矿化度下岩心对盐水的渗透率，根据渗透率随矿化度的变化来评价盐敏伤害程度，找出盐敏伤害发生的条件。

第七节　储层储集性能的变化

一、储层岩石润湿性变化

所谓储层岩石的润湿性，是指在地层条件下，当存在两种非混相流体时，某一流体在岩石表面附着或延展的倾向性。润湿性是油层岩石的一项重要的物理性质，它在一定程度上控制着油水在岩石孔隙中的流动和分布，它对束缚水饱和度、残余油饱和度，相对渗透率、水驱油效率等均有重要影响。

（一）储层岩石润湿性的影响因素

1.岩石矿物成分

自然界中常见的亲水矿物有石英、云母、长石等硅酸盐和铝硅酸盐类矿物，以及石灰石，白云石等碳酸盐类矿物和硫酸盐类矿物。常见的亲油矿物有硫黄、滑石、石墨、硫化物类矿物。黏土矿物在砂岩孔隙中的分布可分为3种类型：分立质点式（又称分散式）、内衬式（又称薄层式）与桥塞式。分散黏土以分立质点式为主的砂岩储层一般显示偏亲油；分散黏土以内衬式为主的砂岩储层一般显示偏亲水；分散黏土以桥塞式为主的砂岩储层更亲水。黏土本身的强烈亲水性及其特殊的层状结构所形成的极大比表面积，大量附着在碎屑岩颗粒表面形成内衬式和桥塞式的黏土便可以吸附大量的地层水，从而改变岩石颗粒的表面润湿性。

2.流体性质

（1）水中的表面活性物质浓度。

（2）石油中某些极性物质的含量。

（3）固液两相接触时间的长短。浸泡时间越长，其亲油性明显增强。

（二）储层岩石润湿性在注水开发过程中的变化

在油田投入注水开发以后，随着开发时间的延长与注入水量的增加，储层岩石孔隙中的含水饱和度将逐渐增大，岩石与注入水接触的时间也逐渐增加。因此，岩石表面的润湿性将出现变化，其亲水性将逐渐增强而亲油性将逐渐减弱。

（三）润湿性变化对开发效果的影响

亲水油层较亲油油层的注水开发效果更好，在相同的注入水量或相同的注入孔隙体积倍数时，亲水油层可以获得比亲油油层高得多的原油采收率。亲水油层比亲油油层驱油效果好的原因有以下两方面：一是注入水主要沿亲水岩石颗粒表面迂回曲折运动，容易驱出亲水岩石孔隙中的石油，仅在较大孔道的中间留下孤立的剩余油滴；二是在亲水油层中毛管力作用可以作为细小孔道中油水交换的动力促使小孔道中的石油被驱替出。而对于亲油油层，注入水的毛管力作用则常常成为驱油的阻力。

二、储层孔隙结构和储渗性质变化

（一）注入水对岩石矿物和孔隙的作用

1.注入水对黏土矿物的影响

储层注水后，储层中水敏的黏土矿物遇水膨胀，结构破坏。由于水的搬移—聚积作用，总地来说是使原来黏土矿物少的地方更少，多的地方更多，结果是大孔道更畅通，小孔道反而可能被堵塞，使两者的差异加剧。

2.注入水对储层孔隙的影响

对造岩矿物的溶蚀作用，能使孔隙有所增大。另外，注入水中杂质的种类很多，基本都能对油层孔隙起堵塞作用。

（二）水驱油基本规律

1.层间干扰规律

油井只要同时用相同条件开采多油层，多油层间就存在层间干扰。层间差异越大，单井产液量越高，干扰越严重，注水井同油井类似。

2.平面不均匀推进规律

（1）沿着裂缝延伸的方向突进：这种井见效、水淹极快，开发效果极差，且油水井之间的干扰反应特别灵敏。

（2）沿着条带状砂体的高渗透条带突进：这种井见效过快，过于明显，油井见水后，水淹很快，但仍基本符合油井水淹过程。

（3）对以原生孔隙为主的油层，注入水一般是沿着砂体沉积时的古水流方向突进。对于后生作用明显，或次生孔隙为主的油层，突进的方向需要具体分析后才能确定。

3.部分厚度强洗规律

厚油层注水开发，强水洗段往往只是厚油层中的一部分厚度。而且由于这部分厚度的水洗程度越来越高，影响了水洗厚度的扩大和其他已水洗部分驱油效率的提高。

4.小孔隙受污染规律

小孔隙受污染是经常发生的过程。而大孔隙在很多情况下，直径会变大，结果必然导致孔间矛盾的加剧。

5.油层亲水性增强规律

水驱油过程中孔隙油膜的剥落，黏土矿物的迁移，使油层中亲水孔隙增多，反映在宏观上，表现为油层亲水性的增强。

6.各种矛盾不断加剧的规律

层间矛盾、平面矛盾、孔间矛盾随着开发程度的加深在不断加剧。若采取措施，矛盾得到调整变得好转，但往后的开发是在新的起点上，又开始新一轮矛盾的不断加剧。

第八节　储层地质模型

一、储层地质模型的分类

（一）不同勘探开发阶段的储层地质模型分类

在不同的勘探开发阶段，资料占有程度不同，任务不同，因而所建模型的精度及作用亦不同。据此，可将储层地质模型分为三大类，即概念模型、静态模型和预测模型。

1.概念模型

针对某一种沉积类型或成因类型的储层，把它具有代表性的储层特征抽象出来，加以典型化和概念化，建立一个对这类储层在研究区内具有普遍代表意义的储层地质模型，即所谓的概念模型。概念模型并不是一个或一套具体储层的地质模型，而是代表某一地区某一类储层的基本面貌。

2.静态模型

针对某一具体油田或开发区的一个或一套储层，将其储层特征在三维空间上的变化和分布如实地加以描述而建立的地质模型，称为储层静态模型。

3.预测模型

预测模型是比静态模型精度更高的储层地质模型。它要求对控制点间（井间）及以外地区的储层参数能做一定精度的内插和外推预测。

（二）依据油藏工程的需要进行的储层地质模型分类

依据油藏工程的需要，可将储层地质模型分为储层结构模型、流动单元模型、储层非均质模型及岩石物性物理模型等。

1.储层结构模型

储层结构指的是储集砂体的几何形态及其在三维空间的展布，是砂体连通性及砂体与渗流屏障空间组合分布的表征。这一模型是储层地质模型的骨架，也是决定油藏数值模拟中模拟网块大小和数量的重要依据。

2.流动单元模型

流动单元在前文已经提过，流体单元模型是由许多流动单元块体镶嵌组合而成的模型，属于离散模型的范畴。

流动单元模型是在储层结构模型基础上建立起来的，实际上是对储层结构的进一步细分。用来划分流动单元的参数涉及沉积、成岩、构造及岩石物性等多方面，包括渗透率、地层系数（渗透率与厚度的乘积）、孔隙度、孔隙大小分布、垂直渗透率与水平渗透率比值、岩性、沉积构造等。

流动单元模型既反映了单元间岩石物性的差异和单元间边界，又突出地表现了同一流动单元内影响流体流动的物性参数的相似性，可直接用于油藏模拟及动态分析，这对预测二次采油和三次采油的生产性能具有很强的指导意义。

二、建模的原则和基础

（一）建模的原则

基于地下地质的复杂情况和目前获取资料的手段等因素，储层地质建模要遵循以下原则。

（1）多学科综合一体化建模：充分应用多学科信息（地质、测井、地震、试井等）进行协同建模。

（2）相控建模：相分布控制着砂体分布，不同相的储层参数分布规律不同。首先建立沉积相或储层结构模型，然后根据不同沉积相的储层参数定量分布规律，分相进行井间插值或随机模拟，建立储层参数分布模型（如孔隙度、渗透率、含油饱和度三维分布模型）。

（3）等时建模：沉积地质体是在不同的时间段形成的，各时间段的砂体沉积规律有所差别。在建模过程中，若将不同时间段的沉积体作为一个单元来模拟，必然会影响建模精度。应用等时界面来划分模拟单元，分层建模，然后将其组合为统一的储层模型。

（4）成因控制建模：这一建模过程充分体现地质思维与地质知识。沉积相的分布是有其内在规律的，相的空间分布与层序地层之间、相与相之间、相内部的沉积层之间均有一定的成因关系。因此，在相建模时，为了建立尽量符合地质实际的储层相模型，应充分利用这些成因关系，而不仅仅是井点数据的数学统计关系，相的成因关系主要体现于层序地层学原理及沉积模式方面。实际建模过程中，要做到层序地层学与截断高斯模拟的有机结合。结合沉积模式确定不同级次储层结构单元的界面及其分布，建立储层结构模型。

（5）随机建模与确定性建模相结合：为降低模型的不确定性，应用确定性信息限定随机建模过程，如层序地层学研究确定的等时界面及洪（湖）泛泥岩的分布；应用生产动态资料确定的井间砂体的确定性对比；合理的地质推理。

（二）建模的基础

油藏地质模型的建立是从信息库（数据库和资料库）开始的，包括以下5个信息库。

（1）地震信息库：用于地层划分对比，构造分析、地震相研究、砂体预测及储层参数的预测、地层压力的预测等。

（2）地质信息库：包括区域地质资料、岩心录井、岩屑录井、地球化学录井等资料及其分析数据，这是油藏描述的第一性资料，可用于油藏描述各方面的分析研究。

（3）测井信息库：可用于层组划分对比，测井相与沉积相研究、单井储层参数解释，油气水层解释隔夹层解释、砂体内部结构及砂体定向解释、裂缝特征及分布等研究。

（4）测试信息库：包括试油及试井资料及数据，用于流体性质及分布，油气产能、地层压力系统、砂体连通性、断层封闭性及裂缝宏观分布等研究。

（5）生产动态信息库：用于开发阶段储层，流体的动态变化及分布研究，分析水驱油状况、储量动用状况及剩余油分布状况，建立剩余油分布模型。

三、储层建模的新方法

多点地质统计学利用训练图像代替变差函数，将更多的地质资料整合到储层建模过程中，使最终模型更加符合地质认识，能够克服传统的地质统计学的不足。然而，多点地质统计学应用难点也在于训练图像的获取，以往训练图像制作多以密井网区资料为基础，通过单井内插和外推进行模式拟合，获取不同微相的平面形态特征，得到二维训练图像。该方法制作的训练图像很大程度上依赖于地质人员推测，不确定性较大，且仅能反映平面二维空间的相带变化，对于三维的空间结构难以描述，尤其对于摆动频繁的水道沉积类型。常规二维训练图显然更难以描述水道变化频繁的沉积过程，需要能够表征复杂空间结构关系的三维训练图像。

第九节　储层综合分类及评价

一、储层综合评价参数

（一）参数选择

影响储层储渗能力的因素很多，如有效厚度、渗透率、孔隙度、砂体延伸长度、孔隙结构参数、层内非均质程度等。一项参数只从一个方面表征储层的特征，全面评价一个储层必须采用多项参数，从多个方面进行综合评价。所选用的参数，在不同地区、不同油田、不同任务和不同的勘探开发阶段是有差别的，因而评价参数的选择范围和参数的重要程度也有不同。在选择所谓的有效参数时，需注意3点：应以研究各单项参数对储层特征的影响程度以及各参数间的相互关系为基础；应视研究工区的具体特点，选择具有代表性、可比性和实用性的参数；突出储能和产能以及控制油水分布和渗流特征的参数。

一般来说，储层综合评价都要选择以下以下6类参数。

（1）油层厚度：如沉积厚度、砂泥岩厚度、有效厚度等；

（2）油层物性：如有效孔隙度、绝对孔隙度、有效渗透率、粒度中值、分选系数、泥质含量等；

（3）孔隙结构：如孔隙类型及分布状况、平均孔隙直径、孔隙比、最大连通喉道半径、最小非饱和体积孔喉分选系数等；

（4）沉积相带：所属亚相、微相及特征；

（5）油层分布状况：如含油面积、油砂体个数、油层连通情况、砂层钻遇率等；

（6）生产参数：压力、产量、采油指数等。

储层评价主要包括确定储层微相类型，建立“四性”关系，明确储层分布规律、评估流动单元的连续性、评价微观孔隙结构特征、评价储层丰度、预测油气分布规律等内容。在不同的勘探开发阶段，由于资料求取的精度不同，对储层的认识程度也不一样，故储层综合评价的任务也不相同，且针对不同类型的油藏由于开发方式不同，储层评价工作也应有所侧重。上述参数落实到不同开发阶段表现为以下三种。

①油藏评价阶段，属于早期评价，主要以地质为主体，依据地震、测井、地质对储层在三维空间的分布和储层参数变化做出基本预测，选用有效厚度、有效厚度钻过率、有效孔隙度、渗透率、泥质含量、碳酸岩含量等。

②开发设计及方案实施阶段，本阶段认识储层的资料比较多，已建立起各研究单元的储层静态模型，因此，储层综合评价要力求准确，以保证重大开发决策的正确。选用对渗流作用起主要作用的参数、表征渗透率非均质程度的参数、砂岩厚度、粒度中值，表征岩性特征的参数、砂岩密度、夹层频率、夹层密度等。

③管理调整阶段，已具有相当一段时间的开发历史，在注入驱替剂未做改变以前，即未采用改善注水或三次采油开采以前的整个开发过程。在前面参数的基础上增加压力、产量及采油指数。

（二）参数优选的方法

利用多元逐步回归分析、R型主因子分析、多种非线性单相关回归等数学分析方法来筛选上述各参数，作为评价参数。

（1）多元逐步回归分析：多次有进有出地筛选对函数Y起主要作用的变量，剔除对Y作用不显著的变量。

（2）R型主因子分析：将有一定相关程度的多个变量进行综合分析，从中确定出在整个数据矩阵中起主要作用的变量组合，把多个变量减少为相互独立的几个主要变量，即主因子。

（3）多种非线性单相关分析：从多个变量中剔除与因变量关系不密切的参数。输入各个研究单元的物性参数和孔隙结构参数进行多元逐步回归分析，得出储层主变量参数；对主变量进行R型因子分析，得出孔隙结构主参数；将渗透率、孔隙度和孔隙结构等参数进行Q型聚类分析，输出储集岩分类结果（聚类）。

应用储集岩分类结果，结合其他资料进行各类储层评价。

二、评价方法

随着油田开发的不断深入，多学科交叉综合研究，使储层综合评价日趋综合性、定量化和计算机化。具体分类标准的确定由于不同油区储层总的特征不同，一般考虑问题的出发点不同，所以许多油田的储层综合评价及分类标准与方案也不尽相同。在确定评价参数后，一般可按下面方法具体给出分类标准同时得出评价结论。

常用的方法有“权重”评价法、聚类分析法、模糊综合评判法、模拟试验法等。这些方法多借助数学原理编制出系统软件，主要有以下5和步骤。

（1）原始数据的预处理，将因为量纲不同而产生的数值悬殊尽量缩小，建立初试数据矩阵；

（2）建立评价标准，如将储层根据参数分布特征，分为Ⅰ级、Ⅱ级、Ⅲ级、Ⅳ级、Ⅴ级等；

（3）输入参数权值，建立分析评价矩阵；

（4）建立分析矩阵；

（5）选择可靠程度，输出储层评价结论。

国内外对储层研究非常重视，研究方法也很多。总的都是从宏观到微观、从静态到动态对储层进行分析，然后分类评价的。储层评价是在综合分析后，用来认识地下油气藏的各种特点，为制订开发方案服务的。这里的综合分析，不仅包括储层本身的微相、微构造、非均质性等，还有流体性质和分布规律，把地质、测井、地震及生产测试资料结合起来，更准确、全面地研究油气藏特征。

第六章　沉积环境与沉积相

第一节　陆相沉积环境及沉积相

一、冲积扇环境及沉积相

（一）冲积扇的类型

根据气候状况，可将冲积扇分为两种类型。一类是发育于干旱、半干旱气候区的冲积扇，称作旱地扇；另一类是发育在潮湿、丰潮湿气候区的冲积扇，称作湿地扇。通常简称旱扇和湿扇。对报道的全球冲积扇的初步统计结果表明，80%以上为旱扇。

旱地扇与湿地扇的共同特点是其平面形态均呈扇状，从山口向内陆盆地或冲积平原呈辐射散开。扇面的坡度、沉积层厚度及沉积粒度的变化从山口向边缘逐渐变缓、变薄及变细。在山口地区地势最高称作扇顶（或称扇根、上扇），与内陆盆地或冲积平原过渡的边缘地带称作扇端（或称扇缘、下扇），中部称作扇中（或称中扇）。

1.旱扇

旱扇的主要特征是通常发育有一个主体水道（辫状河），扇形的边界十分清楚。粗碎屑沉积物向扇的末端很快变细，厚度也急速变薄。粒级变化可从砾石级至泥质。在扇的源端多为混杂砾岩及叠瓦状砾岩层点沉积，以水流冲积及泥石流（碎屑流）的沉积作用为特征。在扇的中部发育砂质及砾石质，在河流的冲积作用下沉积。在扇的末端部位则主要为粉砂质和泥质沉积物，以片流或漫流作用为主。常见由红色粗碎屑剖面组成反旋回沉积层序，厚度可达数百至数千米。

2.湿扇（辫状平原）

湿扇常发育在常年有流水的潮湿地区，沉积物扇形体不清晰，多由砾石质辫状河组成辫状平原，地形平缓，以相互叠加的砾石质辫状河形式为多见，其特点是河道多、切割浅、不固定。沉积体向盆地平原延伸较长，以缺少泥石流（碎屑流）沉积区别于旱扇。在中部及端部组成由粗向上变细的层序组合，即由砾岩—砂岩—泥岩过渡的沉积剖面，并夹有原地植被形成的炭质层或煤层。

由于汇水盆地的大小和地形强烈地影响着径流的分布，所以，由大流域补给的冲积扇体系显示出湿扇的特点，即使在相对低降水量地区也是如此。同样地，在降水充沛但流域较小的地区，冲积扇可能显示出旱扇所特有的特征。

（二）冲积扇的沉积类型及特征

冲积扇上可能出现的搬运和沉积作用有两种基本类型：一种类型是由暂时性或间歇性水流形成的牵引流搬运沉积作用，形成水携沉积物，主要有河道沉积、漫流（片流）沉积和筛积物等三类；另一种类型是由于重力与洪水作用，形成泥流、泥石流（碎屑流）沉积物。

1.泥石流沉积

当水流携带的砾石和泥沙沉积物达到足够量时，就形成了密度大、黏度高、呈可塑性状态的流体，称为泥石流。大量碎屑物质在泥石流中呈块状整体搬运，在扇体上堆积后，形成泥石流沉积。

泥石流经常发育在扇体的上部，其最大特点是砾、砂、泥混杂，分选极差，大者为可达数吨的漂砾，小至粉砂、黏土，但总体是以后者占优势，层理一般不发育。黏度大的泥石流，其粗粒碎屑分布均匀，为块状层理，黏度不大者可具粒序层理，扁平状砾石呈水平或叠瓦状排列。在形态上泥石流呈舌状或叶瓣状，且具有陡、厚而清晰的边缘。

主要由砂、粉砂、泥质组成的泥石流称为泥流，粗粒级含量较少，一般不含2mm以上的粗粒沉积物，但分选仍很差，表面可发育干裂。

泥石流的形成与源区母岩性质关系密切。在母岩为泥质岩且植被不发育、地形坡度较陡的情况下，因暴雨而造成短期内水量骤增（洪水），以致侵蚀作用增强，大量泥沙被携带而形成泥石流。

2.漫流沉积

携带沉积物的流水从冲积扇河床末端漫出，流速和水深的骤减，使携带的沉积物呈席状或片状沉积下来，形成席状砂、砾岩堆积体，称漫流沉积。有人也称之为漫洪沉积或片流沉积。

漫流沉积物主要由碎屑组成，可含有少量黏土和粉砂。常呈块状，亦可出现交错层理或细的纹层。产状呈透镜状，一系列漫流沉积的透镜体组合，形成席状或片状沉积体，通常构成冲积扇的主体。

3.河道沉积

河道沉积又称为河床充填沉积，也有人称之为槽流沉积。冲积扇常被暂时性（间歇性）河流切割，当洪水再次到来时，所携带的沉积物在这些暂时性河床中沉积下来，就形成了冲积扇上的河道沉积。

河床充填沉积主要由砾、砂沉积物组成，粒度粗，分选也差。成层性不好，可见交错层理，各单层的成层厚度一般为5～60cm。常具明显的切割–充填构造，并且常因这种构造的影响使粗粒物质位于扇体的中部或下部，以致破坏了沉积物粒度从扇顶至扇缘逐渐变细的分布状况。

4.筛状沉积

当源区供给冲积扇主要为砾石而无或极少其他粒级的物质时，在冲积扇的表层便堆积了舌状砾石层。由于粒度粗，砂质之类细碎屑的充填物较少，故渗透性极好，在洪水尚未流到扇缘之前，就沿着像滤水筛子一样的砾石层渗滤到扇体中了。因此不能形成地表水流，从而阻止了砂质等细粒物质的搬运。扇体表层的砾石层就称为筛状沉积。它虽较为少见，但它是冲积扇上最富特色的沉积。

筛状沉积主要由次棱角状的粗大砾石组成，分选较好，其间充填物较少，而且主要是分选好的砂级碎屑，无明显的成层界线，常形成块状沉积层。

筛状沉积的形成要求独特的源区条件，即母岩区须是节理发育的石英岩之类的岩石。冲积扇可以由某种单一的沉积类型组成，如为漫流或泥石流的单一沉积。但大多数冲积扇是由上述几种沉积类型共同组合而成。总体来说，以漫流和泥石流沉积为主，河床充填沉积和筛状沉积在组合中占的比重较小。

（三）亚相划分及其沉积组合

1.亚相划分

按照现代冲积扇地貌特征和沉积特征，可将冲积扇相进一步划分为扇根、扇中和扇缘三个亚相，三者之间并无明显的界线。

（1）扇根：也称扇头或扇首，分布于邻近断崖处的冲积扇顶部地带，其特征是沉积坡度角最大，常发育有单一的或2～3个直而深的主河道。因此，其沉积类型主要为河床充填沉积及泥石流沉积，其沉积物由分选差、大小混杂的砾岩或具叠瓦构造的砾岩、砂砾岩组成。由于流速衰减而形成的递变层理发育。

（2）扇中：位于冲积扇的中部，构成冲积扇的主体，以沉积坡度角较小和辫状河道发育为特征。以辫状分支河道和漫流沉积为主，与扇根相比，砂/砾比值较大，岩性主要由砂岩、砾状砂岩和砾岩组成。可见辫状河流形成不明显的平行层理和交错层理，甚至局部可见逆行沙丘交错层理，河道冲刷–充填构造发育。

（3）扇缘：也称扇端，出现于冲积扇的趾部，地形平缓，沉积坡度角低，沉积类型以漫流沉积为主，沉积物较细，通常由砂岩和含砾砂岩组成，其中夹粉砂岩和黏土岩，局部也可见有膏岩层，其砂岩粒级变细，分选变好，可见平行层理、交错层理、冲刷—充填构造等，粉砂岩、黏土岩中可显示块状层理、水平纹理和变形构造以及干裂、雨痕等暴露构造。

旱扇主要由泥石流、筛滤、漫流、辫状河道沉积组成，这些沉积物所占扇的比例因地而异。湿扇自近端到远端的沉积特征具有较明显的变化，三个亚相是逐渐过渡的。

2.沉积组合及垂向沉积序列

在冲积扇形成和发育过程中，从扇根至扇端的粒度与厚度变化总是呈现从粗到细、从厚到薄的特点。泥石流沉积和筛状沉积多分布在扇根。河道与片流沉积虽然在整个扇内均有发育，但在扇中至扇端主要是由这两种沉积组成。冲积扇在纵向上，向源区方向与残积、坡积相邻接，向沉积区常与冲积平原组合或风成-干盐湖相相接，也可超覆于河流或湖泊、沼泽相之上或与之呈舌状交错接触，或直接与滨海（湖）平原共生，甚至直接进入湖泊或海盆地的安静水体，形成水下扇或扇三角洲。

由于沉积物堆积速度和盆地沉降速度不同，冲积扇可发生进积和退积或侧向转移，这一过程在冲积扇的各沉积层序中有明显的反映。当沉积物的堆积速率大于盆地的沉积速率时，冲积扇砂体不断向盆地方向推进，使扇根沉积置于前一期扇中沉积之上，而扇中沉积又置于前一期扇端沉积之上，从而形成下细上粗的反旋回沉积层序。当沉积物的堆积速率小于盆地的沉降速率时，冲积扇则向物源区退积，或者侧向转移，其结果是形成下粗上细的沉积层序。

在冲积扇的不同部位，其沉积层序有所不同。扇根的沉积序列主要为块状混杂砾岩和具叠瓦状构造的砾石组成的正韵律沉积组合；扇中的沉积序列自下而上为具叠瓦状排列的砾石及不明显的平行层理、交错层理砾状砂岩、砂岩组成；扇端的剖面结构通常为冲刷一充填构造的含砾砂岩、具交错层理和平行层理砂岩以及具水平层理粉砂岩或块状泥岩，但有时发育有变形构造，如枕状构造。

二、河流环境及沉积相

河流是流水由陆地流向湖泊和海洋的通道，也是把碎屑物质由陆地搬运到海洋和湖泊中的主要营力。在河流搬运过程中伴随有沉积作用，形成广泛的河流沉积，在构造条件适宜的情况下，沉积厚度可达千米以上。

（一）河流的分类

不同类型的河流，在河道的几何形态、横截面特征、坡降大小、流量、沉积负载、地理位置、发育阶段等方面都存在着差别，这些因素通常作为河流类型划分的依据。

按照地形及坡降，可将河流分为山区河流和平原河流。前者地形高差和坡降大，向源侵蚀作用强烈，河岸陡而河谷深，河道直而支流少，水流急而沉积物粗；后者地形高差及坡降小，向源侵蚀停止，侧向侵蚀强烈，河道弯曲而支流多。故平原河流多为弯曲河流。

按河流发育阶段，又可将河流分为幼年期、壮年期、老年期河流。幼年期河流属河流发育的初期阶段，山区河流多属此类型；壮年或老年期河流多属平原河流。同一河系，上游可属幼年期，中游属壮年期，下游则属老年期。河系上游的幼年期河流由许多支流汇成主流，以侵蚀作用为主，至中游发育成壮年期，形成泛滥平原，至下游的海、湖岸边发育成老年期，呈网状分叉，恰与幼年期支流汇集河网的情况相反，产生很多分流和分泄，最后汇集于湖泊和海洋。从沉积角度来看，大量的沉积作用发育在河流的壮年期和老年期。

（二）曲流河沉积模式

河流相是河流沉积环境及该环境下沉积特征的综合。不同类型的河流，其沉积环境和沉积特征有所不同，因此相应的沉积相也就有所差异。

1.亚相类型及其特征

曲流河不论是现代还是古代都是最常见和最重要的河流类型，也是目前研究程度最高、最详细的一种河流。艾伦根据现代河流发育的地貌特征，提出了曲流河沉积环境立体模型，并根据微地貌划分出各类次级环境。

根据沉积环境和沉积物特征可将曲流河相进一步划分为河床、堤岸、河漫、牛轭湖4个亚相。

2.垂向沉积层序

曲流河沉积的典型垂向模式由沃克等人提出，这个标准相模式由下至上可划分为四个沉积单元。

第一沉积单元为块状含砾粗砂岩或砾岩，属河床底部滞留沉积，与下伏层呈冲刷侵蚀接触，底部具有明显的冲刷面，粗砂岩中含泥砾，可见有不清晰的大型槽状交错层理。

第二沉积单元为具大型槽状交错层理的中、细砂岩，层理规模向上逐渐变小，中夹具平行层理的细砂岩，沿层面可发育剥离线理，为边滩沉积。

第三沉积单元由粉—细砂岩组成，发育有小型槽状交错层理和上攀波纹交错层理，为边滩顶部沉积。

第四沉积单元主要由断续波状交错层理的粉砂岩和水平纹理的粉砂质泥岩及块状泥岩组成，块状泥岩中常发育有泥裂、钙质结核或植物的立生根，属天然堤和泛滥平原沉积。

（三）辫状河沉积模式

与曲流河相比，辫状河的变化十分复杂。由于辫状河的河床宽而浅，多个河道反复分叉、反复汇合，河道既容易被废弃，也容易再复活，因此，其地貌单元频繁地被改造。

1.亚相与微相的划分

辫状河的亚相和微相划分意见目前并不统一，但大致可以划分为河床亚相（底部滞留、心滩、河道充填微相）、废弃河道亚相、堤岸亚相和泛滥平原亚相。辫状河中的滞留沉积与曲流河河床滞留沉积相同，出现在河床底部，以砂砾沉积为主，其上发育心滩或河道充填沉积，其中心滩是辫状河中最主要的微相。

心滩是在多次洪泛事件不断向下游移动过程中垂向加积而成，其沉积物一般粒度较粗，成分复杂，成熟度低，常发育各种类型的交错层理，如巨型或大型槽状、板状交错层理，在低水位时期亦发生细粒物质的垂向加积作用。在辫状河中常具有不同的心滩类型。史密斯（Smith，1974）根据其地貌形态、大小及与河岸的关系，划分出4类，分别称为纵向沙坝、横向沙坝、斜向沙坝和曲流沙坝。

纵向沙坝是沿水流方向延伸的砂体，常见于砾石质辫状河的端部，沉积物由较粗的砂砾物质组成，常出现大型板状和槽状交错层理，若沉积物主要为砾石，则层理不明显或显示低角度的板状交错层理。

横向沙坝的延伸方向与水流方向垂直，其上游部分较宽阔，而下游边缘为直的、朵状或弯曲的，略成“微三角洲”地貌，其高度可达数十厘米至两m，大多呈孤立状出现，有时可呈雁行式展布，常见有高角度的板状交错层理。这类沙坝常形成于辫状河向下游方向的河道变宽或深度突然增加而引起的流线发散地区，在砂质辫状河中更为常见。

2.垂向沉积层序

辫状河的垂向沉积序列通常比较复杂，可以说最经典的是加拿大魁北克省加佩斯半岛泥盆系辫状河沉积层序，自下而上为由粗变细的正韵律结构，反映了水动力能量逐渐减弱的沉积过程。

（四）网状河沉积模式

在现代河流中，像加拿大哥伦比亚河那样特别典型的网状河很少见，而在古代沉积物中正确识别出网状河沉积又十分困难，因此，目前对网状河及其沉积物的研究程度还很低。

网状河主要发育于坡度平缓的河流中下游地区，它是由几条弯度多变的、相互连通的河道组成的低能复合体，沉积环境较为稳定。沉积物的搬运方式以悬浮负载为主，沉积作用则以垂向加积为主，沉积物类型主要为河道、冲积岛、泛滥平原沉积。

河道沉积与其他类型河流的河道沉积物类似，以砂岩为主，具槽状交错层理，底部可出现砾石沉积，泛滥平原的发育使河道侧向迁移受到限制，甚至很少发生。因此，垂向层序上呈现出向上变细但分带不明显的旋回。

网状河的河道间大量发育着冲积岛和泛滥平原沉积，其特征与曲流河的河漫沉积类似，系由河漫沼泽、泥炭沼泽、河漫湖泊组成，又称河道间“湿地”，沉积物质主要为富含泥炭的粉砂和黏土，侧向上可相变为粗粒河道沉积，垂向上可与因洪水漫溢作用形成的决口扇沉积交互成层。由于河道、冲积岛、泛滥平原等环境能保持长时期的相对稳定，致使各种沉积相在垂向上增生，并叠加成较厚的沉积。其中，河道沉积在平面上呈鞋带状，剖面上呈相互叠置的透镜状，决口扇沉积为不规则的席状，它们都被较厚的泛滥平原的细粒沉积物所包围。

网状河沉积的最大特点及与其他河流类型的主要区别是泛滥平原分布极为广泛，几乎占河流全部沉积面积的60%～90%。因此，厚度巨大的富含泥炭的粉砂和黏土是网状河流占优势的沉积物。

（五）河流沉积组合

河流沉积是大陆上经常性水流冲积作用的产物。向上游方向，它与暂时性水流冲积作用形成的冲积扇相连接，在中下游可形成广阔的泛滥平原，它们向下继续发展，可进入海岸平原及三角洲环境。因此，河流沉积组合通常可有3种形式，即冲积扇组合、泛滥平原组合、海岸平原三角洲组合。

冲积扇组合主要分布于河流上游的盆地边缘地区，由冲积扇和辫状河流沉积组成，沉积物几乎全部由粒度粗、分选差的底负载沉积物组成，以辫状河道沉积发育为其特征。泛滥平原组合分布于河流中游地区，主要发育曲流河，有时可出现网状河沉积，底负载和悬浮负载均发育良好，故沉积物由混合负载组成，河道砂质沉积与洪泛平原沉积交互出现。海岸平原三角洲组合主要发育在河流下游地区，河流的泛滥平原沉积极为发育，可厚达千米以上，在下游地区构成广阔的海岸平原，沉积物以细粒悬浮负载为主，在潮湿气候条件下，发育有河漫沼泽的泥炭层沉积。上述各类沉积组合可统称为冲积沉积体系。

三、湖泊环境及沉积相

（一）湖泊环境的一般特点

1.湖泊的水动力特征

湖泊的水动力作用与海洋有些近似，主要表现为波浪和岸流作用。但湖泊缺乏潮汐作用，这是与海洋的重要区别之一。

在风力的直接作用下，湖泊的水面可形成较强的波浪，称湖浪。一般来说，湖泊面积比海洋小，波浪的规模也小于海洋，浪基面的深度也就小得多，常常不超过20m。

湖浪作为一种侵蚀和搬运的动力在滨湖地区表现得较为明显。当湖浪的推进方向与湖岸斜交时，可形成沿岸流。湖浪和沿岸流的冲刷和搬运作用可形成各种侵蚀地形和沉积砂体，如浪蚀湖岸以及湖滩、沙坝、沙嘴、堤岛，等。

湖泊四周紧邻陆地，常有众多的河流注入，不仅有大量碎屑物质倾入湖盆，而且河道在湖底可以继续延伸，从而改变着砂体的分布状况，因此对有些湖泊来说河流的影响往往超过湖浪和岸流的作用。

2.湖泊的物理化学条件

湖泊对大气的温度变化较为敏感，由于水的密度在4℃时最大，气温的变化使处于此温度的水体沉降至湖底，湖水出现温度分层现象，造成了表层水与底层水的地球化学条件的差异。

湖水的含盐度变化较大，自小于1%至大于25%，这与含盐度一般在3.5%的海水具有明显的不同。此外，湖泊汇集了来自不同源区河流的流水，故湖水的化学成分变化较大，湖泊的地球化学特点在一定程度上反映了源区物质和盆地气候条件的变化。

除盐度外，湖泊中的稳定同位素，稀有元素等与海洋也有一定差别。如湖泊中$^{18}O/^{16}O$、$^{13}C/^{12}C$的比值比海相中的低，而海相碳氢化合物中硫同位素$^{34}S/^{32}S$的比值较为稳定，湖相中变化大。微量元素B、Li、F、Sr在淡水湖泊中含量较海洋中少，Sr/Ba比值在淡水湖泊沉积中常小于1。

3.生物学特征

湖泊环境中常有发育良好的淡水生物群，如淡水的腹足类、双壳类等底栖生物，以及介形虫、叶肢介，鱼类等浮游和游泳生物，此外还常发育有轮藻、蓝藻等低等植物。

（二）陆源碎屑湖泊的沉积模式及亚相类型

湖泊类型虽多，但其亚相划分原则基本相同，即从湖泊整体着眼，根据沉积物在湖泊内的位置和湖水深度两个基本条件来划分。具体划分时采用浪基面、枯水面（平均低水面）和洪水面（平均高水面）三个界面来进行界定，即一般湖泊可被划分为深湖、半深湖、浅湖和滨湖几个亚相（区），另外还可划分出湖成三角洲亚相、湖泊重力流亚相、湖湾亚相。这三个界面既反映湖泊的亚相分布位置和湖水深度，也反映水动力条件，油气生、储、盖的分布也与这三个界面密切相关。如好的生油层分布在浪基面以下，大部分储集砂体为浪基面以上至洪水面之间的近岸浅水砂体或三角洲砂体，浊积砂体则位于浪基面以下。

一个理想的陆源碎屑湖泊的沉积模式具有沉积物绕湖盆呈环带状分布的特点，即从湖岸至湖盆中央大致依次出现砂砾岩、砂岩、粉砂岩、泥岩。

然而，实际情况要比理想的湖泊沉积模式复杂得多，这是因为湖泊沉积物的发育往往受湖盆大小、湖底地形、湖岸陡缓、距源区远近、陆源物质供应的充分程度以及气候条件等因素的控制。例如，湖盆面积小、靠近物源、碎屑物质供应充分，湖盆中央亦可被砂质充满；若定向风盛行，湖滨砂砾沉积仅可见于湖泊的一侧；若湖岸陡，滨湖沉积即可完全消失；如果湖泊中有浊流作用，在深湖地区亦可发育粗粒物质的浊流沉积。

（三）陆源碎屑湖泊沉积相组合

1.沉积相平面组合

湖泊是大陆上流水汇集的地带，故在平面上它总是与河流相沉积共生，并为河流相沉积所包围，松辽盆地白垩系淡水陆源碎屑湖泊沉积就是一例。从盆地边缘至湖盆中央，沉积相序的组合大致是依次出现冲积扇、河流—湖成三角洲、滨湖和浅湖—半深湖—深湖和重力流沉积。但由于湖盆的构造背景，湖底地形、陆源物质供应的充分程度等多种因素的影响，往往不可能出现如此完整的相序，这在结构不对称的断陷湖盆中表现得尤为明显。

在断陷湖盆，特别是我国中新生代陆相断陷盆地中，通常发育由冲积扇、扇三角洲、三角洲、湖底扇和非扇沟道浊积岩组成的“四扇一沟”模式。在断陷湖盆的长轴方向，地形平缓，坡度较小，常发育冲积扇—辫状河—曲流河—常态三角洲。在断陷湖盆缓坡一侧，从陆上至湖盆，地形较平缓，滨湖和浅湖沉积相带较宽，发育冲积扇—辫状河—辫状河三角洲体系；另外在广阔的滨浅湖地带，沿三角洲侧缘或平行湖岸可发育滩坝沉积，形成辫状河三角洲—滩坝沉积体系。在断陷湖盆陡坡一侧，陆上和水下地形坡度大，近物源、滨浅湖相带较窄，不出现三角洲和滩坝沉积，河流相缺失，冲积扇直接人湖形成扇三角洲。在常态三角洲、辫状河三角洲和扇三角洲的前缘深湖方向，还可能形成湖底扇或浊积沟道。

2.沉积相的垂向组合

湖泊相沉积的垂向组合受地壳升降运动的控制。从其发育历史来看，能保存地史记录的湖相沉积多半是在构造盆地的背景上发育起来的。然而，任何湖泊不论其发育的背景如何，其发展的总趋势，在多数情况下都是以退缩、充填而告终。因此，湖泊相的垂向组合，往往是以较深湖或深湖亚相开始，向上递变为滨湖和河流相沉积，构成下细上粗的反旋回垂向层序。当然，自下而上出现河流相—湖泊相—河流相这样完整旋回的垂向组合也是有的。但不论是哪种情况，其总的趋势是以滨湖和河流沉积作为旋回的结束。

第二节　海陆过度环境及沉积相

一、三角洲沉积环境及相模式

（一）河控三角洲沉积特征及其相模式

1.河控三角洲的形态

河控三角洲是在河流输入泥砂量大，波浪、潮汐作用微弱，河流的建设作用远远超过波浪、潮汐破坏作用的条件下形成的。按照三角洲的形态进一步可分为鸟足状三角洲和朵状三角洲两种类型。

鸟足状三角洲又称舌形或长形三角洲，以河流作用为主的极端类型，是最典型的高建设性三角洲。其特点是河流输入的泥砂量大，悬浮负载多，砂泥比值低；有较发育的天然堤和较固定的分支河道；沉积巨厚的前三角洲泥；向海推进快，延伸远，分支河道和指状砂体长短不一地向海延伸，形似鸟爪。

此类三角洲发育的地貌特征是海岸曲折，呈锯齿状，有广阔的三角洲平原和较发育的滨海沼泽。

朵状三角洲形态呈向海突出的半圆状或朵状。与鸟足状三角洲相比，此类三角洲在形成时泥砂输入量相对较少，砂泥比值较高，波浪作用有所增强，但河流输入沉积物的数量仍高于波浪和潮汐作用改造的能力。三角洲前缘伸向海洋的指状砂体受到海水的冲刷、改造和再分配而形成席状砂层，使三角洲变得较为圆滑而近似于半圆形。我国的黄河、滦河，欧洲的多瑙河，非洲的尼日尔河等三角洲属于此类型。

2.三角洲的亚相类型

根据沉积环境和沉积特征可将三角洲相分为三角洲平原、三角洲前缘和前三角洲3个亚相。有人将粗粒三角洲的三角洲平原进一步细分为上三角洲平原和下三角洲平原。

（二）浪控三角洲沉积特征

浪控三角洲的平面形态呈鸟嘴状，故又称为鸟嘴状三角洲。其形成特点是海洋波浪作用大于河流作用，只有一条或两条主河道入海，分支河道少而小。河流输入泥砂量不多，且被波浪作用改造、再分配，在河口两侧形成一系列平行于海岸的海滩、沙嘴、沙坝，并在它们向陆一侧形成半封闭的潟湖和沼泽，仅在主河口区砂质堆积才较多，形成突出于河口的鸟嘴状。法国的罗纳河、埃及的尼罗河、意大利的波河形成的三角洲以及巴西圣弗兰西斯科河三角洲，都属于此类型。

若波浪、单向沿岸流作用增强，将会克服河流作用导致河口偏移，甚至与海岸平行，建造成遮挡河口的直线型障壁沙坝，形成掩闭型鸟嘴状三角洲，非洲西海岸的塞内加尔河三角洲即属于此类型。

浪控三角洲平原的沉积特征类似于河控三角洲平原，但在浪控三角洲前缘中，波浪作用能使多数供给三角洲前缘的沉积物发生再分配。河口沙坝的形成受阻，三角洲前缘斜坡较陡，进积作用沿整个三角洲前缘发生，而不是集中在一点上进行。它的进积作用比河控三角洲前缘进积要慢，但对此类三角洲的沉积亚相、微相沉积特征还缺乏深入研究。一般来说，浪控三角洲垂向层序通常仍是下细上粗的反旋回层序。

（三）潮控三角洲沉积特征

潮控三角洲是在河流流入三角港或其他形状的港湾，由于潮汐作用远远大于河流作用，在港湾中堆积的泥砂受潮汐作用的强烈破坏和改造而形成的，一般仅形成小型三角洲。其外形受港湾控制，故又称为港湾型三角洲，属于破坏性三角洲的一种类型。这类三角洲在河口区或其前缘向海方向，常发育因潮汐作用而形成的呈裂指状散射且断续分布的潮汐沙坝。这一特征是区别其他类型三角洲的重要标志。澳大利亚北部的巴布亚湾三角洲就是这类三角洲的典型例子。此外，我国的珠江、鸭绿江、辽河三角洲，越南的湄公河，缅甸的伊洛瓦底江三角洲也属于此类型。潮控三角洲一般发育于中高潮差、低波浪能量、低沿岸流的盆地狭窄地区。指状河道砂向滨外过渡为长条状潮流脊状砂。在具有中高潮差的地区，涨潮时潮流侵入分流河道，溢漫河岸，淹没分流河道间地区。在潮汐平静时期，潮水暂时积蓄起来，然后在退潮时退出去。因此，在潮控三角洲平原分流河道的下游以潮流为主，而在分流河道间以潮间坪沉积为特征。潮汐影响的分流河道具有低弯度、高宽深比和漏斗状形态。在此河道中主要底形是平行于河道走向排列的线状沙脊。一般来说，该沙脊长数千米，宽数百米，高几十米，反映了潮流对河流体系所供沉积物的搬运作用。受潮汐影响的分流河道的沉积层序自下而上为含海相动物碎片的粗粒层内滞流沉积、槽状交错层理砂岩潮道沉积、生物扰动多的泥炭沼泽或海岸障壁砂沉积。潮控三角洲平原分流河道间地区包括潟湖、小型潮沟和潮间坪沉积。在潮汐旋回期间，整个分流间先淹没，后出露水面。在潮湿气候区，分流河道间地区多为被潮汐分流河道和弯曲潮沟所切割的沼泽；在较干旱地区，分流河道间为干燥的泥坪和砂坪沉积。因此，潮控三角洲平原是由受潮汐影响的分流河道序列和潮坪组成。

二、三角洲沉积的鉴别

（一）三角洲相的鉴别标志

1.岩石类型

三角洲沉积以砂岩、粉砂岩、黏土岩为主，在三角洲平原沉积中常见暗色有机质沉积，如泥炭或薄煤层等。无或极少化学岩。碎屑岩的成分和结构成熟度比河流相高。

2.粒度分布特征

三角洲由陆向海（湖）方向砂岩的碎屑粒度和分选有变细、变好的总趋势。在概率图上，远沙坝沉积的粒度分布主要由细粒的单一悬浮总体组成；河口沙坝沉积有3个次总体发育，其中以跳跃总体为主，分选好，其他两个总体含量少；分选差，反映水流作用不强，而且有一定的波浪改造作用。

3.沉积构造

层理类型复杂多样，河流中沉积作用和海洋波浪、潮汐作用形成的各种构造同时发育。如砂岩和粉砂岩中见流水波痕、浪成波痕、板状和槽状交错层理；泥岩中发育水平层理。此外，还有波状层理、透镜状层理、包卷层理、冲刷–充填构造、变形构造、生物扰动构造。

4.生物化石

海生和陆生生物化石的混生现象是三角洲沉积的又一重要特征。这表明三角洲形成时正常盐度、半咸水和淡水环境皆有发育。但在三角洲形成过程中，咸、淡水混合，盐度变化大，水体混浊度高，狭盐性生物不易生长繁殖，适于原地广盐性生物，如双壳类、腹足类、介形虫等；异地搬运埋藏主要为河流带来的陆生动植物碎片。在一个完整的三角洲进积垂向沉积层序中，海生生物化石多出现于层序的下部，向上逐渐减少，但陆生生物化石向上增多，甚至在顶部可见沼泽植物堆积而成的泥炭或煤层。

5.沉积层序

三角洲沉积在垂向上出现下细上粗的反旋回层序。在层序顶部三角洲平原分支河道沉积为下粗上细的正旋回，它反映三角洲在横向上的相序递变。这与河流相沉积的间断性正旋回存在显著的不同。

6.砂体形态

砂体形态在平面上呈朵状或指状、垂直或斜交海岸分布，剖面上呈发散的扫帚状，向前三角洲方向插入泥质沉积之中，与前三角洲泥呈齿状交叉。

7.测井曲线特征

从岩性和电测井曲线上来看，自下而上为由细逐渐变粗三角洲中的反韵律，进积型结构或层序。在自然电位曲线上表现为反钟形或漏斗形。对于三角洲微相的测井曲线，一般来讲，分流河道多呈钟形或箱形正韵律，河口沙坝、远沙坝呈漏斗形反韵律。

8.地震剖面上的特征

不同类型的三角洲形成条件不同，形态特征和沉积特征亦不相同，因此，在地震剖面上的特征甚至也存在一些较大的差别。如对海盆河控三角洲来说，最重要的标志是发育有各种前积构造，其中以“S”形、斜交形和复合“S”形前积构造最为普遍。对海盆浪控三角洲来说，一般找不出较大规模的前积构造，而是以叠瓦状前积构造为特征。断陷湖盆中的三角洲一般也都不发育大型前积构造，常见叠瓦状前积构造。

（二）三角洲相与油气的关系

近几十年油气田勘探的结果表明，世界上许多油气田与三角洲有关，其中有不少是大型和特大型油气田。三角洲相之所以有如此丰富的油气，是因为它具备良好的生、储、盖条件及圈闭条件。

在三角洲相中，前三角洲亚相是良好生油条件的相带。因为前三角洲以黏土沉积为主，厚度大、分布广、堆积速度快，富含河流带来的和原地堆积的有机质，加之水体较安静，埋藏速度快，有利于有机质的富存。我国长江三角洲前三角洲黏土沉积物中有机质含量可达1%~1.5%，且有机质的含量与冲积物的粒度密切相关，颗粒粗处含量低，颗粒细处含量高，因而自河口向外有机质含量逐渐增加，至前三角洲泥质分布区有机质可达1.5%，再向外海，有机质含量再度降低。

三角洲前缘亚相分布有河口沙坝、远沙坝和席状砂体，砂质纯净，分选好，具有良好的储油物性，加之紧邻前三角洲生油区，对油气的聚集处于“近水楼台”的优越地位，因此是储集条件有利的相带。

在海进过程中形成的砂层具有较好的储集条件，而超覆在三角洲砂体之上的黏土岩，可作为区域性良好的盖层。三角洲向海推进时形成的陆上平原沼泽沉积也可作为良好的盖层。

三角洲前缘出现向海（湖）的自然倾斜，因堆积速度快，沉积厚，易产生重力滑动，常形成走向大致平行海岸的同生沉积断层，或称“生长断层”。在断层下盘常伴生有长轴平行于断层走向的狭长“滚动背斜”，它提供了油气聚集的有利条件。如非洲尼日尔河三角洲中已发现的许多油田，大都属于滚动背斜类型。

三角洲沉积物的性质常有很大差异，在压力不均衡条件下，具可塑性易流动的沉积体，如盐岩等可沿上覆岩层的低压区移动，并刺穿上覆岩层，形成刺穿盐丘构造，这是三角洲沉积中常见的现象。盐丘构造可形成多种圈闭类型，是油气聚集的良好场所。如墨西哥湾三角洲沉积发育有400多个盐丘构造，其中有280个是产油气的。

三角洲沉积还可形成岩性圈闭、地层圈闭，也能提供油气聚集的条件。

第三节 海相碎屑岩沉积环境及沉积相

一、无障壁海岸相

（一）沉积环境特点

无障壁海岸与大洋的连通性好，海岸受较明显的波浪及沿岸流的作用，海水可以进行充分的流通和循环，又称为广海型海岸及大陆海岸。具有这种海岸的海盆又称为陆缘海。

按照水动力状况和沉积物类型，无障壁海岸可进一步划分为砂质或砾质高能海岸和粉砂淤泥质低能海岸两种类型。它们的宽度随着海岸带地形的陡缓而定。在陡岸处宽度仅几米，平缓海岸处其宽度可达10km以上。

高能海岸环境以砂质类型居多，砾质者少见。按照海岸地貌特征可划分为海岸沙丘、后滨、前滨、近滨（临滨）等几个次级环境。

砂质高能海岸的海岸沙丘位于潮上带的向陆一侧，即特大风暴时潮水所能到达的最高水位，是海岸沙丘的下界。后滨属潮上带，位于海岸沙丘下界与平均高潮线之间，平时暴露地表经受风化作用，只有在特大高潮和风暴浪时才能被海水淹没。前滨位于平均高潮线和平均低潮线之间。

（二）亚相类型及特征

按照地貌特点、水动力状况、沉积物特征，可将滨岸相划分为海岸沙丘、后滨、前滨和近滨4个亚相。

1.海岸沙丘亚相

海岸沙丘位于潮上带的向陆一侧，即特大风暴时潮水所到达的最高水位。它包括海岸沙丘、海滩脊、砂海等沉积单元。

海岸沙丘指海平面之上的海滩砂经风的改造作用而形成的低沙丘或沙丘带，呈长脊状或新月形。在具有砂的充分供给，并有强劲的向岸风盛行和海岸不断向海推进的地区，经常发育海岸沙丘，其宽度可达近10km。海岸沙丘沉积物成分单一，主要由石英砂组成，缺乏泥级物质和生物化石。石英砂分选极好，以细到中砂为主。石英砂表面常发育因颗粒撞击而形成的碟形坑，表面多呈毛玻璃状。海岸沙丘是海滩砂经风的改造而形成的。与海滩砂相比，海岸沙丘的砂分选好，磨圆度好，中粒砂数量增加，重矿物相对集中。

2.后滨亚相

后滨位于海滩上部海岸沙丘带下界与平均高潮线之间，只有在特大风暴潮和异常高潮时才能被水淹没，受到波浪和弱水流的作用，属潮上带。

后滨亚相沉积物是具平行层理的砂，粒度较沙丘带粗，圆度及分选较好。可见小型交错层理。当后滨中有较浅的洼地并被充填时，可形成低角度的交错层理。坑洼表面因风吹走了细粒物质而遗留和堆积了大量生物介壳，其凸面向上。坑洼边缘可形成小型逆行沙波层理。浅水洼地内可见藻席，并发育虫孔和生物搅动构造。风暴期在后滨与海岸沙丘交界附近因水的分选可使重矿物集中而形成砂矿。

3.前滨亚相

前滨位于海滩下部平均高潮线和平均低潮线之间。前滨地形比较平坦，是海滩下部逐渐向海倾斜的平缓斜坡地带。前滨带的发育与海岸地形（或坡度）和潮汐作用有关。如果海岸地形较陡而又无潮汐作用，前滨带则不发育，后滨可直接过渡为临滨。前滨带以波浪的冲洗作用为特征，沉积物主要是纯净的中、细粒石英砂，有时有丰富的、不同生态类型的生物碎片，也有重矿物局部富集的现象。沉积物分选和磨圆极好，但下部沉积物分选比上部差。

前滨主要发育平行层理和冲洗交错层理。交错层理层系平直，其纹层平行海岸延伸可达30m，垂直岸线可达10m，纹层倾角取决于颗粒粗细，颗粒越粗，海滩坡度越大，倾角越陡。常发育对称或不对称浪成波痕、逆行沙丘、冲刷痕、流痕、变形波痕等。含有大量贝壳碎片和云母等，贝壳排列凸面朝上，属不同生态环境的贝壳大量聚集。生物潜穴和扰动构造发育，一般为垂直潜穴和“U”形潜穴。

4.近滨亚相

近滨是平均低潮线与正常浪基面之间的地区，是海滩的水下部分，也称为潮下浅海或临滨亚相，主要是砂质沉积物。与前滨相比，也存在一个或多个与海岸线平行的不对称沿岸沙坝。这种沙坝形成于破浪带，沉积物较粗，主要来源于岸外和陆地。在沿岸沙坝的向陆一侧常有凹槽，凹槽中可发育有小型水流波痕，有时还有大型水流波痕及浪成波痕。

近滨带上部以大型楔状或板状交错层理为主，下部以水平层理为主，沉积颗粒变细，生物扰动程度增强。向下逐渐过渡为过渡带的细粒沉积。

5.垂向沉积层序

在海岸发展的地史进程中，随着海进、海退的发生，可以形成退积型和进积型的海岸垂向沉积层序。一般来说，在古代地层剖面中以进积型垂向层序最常见。一个完整的进积型沉积序列，自下而上包括滨外陆棚、过渡带、近滨、前滨、后滨和海岸沙丘。

在进积海岸层序中，根据海岸能量和沉积物粗细组成不同，可分为泥质低能海岸沉积层序、砂质海岸沉积层序和砾石质海岸沉积层序，其中以砂质海岸沉积序列最为常见。

总的来看，砂质海岸进积型沉积序列表现为下细上粗的反旋回沉积特征。这种沉积序列一般都与海退有关。在海进时期，无障壁海岸沉积形成退积序列，其发育顺序则与进积序列相反。在实际地层剖面中，由于海退或海进的速度不同，理想序列中的一个或多个沉积单位可能发育不全或完全缺失。

二、障壁型海岸相

（一）潟湖相

潟湖是为海岸所限制，被障壁岛所遮拦的浅水盆地。它以潮道与广海相通或与广海呈半隔绝状态。现今海岸的13%属障壁型海岸，在障壁岛背后一般均有潟湖。

潟湖中海水能量一般较低，以潮汐作用为主。沉积物为粉砂和泥，以水平层理为主。海水含盐度不正常。生物数量不多，属种单调，体小壳薄。

按照潟湖水体的含盐度和沉积特征，将潟湖相分为淡化潟湖相和咸化潟湖相两种类型。咸化潟湖出现于干旱气候条件下，蒸发量大于淡水注入量，生物种属十分单调，多为广盐度的双壳、腹足和介形虫。主要是细粒沉积物，可形成各种盐类沉积，如石膏、岩盐等。一般只有水平层理、塑性变形层理，可出现泥裂、石盐假晶等干燥气候条件下的暴露标志。

淡化潟湖形成于潮湿气候条件下，注入潟湖的淡水量大大超过潟湖的蒸发量，生物属种单调、数量较少，形态发生畸变，体小壳薄。主要为粉砂岩和页岩，还可见铁锰结核、硅质矿物、黄铁矿和缅绿泥石等。主要发育水平层理。在潟湖边缘及潮坪地区有大量植物生长，可形成泥炭沉积。

（二）障壁岛相

障壁岛是平行海岸高出水面的狭长形砂体，以其对海水的遮拦作用而构成潟湖的屏障。障壁岛是由水下沙坝或沙嘴发展而成，故其下部由沙坝或沙嘴构成底座，上部则由海滩、障壁坪、沙丘三部分组成。

海滩是障壁岛向海一侧的狭长地带，沉积物为波浪作用形成的富含介壳的砂级物质，特征与无障壁海岸的海滩砂相似。障壁坪是障壁岛向陆一侧的宽缓的斜坡带，逐渐向潟湖过渡。其沉积物较细，分选较差，以粉砂和砂为主，只在入潮口地区有较粗的碎屑物质。发育有交错层理和复合层理。风成沙丘位于障壁岛中央，系海滩砂经风的改造而形成的，特征和海岸沙丘相同。

障壁岛的沉积物是经过海水的长期冲刷簸选而重新分布的，因此，障壁岛相的岩石类型主要为中至细砂岩和粉砂岩，颗粒的分选和圆度较好，多为化学物质胶结。此外还有较粗的碎屑如砾石、生物介壳等。

障壁岛两侧的沉积环境差别很大，其沉积物性质截然不同。海滩一侧为正常海洋沉积，含正常海相化石和海绿石等自生矿物，障壁坪一侧则是盐度不正常的潟湖沉积，周围是潮坪或沼泽沉积物。

三、浅海陆棚相

（一）一般特点

浅海陆棚环境包括近滨外侧至大陆坡内边缘这一宽阔的陆架或广海陆棚区。其上限位于浪基面附近，下限水深一般在200m左右，宽度由数千米至数百千米不等，地形较平坦，平均坡度一般只有几分，最大不超过4°。

浅海陆棚环境的水动力作用复杂而多样，包括洋流、波浪、潮汐流及密度流等。它们的综合作用使浅海陆棚环境的海流系统在性质、强度和流向上变化都很大。它们对沉积作用的影响随深度而变化。但是，在正常情况下浅海陆棚环境水流速度是比较缓慢的，对沉积物表面不会产生重大影响。强风暴时强波浪能影响到海底，可使沉积物呈悬浮状态向海中搬运几十千米。另外，在狭窄海和海峡的陆棚中潮汐流、密度流和其他气象海流的流速可达150cm/s以上，也可引起沉积物的侵蚀和搬运。

陆棚浅水区阳光充足、氧气充分、底栖生物大量繁殖。深水区因阳光和氧气不足，底栖生物大量减少，藻类生物几乎绝迹。

浅海陆棚相可分为过渡带和滨外陆棚两个亚相。

（二）过渡带

过渡带是近滨与滨外陆棚之间的过渡沉积区，位于浪基面以下。近滨带与过渡带之间的界线通常以坡度的突变来划分，近滨带的陡坡向下坡度变缓时即进入过渡带。过渡带的平均坡度一般只有几分，水体的深度取决于海岸能量。海岸能量越低，过渡带的深度越小。过渡带上界水深的变化为2～20m，平均为8～10m。

过渡带沉积物通常为黏土质粉砂和粉砂，在强风暴期，也可沉积砂质层。

过渡带生物的个体和种类极为繁多，生物扰动构造也极为发育，有时会严重破坏层理构造，形成均匀层理。

（三）滨外陆棚

滨外陆棚位于过渡带外侧至大陆坡内边缘的浅海区，也常称为陆架或陆棚。该区水深

10~20m以下至水深130~200m，坡度较缓，平均只有0.07°，一般不超过4°。陆棚地区水动力状况复杂多变，对沉积物分布起主要作用的是潮汐流和风暴流。

滨外陆棚上的沉积物是通过河流、冰川、风的作用来自毗邻的大陆，其中以河流作用为主。河流搬运到浅海的大部分是细粒悬浮物质。滨外陆棚上沉积的粗碎屑主要是潮汐流、风暴回流从近滨带搬运而来的。残留沉积物只发生在海进的开始阶段，以后将被完全改造并被细粒沉积物所覆盖。临近火山活动区还有火山物质混入。在局部地区，风成沉积物也是重要的物质来源。

现代滨外陆棚沉积可分为现代的和残留的两种沉积类型。现代沉积可分为碎屑沉积、生物沉积、火山碎屑沉积及自生矿物沉积，其中以碎屑沉积为主。这类沉积物的特征与其目前所处的沉积环境相一致。残留沉积是海进以前，在海岸或陆上形成的沉积物，后来随着海进沉入现代浅海底，未被其他新的沉积物覆盖或改造，仍保持着原来沉积环境下的面貌。它们与目前所处的浅海环境不相适应。如滨外浅水地区出现风成沙丘的残留沉积。残留沉积物占现代滨外陆棚沉积的50%~70%。

滨外陆棚的沉积特征为：（1）沉积物主要是粉砂质泥，部分为粉砂，粉砂级沉积常是在强烈风暴期形成，称为风暴砂层，呈块状或具粒序层构造；（2）砂体包括海岸砂体的再改造沉积物，矿物成熟度和结构成熟度高，化学胶结，分选性好，磨圆度高，颗粒与杂基比值高，常含海绿石、生物碎屑和胶磷矿等，发育交错层理、对称和不对称波痕，还有少量冲刷和沟槽充填构造；（3）水体较深处水平层理发育；（4）生物搅动构造、底冲刷，虫孔、虫迹常见；（5）生物丰富，常沉积于陆棚上的浅水盆地内；（6）可见海绿石、缅绿泥石和磷灰石等自生矿物。

四、半深海相及深海相

（一）半深海相

1.环境特点

半深海又称次深海，位置和深度相当于大陆坡，是浅海陆棚与深海环境的过渡区。平均坡度为4°，最大倾角可达20°。在大多数情况下，大陆坡具有界线清楚的洼地、山脊、阶梯状地形或孤立的山，有时被许多海底峡谷所切割。大陆坡上的海底峡谷横断面呈“V”字形，可以从陆棚一直延伸到大陆坡。海底峡谷是陆源沉积物搬运的主要通道。海底峡谷的前端经常发育海底扇。

半深海相沉积主要由泥质、浮游生物和碎屑三部分沉积物组成。其来源主要是陆源物质和海洋浮游生物，其次为冰川和海底火山喷发物。

在半深海相中泥质沉积物所占比重最大。洋流是搬运陆源泥质物在半深海沉积的主要因素。风暴浪对海底的扰动或重力流可使沉积于陆棚上的陆源粉砂沿海底以低密度流的形式搬运，并沉积于半深海而成为半深海相碎屑沉积物。海底洋流或顺陆坡等深线流动的等深流也可搬运粉砂物质并在陆坡或陆隆上堆积成透镜状粉砂质体。此外，深水的内波、内潮汐流对半深海沉积也有重要影响。

半深海环境中无植物发育，生物群以腹足类为主，还可见双壳类、腕足类、放射虫、有孔虫等。

2.沉积类型

半深海带的海底已无波浪作用，但海流或底流仍起一定作用。在水深400～500m内的透光带，可有大型软体动物存在。更深处则以放射虫和有孔虫为主，为半深海沉积物提供了一定的物质来源。大量的陆源泥以悬浮方式进行搬运，并在平静的半深海水中沉积下来。这些沉积类型基本上属于深水原地垂直降落沉积。另外，重力流沉积、等深流沉积、内波与内潮汐沉积是半深海沉积的一个重要方面，这些应属深水异地沉积。关于深水异地沉积将在本章后两节中介绍。半深海的原地垂直降落沉积类型主要有以下几种。

（1）青泥（蓝色软泥）：在还原条件下沉积，颜色为青灰色或暗灰蓝色，主要由细粒陆源碎屑物组成，钙质含量一般少于35%，并含有少量生物残骸。

（2）黄泥和红泥：青泥的变种，以粉砂质黏土为主，含有碳酸盐。如中国黄海外的黄泥，是黄土在大陆坡沉积而成的；大西洋大陆坡上沉积的红泥中陆源碎屑含量为10%～25%，钙质含量为6%～60%，细泥含量为30%～60%。

（3）绿泥：和青泥相似，其中含有较多的海绿石，还含有少量的长石、石英和云母。此外，还有碳酸盐软泥和砂、火山泥、冰川海洋沉积等。

（二）深海相

1.环境特点

深海分布于深海平原或远洋盆地中，通常是一些较平坦的地区，水深在2000m以下，平均深度为4000m。在有些地区由于火山的发育而形成海山（可高出海底1000m）、平顶海山（被海水夷平的海山，一般被淹没于水下）、海丘（其突起程度较海山小）。大洋盆地中有一些比较开阔的隆起地区，其高差不大，无火山活动，是海底构造活动比较宁静的地区，称海底高地或海底高原。无地震活动的长条形隆起区称为海岭。

深海底阳光已不能到达，氧气不足，底栖生物稀少，种类单调。

2.沉积类型

深海沉积物在性质上不均匀，是通过不同的沉积作用形成的。现代大洋沉积物的组成多种多样。主要沉积物有陆源碎屑沉积物、硅质沉积物、钙质沉积物、深海黏土，还有与冰川有关的沉积物和大陆边缘沉积物等。

一般来说，在深海远洋环境中洋流流动缓慢，海底温度低（1℃左右），物理风化作用微弱，化学作用也很缓慢，沉积速率很低。深海沉积物主要由软泥及黏土组成。其类型划分的主要依据是成因和生物残体及物质组分的含量。深海富集着从大洋沉淀下来的细粒悬浮物质和胶体物质，它们常和生物（浮游生物和植物）的残骸一起以极慢的速率沉积下来。如果主要由微体生物残骸组成（大于30%）称为软泥或深海软泥，如抱球虫软泥和放射虫软泥。前者主要由浮游有孔虫，特别是抱球虫的介壳组成的，碳酸盐岩含量平均为65%，也可称为钙质软泥。后者主要由放射虫残骸构成（达50%以上），碳酸盐岩含量少于30%，可称为硅质软泥。

如果生物成因物质的含量少于30%，称为深海黏土，如褐色黏土。褐色黏土是深海远洋中最主要的一种沉积物类型，主要由黏土矿物及陆源稳定矿物残余物组成，尚有火山灰和宇宙微粒，碳酸盐岩含量少于30%。

在局部地区，各种矿物的化学和生物化学沉淀作用也是形成深海沉积的一个重要因素，如锰结核、钙十字沸石等，可导致Fe、Mn、P等矿产的形成。另外，火山喷发、海底火山活动、风以及宇宙物质也为深海环境提供了一定数量的物质来源。

现代深海沉积物主要为各种软泥，其中大部分属远洋沉积物，其余为底流活动（重力流、等深流、内波与内潮汐流等）、冰川搬运、滑坡作用形成的陆源沉积物。

现代深海的许多地区存在着流速达4～40cm/s的强烈底流，可以引起沉积物的搬运，并在沉积物表面形成波痕、冲刷痕、水流线理、交错层理等。深海中的波痕可以是对称的、舌形的、新月形的等，小型波长一般从数十厘米至数米，波高可达20cm或更高，但现已发现的大型波痕的波长一般为0.3～20km，以1～10km为主；波高1～140m，以10～100m居多。

五、重力流沉积及沉积相

（一）重力流沉积的类型

按照米德尔顿和汉普顿的分类，重力流沉积也可分为碎屑流沉积、颗粒流沉积、液化流沉积和浊流沉积4种类型。

1.碎屑流沉积

碎屑流是一种砾、砂、泥和水相混合的高密度流体，泥和水相混合组成的杂基支撑着砂、砾，使之呈悬浮状态被搬运。基质具有一定的屈服强度，碎屑流的流动能力是基质强度和密度的函数，密度越大，能搬运的颗粒越粗。按碎屑颗粒大小可分为砂流和泥流两类。

常由粒度范围宽广（粒径数毫米至数米）的沉积物组成，通常呈块状，无分选，无粒序，但其顶部有时可显示正粒序。碎屑流沉积既可为水道的充填体，也可呈席状产生。

2.颗粒流沉积

由于颗粒流的形成要求相当高的坡度，而这种条件在沉积盆地中并不常具备，故颗粒流沉积不很常见。其规模通常不大，砂级颗粒流沉积的厚度通常仅有数厘米，含砾的颗粒流沉积的厚度一般也仅有数十厘米，粒间基质含量很少，发育逆粒序，但一般以层序中、下部为限，层序顶部则仍常出现正粒。

3.液化流沉积

形成液化流沉积的关键条件是快速堆积和沉积物中饱含水，并多发生在沉积物较细的情况下。

液化流沉积整层通常为块状，底部稍显正粒序，向上有不太发育的平行纹理，再向上为发育的盘碟构造段，有时可见泄水管构造。单元层顶底界面清楚，与上下层呈突变接触，但无明显的侵蚀面，底可具沟模。以中、细砂岩为主，成分及结构成熟度均低，单层厚1m左右。

4.浊流沉积

浊流是靠液体的湍流来支撑碎屑颗粒，使之呈悬浮状态，在重力作用下发生流动。

浊流沉积或浊积岩是研究得最早的重力流沉积，也是研究得最为透彻的重力流沉积。按密度可分为低密度浊流沉积和高密度浊流沉积两种类型。沙姆干认为“高密度浊流”实际上是砂质碎屑流。

（二）重力流沉积相模式

随着重力流沉积研究工作的日益深入，相继建立了一系列海相和湖相的重力流沉积的层序和相模式，概括起来主要有扇模式、槽模式及深水水道模式等类型。

1.扇模式（海底扇模式）

海底扇模式是在对现代海洋浊积扇形态进行调查的基础上，结合古代地层中的岩相特征和层序研究逐步完善的。海底扇模式基本上也适用于湖底扇。

根据海底扇的地貌及其沉积特征，可将其分为上扇（扇根、内扇）、中扇和下扇（扇端、外扇）3个部分。

2.槽模式

在长形海槽盆地（或湖盆）中，重力流进入盆地后沿轴向搬运和沉积，如美国中部阿巴拉契亚山脉中的奥陶统马丁斯堡组浊积岩、美洲西海岸科迪勒拉山边缘带不同时代的浊积岩，横贯欧亚的阿尔卑斯–喜马拉雅山脉的特提斯海不同时代的浊积岩等。较为明确并在油气勘探中取得良好效果的是美国文图拉盆地海槽浊积砂岩。文图拉盆地上新统—更新统主要有四大岩石类型：泥岩相、砾岩相、递变砂岩相、薄层砂岩相。它们分别形成于盆地斜坡、海底峡谷或扇，海槽、盆地侧翼或陆隆环境中。其中海槽递变砂岩相形成于海底峡谷或海底扇浊流的拐弯，是沿盆地长轴纵向搬运、沉积造成的。

3.深水水道模式

20世纪40年代，人们首次在北美大陆边缘发现深水水道，从此以后深水水道逐渐成为海洋地质学界关注的热点。深水水道作为重要的深海地貌单元，在海底延伸可达数千千米。其一方面可以作为深水重力流输送沉积物的通道，另一方面也可以作为重力流沉积的场所。近年来，随着深水油气勘探取得的进展以及高精度三维地震技术的引入，深水水道沉积作为良好的油气储集体引起国内外学者的广泛关注。

六、深水牵引流沉积

深水浊流沉积已被国内外勘探实践证实蕴藏有丰富的油气矿藏，而深水牵引流沉积与浊积岩相似，形成于深水环境，并与深水泥质岩呈互层产出，可构成良好的生储盖组合。深水牵引流沉积亦可形成与海底扇类似的沉积体，如等深岩丘，大型沉积物波。由于受等深流和深水潮汐、波浪的反复淘洗，其结构成熟度较浊积岩高得多，原生孔隙发育，油气储集性能应比浊积岩好得多，因此，深水牵引流沉积应为深水沉积中颇具勘探前景的潜在油气储集层。

在我国油气勘探中，深水牵引流沉积是一个既有巨大潜力，又具现实可能性的勘探新领域。我国有广大地区多时代发育的海相深水沉积，具有发育深水牵引流沉积条件的地区和时代比较广泛。从地层时代来讲，震旦系至奥陶系、泥盆系至三叠系、侏罗系、古近系至第四系。就地域来说，包括西北、西南、中南、华东以及南海等广大地区。因此，在我国油气勘探中，深水牵引流沉积油气勘探前景十分广阔。

第四节　海相碳酸盐沉积环境及沉积相

一、海洋碳酸盐沉积相模式

（一）按海水运动能量划分碳酸盐沉积相带模式

欧文继承了肖的陆表海的水能量及沉积相的观点，并进一步提出了陆表海清水沉积作用的概念及相带模式。欧文认为古代的陆地面积远比现代的小，那时的海多具陆表海性质，古代的碳酸盐是沉积在清水的陆表海环境中。所谓清水，是指没有河流带入淡水，海水中泥质等陆源物质少，很清洁，在沉积过程中，雨水和河水的影响都很小。

清水沉积作用是指在没有或很少有陆源物质流入的陆表海环境中的碳酸盐沉积作用。清水是碳酸盐沉积作用必不可少的环境因素之一。

欧文根据陆表海的水动力条件，主要是潮汐和波浪作用的能量，划分出了3个能量带，即远离海岸的X带（低能带）、稍近海岸的Y带（高能带）和靠近海洋的Z带（低能带）。这三个带由于水能量条件不同，所以其沉积物的特征也各不相同。因此这三个能量带实际上就是三个不同的沉积作用带或沉积相带。

（二）按潮汐作用划分碳酸盐沉积相带模式

拉波特曾对美国纽约州下泥盆统曼留斯组的碳酸盐岩进行研究，认为该组是在一个非常接近海平面的环境中形成的。他根据该组岩性及古生物特征，以潮汐作用带为主要标志，划分出了3个相带，即潮上带、潮间带和潮下带。

1.潮上带

潮上带位于平均高潮面以上几英寸到几英尺的地带。此带平时都在水面以上，只有在特大潮水或特大风暴时才被海水淹没。岩石类型主要是泥—粉晶白云岩、白云质泥质石灰岩、球粒泥晶石灰岩等。沉积构造有纹理、藻纹层、干裂、鸟眼构造，化石少见。

2.潮间带

潮间带位于平均高潮面与平均低潮面之间的地带。岩石类型主要为薄层的不含化石的球粒泥晶石灰岩；砾石级的内碎屑及扁平状的竹叶状砾屑常见，也有缅粒及砂级内碎屑，叠层石及藻灰结核也常见。沉积构造有冲刷、干裂等。化石种类较单调，但数量却相当丰富，多呈杂乱堆积。

3.潮下带

潮下带在平均低潮面以下。岩石类型主要是厚层至块状球粒泥晶石灰岩、含各种生物碎屑的石灰岩以及富含层孔虫格架的礁石灰岩。

二、礁和礁相

（一）礁

1.礁的特征

礁主要由礁核和礁翼组成。在一些群礁复合体中，礁间沉积也与礁的发展有密切关系。

（1）礁核。礁核是指礁体中能够抵抗波浪作用的那部分，乃礁的主体。它主要由原地堆积的生物岩或黏结岩组成。其中生物的含量很高，主要是造礁生物，还有一些附礁生物。

原地生长的骨架可分为原生骨架和次生骨架，其中次生骨架是一些具结壳性，包覆性、黏结性的生物，在原生骨架的基础上，甚至在原生骨架被破坏的碎块上结壳、包覆和黏结形成的。

（2）礁翼。礁翼通常是指礁相与非礁相呈指状交错过渡的那部分礁体。礁体迎风的一侧称礁前，背风的一侧称礁后。

礁前处于迎风一侧，在风浪冲击下，礁碎屑顺着礁前缘的陡坡堆积形成的岩石一般称为礁前塌积岩或礁前角砾岩。礁后沉积多由分选较好的砂屑石灰岩组成，胶结物多为亮晶方解石，背风的地方含有较多的灰泥基质。碎屑物质主要为来自礁核的生物碎屑。与礁核的差别是动物群富含单体生物，与礁前相比，其生物门类和种属大为减少。在礁发展晚期，礁后相中有层纹构造、叠层石及鸟眼构造，还有早期白云化的现象。

（3）礁间。在一些群礁复合体中，礁与礁之间的沉积物和生物组分与礁的发展有极其密切的关系。海侵时，群礁发展，礁间可出现正常海相沉积；海退时，群礁发展受限制，礁间可出现一些潟湖相的沉积。

2.礁的分类

根据礁的形态和礁与海岸的关系，可把礁分为岸礁（裙礁）、堤礁（堡礁）和环礁。

（1）岸礁（裙礁）：从海岸向海方向生长的礁，即和陆地或岛屿相连的礁。这种岸礁有时可以沿陆地或岛屿的边缘分布并延伸很远，就像把陆地或岛屿镶饰上一个裙边，所以也叫裙礁，如我国海南岛三亚的小东海礁体。

（2）堤礁（堡礁、障壁礁）：实际上是由一系列礁体组成的礁带，离岸有一定距离，常呈带状，其延伸方向多与海岸平行；由于它像带状延伸的堡垒一样护卫着海岸，所以也叫堡礁。如澳大利亚东北岸的大堡礁延长达1200km，属于现代最大的堡礁。

（3）环礁：远离海岸即位于广海中的呈环形或不规则的断续环形礁，其四周常露出海面呈低矮的环形礁岛，其中间常呈现一个不深的潟湖，常形成于较深水盆地或大洋火山上。

（二）礁复合体和礁相

自亨森（Henson，1950）提出礁复合体或礁组合这一概念以来，大多数人都把它看作生物礁的不同相的总称。凡是与礁发展有关的相都应概括在礁复合体中。本部分把礁复合体看成由骨架相、礁顶相、礁坪相、礁后砂相、潟湖相、斜坡相以及塌积相的总称。

礁骨架相：位于礁的前缘，是波浪和水流强烈扰动的环境。

礁顶相：礁复合体中最浅的相带，通常出现在礁的顶部。

礁坪相：礁复合体中最宽的一个相带，地形平坦，特大低潮时，部分可露出水面。

礁后砂相：位于礁坪后侧，二者是逐渐过渡的。

潟湖相（lagoon）：环礁内或礁复合体之后的一个静水环境，其沉积物以灰泥为主。

礁斜坡相：处于成熟或未成熟的礁复合体的礁骨架相的向海一边，其特征是有一个较陡的斜坡。

礁前塌积相：又可细分近侧塌积岩相和远侧塌积岩相。

近侧塌积岩相：礁斜坡之下的那个相带，其特征是含有大量的来自礁复合体的碎屑和少量活着的钙质生物。

远侧塌积岩相：位于塌积岩相的下斜坡。

第七章　油气储层地质

第一节　油气储层类型

根据储层的岩石基本类型进行分类，是一种简单而实用的分类方法，通常可将储层分为碎屑岩储层、碳酸盐岩储层和特殊岩性储层3种基本类型。

一、碎屑岩储层

碎屑岩储层指的是由砾岩、砂岩、粉砂岩组成的油气储层。主要由砂岩组成的储层称为砂岩储层，是世界上分布最广的一类储层。

碎屑岩储层的岩石类型主要包括砾岩、砂岩。

（一）砂岩储层

砂岩储层包括粗砂岩、中砂岩、细砂岩和粉砂岩储层。砂岩分布较广，储油物性较好。例如，大庆油田就是以长石砂岩、长石石英砂岩为主要储层；胜利油田的主要储层为长石砂岩和岩屑长石砂岩；粉、细砂岩在东濮凹陷分布广泛，是东濮凹陷古近系的主要含油气储层。

（二）砾岩储层

有少数油气田，例如，我国的克拉玛依油田和内蒙古二连油田以砾岩、砂砾岩为储层。砾岩储层虽然为数不多，但其类型丰富，孔隙结构也复杂。例如，克拉玛依油田乌尔禾组砾岩储层的特点是砾岩成分复杂，主要为火山岩岩屑，夹有少量沉积岩岩屑。砾径多在2～100mm，以2～25mm者占大多数。砾石分选差，杂基含量高。颗粒的支撑方式有5种类型。

二、碳酸盐岩储层

碳酸盐岩储层指的是由石灰岩、白云岩等碳酸盐岩组成的油气储层。如礁灰岩储层，是世界上单井日产量最高的一类储层。

（一）岩石类型

碳酸盐岩储层主要包括石灰岩、白云岩及其之间的过渡类型岩石，还有石灰岩、白云岩和泥岩及硅岩之间的过渡类型岩石。按结构和成因可分为若干类型，如颗粒灰岩、泥晶灰岩、生物礁灰岩和生物滩灰岩等。

（二）物性特征

从样品的实验室测试结果来看，碳酸盐岩储层的孔隙度和渗透率比砂岩相对要低。但当有裂缝存在时，渗透率明显增加。因此，试井测试所测得的孔隙度和渗透率往往大大地超过实验室测得的岩心样品的渗透率和孔隙度，某些储层其孔隙度高达30%，渗透率高达几万到几十万毫达西。

（三）储集空间

与碎屑岩储层相比，碳酸盐储层储集空间类型多样，不仅有孔隙、洞穴，还有裂缝。而且储集空间的大小、形状及分布变化很大。其原因主要有两个：一是岩性的差异所引起的选择性溶解；二是由于构造的部位不同，其构造应力的大小不同，造成的裂缝的密度也有很大的差异。

此外，碳酸盐岩储层中晶间孔发育，与碎屑岩储层粒间孔发育形成明显对比。

裂缝既是碳酸盐岩储层十分重要的一类储集空间，也是沟通碳酸盐岩各种孔隙、溶洞的通道，对碳酸盐岩的储集物性有重要控制作用。

三、特殊岩性储层

特殊岩性储层指的是由岩浆岩、变质岩或泥页岩组成的油气储层。近年来世界各地都发现了一些岩浆岩、变质岩、泥页岩为储层的油气田。该类储层的岩石类型、储集空间类型及其形成机制都很复杂。目前，其油气储量仅占世界总储量的一小部分，但随着常规储层的不断开发，为了寻找石油及天然气的后备储量，这类储层的研究将会变得越来越重要。

第二节　储集体的分布模式

一、冲积扇砂砾岩体

冲积扇是发育在山谷出口处，主要由暂时性或间歇性洪水水流的冲刷作用形成，范围局限，形状近似于圆锥状的山麓粗碎屑堆积物。在地貌学和第四纪地质学界又将冲积扇习称为洪积扇。它由山谷口向盆地方向呈放射状散开，其平面形态呈锥形、朵状或扇形，发育在那些地势起伏较大而且沉积物供给丰富的地区。通常是许多冲积扇彼此相连和重叠，形成沿山麓分布的带状或裙边状的冲积扇群。

从沉积学和地貌学的角度，冲积扇在平面上可划分为扇根（上扇或近端扇）、扇中（中扇或中部）和扇端（外扇或远端扇）3个亚相，由扇根至扇端，扇面坡度降低、沉积层厚度及粒级由山口向边缘逐渐变缓、变薄及变细。

旱扇与湿扇存在着明显的差异。

湿地扇以具有常年性流水为特征，但常年河流对扇的大小影响很小，所以这种扇主要受特大洪水的控制，其面积是旱地扇的数百倍，扇面坡度较低。旱扇与湿扇的共同特点是其平面形态均呈扇状或朵状，从山口向内陆盆地或冲积平原辐射散开。

二、河流砂体

河流体系是我国陆相盆地中最发育的一种沉积储层，按河道的弯曲度和分叉指数，可以将河道分为4种类型，即顺直河、辫状河、曲流河和网状河。目前尽管对河道类型的分类仍然存在一些争议，但上述4种河道类型已经被大多数人所接受。

（一）顺直河砂体

顺直河是指弯曲率S＜1.5，分叉指数（或称辫状指数）BP=1的单个河道，这种河道中大量发育转换沙坝（或称犬牙交错状边滩），由于这种河型以侵蚀作用为主且不稳定，难以保存完整，在古代沉积物中又很少被人们注意，故关于顺直河砂体的研究较少。

（二）辫状河砂体

辫状河是指S＜1.5，且BP≥2的低弯度多河道体系。辫状河沉积也是沉积学家最为关注的一种沉积类型，河道频繁摆动和迁移及河床和河岸不稳定是辫状河的主要特征。

辫状河多发育于冲积扇与曲流河之间，具有河谷平直、弯曲度低、宽而浅的特征，其中沉积物的搬运方式以推移质的底负载为主。在整个河谷内形成很多心滩，而很多河（水）道围绕心滩分叉又合并，像“辫子”一样交织在一起。河道和心滩很不稳定，沉积过程中不断地迁移改道。河岸极易冲刷，在水流作用下河段迅速展宽变浅，河底出现大量不规则的心滩，使水流分散，河水主流摆动不定。同时，由于河流的流速大，河底输砂强度大，心滩移动、改造迅速，河床地貌形态变化快。辫状河形成于坡降大、洪泛间歇性大、流量变化大、河岸抗蚀性差、河载推移质与悬移质比很大的环境。

辫状河沉积砂体以心滩（坝）为主，通常心滩依据其延伸方向与水流的关系又可划分成纵向沙坝、横向沙坝及斜列沙坝。心滩（坝）是在多次洪泛事件影响下，沉积物不断向下游移动时垂向和顺流加积而成。砂体不具典型向上变细的粒序，但大型板状交错层理和高流态的平行层理较易发育，另一类砂体为废弃河道充填砂。辫状河河道一般是慢速废弃，与活动河道错综联系，易于“复活”，因此一般仍充填较粗的碎屑物。辫状河携带的载荷中悬移质少，因而以泥质粉砂质为特征的顶层沉积少，层内泥质夹层少，储集砂体的连通好。

辫状河沉积较粗，随自然地理环境不同，可以有砾石质辫状河与砂质辫状河，一般以含砾质沉积为主。辫状河河岸沉积物较疏松，侧向迁移与摆动十分迅速，因此形成多个成因单元砂体侧向连接成大面积连通的砂体。远源砂质辫状河中则可发育规模巨大的沙坪，尤其是在“混合效应”的河流体系中。

（三）曲流河砂体

曲流河是指S>1.5，且BP=1的高弯度单个河道，最典型的特征是发育点沙坝，又称边滩。由于曲流河道侧向迁移形成较宽广的板状砂体，对油气储存具有重要意义。曲流河多为单河道，河道蜿蜒弯曲，曲率较大，坡降较小，洪泛间歇性相对小一些，流量变化不大，碎屑物较细，推移质与悬移质之比低。河岸由于天然堤的存在，其抗蚀性强，整个沉积过程是凹岸（陡岸）不断侵蚀，凸岸（缓岸）不断沉积，这就是地貌学上的边滩的形成过程“凹岸侵蚀、凸岸加积”。

曲流河最重要的沉积过程与河流侧向迁移有关。凹岸受到侧蚀而垮塌，同时在凸岸产生沉积，河道增加弯曲度。这一过程不断进行，在每个曲流段的凸岸沉积了一个个点沙坝，这是曲流河的主要沉积砂体。由于点沙坝是在凸岸侧向加积而成，这就构成了一定的向上变细的粒序，沉积构造也由大型交错层理向流水小型沙纹演化，这就是常说的“点坝沉积序列”。点沙坝内各个侧积体之间可以冲刷接触，也经常披覆一些间洪期的泥质薄层（侧积泥），这都构成了点沙坝特殊的内部结构或构型，也是其重要的识别标志。

另外，曲流河还发育天然堤、决口扇、牛轭湖等沉积，废弃河道沉积上部或大部分则常由泥质充填。这些砂体虽然粗细和发育程度差别较大，但可把各河段的点沙坝串通成一个曲流带砂体，与广泛发育的泛滥平原泥质沉积构成剖面上砂泥岩间互、平面上砂泥岩相变频繁的沉积层系。

从油气储层研究的观点出发，曲流河沉积的成因单元砂体为同期曲流沉积的曲流带砂体，其侧向连续性与河谷的宽度和河道的弯曲度有关。河流发生冲裂改道时，老曲流带废弃，新的曲流带砂体开始沉积。不同成因单元之间曲流带砂体的连通程度受沉积速率、沉降速率和河流冲裂改道的频率之间的相对大小所控制。沉积速率相对较快、沉降速率相对较慢时，易于形成相互连接、大面积分布的砂体，反之则为孤立型砂体。

（四）网状河砂体

网状河又称网结河或交织河。网状河的S＞1.5、BP≥2，网状河是沿固定的江心洲（心滩）流动的多河道河流。

网状河道一般出现在河流的下游地区，其沉积物搬运方式以悬浮负载为主。河道本身显示窄而深的弯曲多河道特征，并顺流向下呈网结状。河道间则被半永久性的冲积岛（江心洲）和泛滥平原或湿地分开。冲积岛和泛滥平原或湿地主要由细粒物质和泥炭组成，其位置和大小较稳定，与狭窄的河道相比，它们占据了很宽的地区（占60%～90%）。我国西南部的气候温暖潮湿，因此，一些地区发育了此类河流。

网状河以河道砂体为主要沉积物，在河道内不断地填积，形成了多层叠加式的小型复合正韵律，横切剖面上多表现为多个单一河道的孤立式砂体叠置形式，砂体中具有中型交错层理。河道最终废弃前可能演化成小型曲流河而沉积小型点沙坝。河道砂体呈现窄而厚的条带状分布特征，其他伴生砂体为天然堤和小型决口扇，但不占主导地位。河道的江心洲和河岸较坚固，因而河道稳定，这是网状河与辫状河的主要区别。

三、湖泊砂体

根据洪水面、枯水面和浪基面，把湖泊相划分为滨湖亚相、浅湖亚相、半深湖亚相和深湖亚相，它们围绕湖泊的沉降中心呈环带状分布。另外，还可划分出湖湾亚相。滨湖区在风浪和湖流（湖泊波浪流）的作用下可以形成沿岸滩坝沉积；浅湖至深湖区有时可形成风暴流和/或重力流（浊流）沉积。湖泊中除了碎屑岩沉积，湖盆碳酸盐及其他盐类沉积也可以出现，如胜利油田的礁相碳酸盐储层，柴达木盆地的盐岩、白云岩、泥岩混合沉积形成的非常规油气藏。盐类沉积的发现，增加了湖泊体系的复杂性。

湖泊四周紧邻陆源碎屑物源区，由于河流向湖泊中供应碎屑物质，从而形成了复杂的湖盆碎屑岩充填体系，故湖泊内砂体非常发育，分布广。从滨湖、浅湖至深湖亚相均有砂体分布，它们常构成很好的油气储集砂体。但在湖盆不同位置的砂体，由于地形坡度、水深、离物源远近、水动力条件和形成机制都有所不同，因此砂体的形态和规模、岩性和物性等均存在着差别。根据砂体所在的湖泊亚环境及砂体沉积学特征，湖泊中可发育各种三角洲（包括扇三角洲）、水下扇、滩坝、浊积砂体、重力流水道及风暴重力流等沉积的砂体。对一个陆相沉积湖盆来说，在位于湖泊的枯水面以上，还可能发育风成沙丘、河流砂体等。

就湖泊的波浪沉积作用而言，最为典型的砂体应属滩坝砂体，它们是滨浅湖地带常见的砂体沉积类型。在断陷湖盆的坳陷期，湖泊面积大，湖岸地形平坦，浅水区所占面积大，滩坝砂体最为发育。此外，围绕断陷湖盆中的古岛（古隆起、古潜山）也可发育滩坝砂体，它们以透镜状及薄层席状砂的形式分布于古岛周围。就其组成的物质成分而言，有陆源碎屑物质组成的砂质（包括砾）滩坝和湖内生物、鲕粒、内碎屑等物质组成的碳酸盐滩坝，但多数湖泊内的滩坝以陆源碎屑砂质滩坝为主。

四、碳酸盐岩储集体

（一）碳酸盐潮坪沉积及其储层特征

碳酸盐潮坪是指缺乏陆源碎屑物注入和波浪影响较弱的平缓海岸地带。该环境以潮汐作用占主导地位，随周期性潮汐涨落而频繁暴露和淹没。现代碳酸盐潮坪环境分布狭窄，仅在波斯湾、加勒比海和澳大利亚的沙克湾等地有所分布；而在古代，碳酸盐潮坪则广泛分布于陆表海和礁滩之后，堆积的碳酸盐岩厚度大、分布广，如鄂尔多斯盆地的奥陶系马家沟组、四川盆地东部的石炭系黄龙组和华北地区的前寒武系地层等。

碳酸盐潮坪环境根据暴露于大气中的频繁程度又可分为3个带，即年平均90%以上时间暴露于海平面之上的潮上带，年平均20%～90%时间暴露于海平面之上的潮间带和年平均小于20%时间暴露于海平面之上的潮下带。因此，碳酸盐潮坪沉积序列实际上就是一个暴露构造发育的序列，可以根据暴露构造出现的频率来确定这三个带。此外，该环境中的藻类，特别是蓝绿藻十分发育，堆积的藻叠层石形态特征受水动力条件控制明显，因而藻叠层石的形态发育序列也是确定碳酸盐潮坪序列的重要标志。

碳酸盐潮坪环境的产物特征受气候控制明显，根据温度和水体盐度可将其分为超咸型潮坪和正常海洋潮坪两类，环境不同，沉积产物特征与油气储层的关系有着明显的差异。

（二）碳酸盐颗粒滩沉积及其储层特征

古代碳酸盐颗粒滩一般形成于浅水区的高能和较高能环境中，如连陆台地边缘和台内局部、孤立台地边缘和台内局部，以及缓坡近岸地带等。这些环境在较强波浪和潮汐作用的淘洗和磨蚀下，有利于内碎屑、鲕粒、豆粒、核形石、生物碎屑等颗粒的堆积和灰泥组分的带出，常构成形态不一、厚度变化较大的颗粒滩。

现代碳酸盐颗粒滩主要分布于滨岸下部近滨带和上部前滨带两个环境中。下部近滨带处于升浪和破浪环境之中，主要受到波浪和岸流作用的影响，碳酸盐沉积物粒径粗，但分选较差，发育多种浪成交错层理；上部前滨带位于海滩上部的波浪冲洗环境，主要堆积的是鲕粒、砂砾屑和生物屑，向海方向低角度倾斜的冲洗层理常见。海滩沉积物常因周期性暴露在海平面之上而发生强烈的胶结作用、溶解作用和渗透作用，形成具有重要指相意义的海滩岩和钙结砾岩。

根据碳酸盐颗粒滩形成的位置、条件和沉积产物特征，可将其简单分为与台地环境有关的台地边缘滩、台内点滩，以及与缓坡环境有关的缓坡滩三类。四川盆地东北部在早三叠世飞仙关期发育有分布广泛的台地边缘滩和台内点滩，是有利于储层形成与演化的沉积相带。

第三节　储集岩空隙演化及控制因素

一、碎屑岩孔隙演化及控制因素

（一）次生孔隙的形成机理

溶蚀作用是形成次生孔隙的主要成岩过程，无论是碳酸盐还是硅酸盐，其溶蚀作用都是地层中的酸性水溶液和岩石在一定温度与压力下相互反应的结果。在碎屑岩中，硅酸盐组分的溶蚀要比碳酸盐组分强烈得多。因此，研究次生孔隙的形成机理就是分析不同pH的流体对各类矿物的溶解过程。众所周知，酸溶性组分的溶解构成了碎屑岩储层中最主要的次生孔隙，导致酸溶性组分溶解的原因主要有两种：一是含碳酸的水溶液引起的溶解；二是有机酸，主要是短链羧酸——脂肪酸引起的溶解。

（二）次生孔隙形成的控制因素

次生孔隙形成的控制因素主要有以下几点。

（1）充足的水体能量和良好的渗透性对次生孔隙的形成非常有利。无论是碳酸还是有机酸，对矿物的溶解都需要足够的水，只能通过水的不断流动来弥补原生水的不足和水的酸溶性。

（2）富有机质的生油岩和潜在的储层尽量靠近，只有这样才能使泥岩中产生的酸性溶液顺利地进入砂岩中，并且途中损失少。

（3）砂泥比是保证有足够酸来源的一个重要指标，泥岩过少，则产酸量不够；反之，如果泥岩过多，则是低能环境，砂岩的渗透性不好。

（4）干酪根的热演化史决定了酸的形成深度，这是预测次生孔隙垂向分布规律的一个关键因素。

二、碳酸盐岩孔隙演化

碳酸盐岩储层孔隙的成因既有原生的也有次生的，但是相对碎屑岩来说，其多数孔隙是次生的，即由于次生溶蚀作用或生物、化学作用形成的各种孔隙和溶洞。原生孔隙仅在礁灰岩、生物滩及颗粒灰岩中存在，但这些原生孔隙也因碳酸盐岩的成岩作用强而被改造或充填。

（一）碳酸盐岩孔隙形成的主要因素

为了研究碳酸盐岩孔隙的成因和分布，就必须了解影响孔隙形成的主要因素。每一种沉积环境都有其特定的沉积作用，这些不同的沉积作用形成了不同的沉积物，不同的沉积物具有不同的成分、结构和构造，因而也就有不同的储集空间。例如，生物礁、海岸沙坝、潮汐沙坝、深水碳酸浊积岩及深水石灰岩等，都是在不同的沉积环境中形成的，具有不同类型的储集空间。一般海岸带波浪的冲洗作用很强，形成的海岸沙坝具有纹层和交错层理，灰质砂砾粗，分选好，灰泥少，可以形成良好的储层。向海方向推移，水流作用明显，发育有交错层理，颗粒较粗，分选尚好，也可形成良好的储层。在潟湖区内往往生物扰动明显，容易形成潜穴孔隙。生物礁则形成生长骨架孔隙，斜坡上方，生物礁的前沿，往往形成塌积岩，发育有角砾孔隙。由斜坡上方直到盆地，则多形成碎石流和浊积岩，虽然具有颗粒堆积，但分选较差，灰泥较多。

由此可以看出，沉积环境是影响碳酸盐岩储集空间的基本因素，对次生孔隙来说也是如此。

（二）碳酸盐岩孔隙的保存因素

前文已经谈到了碳酸盐岩的成岩作用及其孔隙的形成因素，然而在什么样的成岩条件下孔隙才能够得以保存，也是一个很重要的问题。据研究，有利于碳酸盐岩孔隙保存的因素主要有以下几点。

1.较小的埋藏深度

如果碳酸盐沉积物埋藏深度浅，机械压实作用较弱，而且没有早期胶结作用的话，可能保存大部分原生孔隙。

2.超孔隙压力

当孔隙压力接近或超过岩石静压力时，岩石类似于浅埋藏，有利于孔隙的保存，同时超压的孔隙流体减小颗粒接触处的应力，因而抑制了压溶以及伴生的胶结物的沉淀。

3.岩石骨架强度的增加

岩石骨架强度的增加可减小机械及化学压实作用的强度，因而抑制孔隙的减小。如早期胶结作用可使岩石骨架强度增加，因而可使未被早期胶结作用所充填的孔隙在一定程度上得以保存。

4.渗透性屏障的存在

渗透性屏障的存在可形成封闭的地球化学系统，因此可抑制胶结作用。大多数渗透性屏障是由于沉积作用的结果，如孔隙型碳酸盐岩可能被不渗透的碳酸盐岩包围，或者碳酸盐岩储层被页岩封闭。

5.油气早期侵位

油气进入孔隙将大大抑制胶结物的沉淀，因为大多数矿物均不溶于烃类流体，且油气侵位阻碍了孔隙水的流动，因此油气早期侵位可使孔隙得以保存。

第四节　储层孔隙结构

一、孔隙的概念

储集岩中的储集空间是一个复杂的立体孔隙网络系统，但这个复杂孔隙网络系统中的所有孔隙（广义）可按其在流体储存和流动过程中所起的作用分为孔隙（狭义孔隙或储孔）和孔隙喉道两个基本单元。在该系统中，被骨架颗粒包围着并对流体储存起较大作用的相对膨大部分，称为孔隙（狭义）；另一些在扩大孔隙容积中所起作用不大，但在沟通孔隙形成通道中却起着关键作用的相对狭窄部分，则称为孔隙喉道，它仅仅是两个颗粒间连通的狭窄部分或两个较大孔隙之间的收缩部分。有时将长度为宽度十倍以上的通道称为渠道。

由于储集岩孔隙系统十分复杂，而常规物性不一定能完全反映岩石的特征。除了常规物性与孔隙结构具有一致性，在沉积特征变化较大的砂岩和各类碳酸盐岩中可以经常遇到其孔隙结构特征与常规物性呈现出不一致性。可见，在储层研究中，仅开展常规物性研究往往是不全面的，还必须特别重视对储层孔隙结构的研究。

二、孔隙结构的研究方法

储层孔隙结构研究属于以岩石样本为基础的微观分析，在此情况下，岩石样本的宏观特征对确定取样位置，了解岩石样本的背景、特征、代表性或特殊性是有必要的。为此，需要直接详细观察和描述岩心的岩性、颗粒、基质与胶结物、层理特征、可能的孔隙和喉道的类型与分布（有时难以实现）、裂缝类型及特征等，特别是储层的上述总体特征及取样部分的微细变化。

由于肉眼很难直接观察岩石的微观结构，为此储层孔隙结构研究主要依靠实验室仪器设备来实现。目前研究孔隙结构的实验室方法很多、发展较快，总体上分为三大类。第一类为间接测定法，如毛管压力法，包括压汞法、半渗透隔板法、离心机法、动力驱替法、蒸气压力法等。第二类为直接观测法，包括铸体薄片法、图像分析法、各种荧光显示剂注入法、扫描电镜法等。第三类为数字岩心法，包括铸体模型法、孔隙结构三维模型重构技术，这是当前及今后的发展方向。压汞毛管压力曲线法、铸体薄片法及扫描电镜法是目前孔隙结构研究的常用方法。

三、孔隙类型

（一）碎屑岩的孔隙类型

关于碎屑岩孔隙类型的划分，研究者从不同角度提出不同的划分方案，归纳起来，大致有以下几类。

（1）成因分类。按储集空间的成因将孔隙分为原生、次生和混合成因三大类。

（2）成因及孔隙几何形态分类。美国学者皮特门把孔隙分为4种类型：粒间孔隙、微孔隙、溶蚀孔隙、裂缝。

（3）按孔隙直径大小分类。根据岩石中的孔隙大小及其对流体储存和流动的作用的不同，可将孔隙分为3种类型：超毛管孔隙、毛管孔隙、微毛管孔隙。

（4）按孔隙对流体的渗流情况分类。可以分为有效孔隙和无效孔隙。

（二）碳酸盐岩的孔隙类型

由于碳酸盐岩储层岩性变化大、储集空间类型多、物性参数无规则，以及孔隙空间系统的多次改造等特点，使其储集空间类型成为碳酸盐岩储层研究中的重要问题，从而也形成了多种分类方案。

1.按形态分类

碳酸盐岩储集空间按形态分为孔、洞、缝三大类。孔（粒间—晶间孔隙）：主要为原生孔隙，包括粒间、晶间、粒内生物骨架等孔隙，其空间的分布较规则。洞（溶洞—溶解孔隙）：主要为次生孔隙，包括溶洞或晶洞，无充填者为溶洞，有结晶质充填者叫晶洞，碳酸盐岩易于溶解的性质是形成这类储集空间的原因，它们大多是以缝、孔为基础，经水溶蚀而成，并多发育在古溶蚀地区及不整合面以下。缝（裂缝—基质孔隙）：是岩石受应力作用而产生的裂缝。应力主要是构造力，也包括静压力、岩石成岩过程中的收缩力等。缝不但可作为储集空间，在油、气运移过程中还起着重要的通道作用。孔、洞、缝三大类中，又各自包括多种亚类。

2.按主控因素分类

碳酸盐岩储集空间按其主控因素可分为如下3类。

（1）受组构控制的原生孔隙。

（2）溶解作用形成的次生孔隙。

（3）碳酸盐岩的裂缝。

3.按成因或形成时间分类

按形成时间可将碳酸盐岩储集空间分为原生孔隙和次生孔隙。

4.按孔径大小分类

按孔径大小可将碳酸盐岩储集空间分为7种类型。溶洞的孔径大于2mm；溶孔的孔径大小为1.0 ~ 2.0mm；粗孔的孔径大小为0.5 ~ 1.0mm；中孔的孔径大小为0.25 ~ 0.5mm。细孔的孔径大小为0.1 ~ 0.25mm；很细孔的孔径大小为0.01 ~ 0.1mm；极细孔的孔径小于0.01mm。

按孔径大小也可将碳酸盐岩储集空间分为隐孔隙（孔径小于0.01mm）和显孔隙（孔径大于0.01mm）两类。

（三）火成岩与变质岩的孔隙类型

1.火成岩孔隙类型

火成岩油气储集空间分为两种类型，即孔隙和裂缝。由于喷发、溢流、冷凝、结晶和构造运动等因素影响，会在熔岩内形成孔隙和裂缝，若有油源供给，这种熔岩体将是很好的储集体。

2.变质岩孔隙类型

变质岩储集体的储集空间为孔隙和裂隙，因其有复杂的演变历史，多采用成因—形态分类。按成因或阶段性划分为变晶的、构造的、物理风化的和化学淋溶的储集空间。

第五节　储层裂缝

所谓裂缝，是指岩石发生破裂作用而形成的不连续面。显然，裂缝是岩石受力而发生破裂作用的结果。同一时期、相同应力作用产生的方向大体一致的多条裂缝称为一个裂缝组；同一时期、相同应力作用产生的两组或两组以上的裂缝组则称为一个裂缝系。多套裂缝组系连通在一起称为裂缝网络。

一、裂缝的力学成因类型

在地质条件下，岩石处于上覆地层压力，构造应力、围岩压力及流体（孔隙）压力等作用力构成的复杂应力状态中。在三维空间中，应力状态可用三个相互正交的法向变量（主应力）来表示，以分量σ_1、σ_2、σ_3分别代表最大主应力、中间主应力和最小主应力。在实验室破裂试验中，可以观察到与三个主应力方向密切相关的3种裂缝类型，即剪裂缝、张裂缝（包括扩张裂缝和拉张裂缝）及张剪缝。

（一）剪裂缝

剪裂缝是由剪切应力作用形成的。剪裂缝方向与最大主应力（σ_1）方向以某一锐角相交（一般为30°），而与最小主应力方向（σ_3）以某一钝角相交。在任何实验室破裂实验中，都可以发育两个方向的剪切应力（两者一般相交60°），它们分别位于最大主应力两侧并以锐角相交。当剪切应力超过某一临界值时，便产生了剪切破裂，形成剪裂缝。

剪裂缝的破裂面与σ_1和σ_2构成的平面呈锐角相交，裂缝两侧岩层的位移方向与破裂面平行，而且裂缝面上具有"擦痕"等特征。在理想情况下，可以形成两个方向的共轭裂缝。共轭裂缝中两组剪裂缝之间的夹角称为共轭角。但实际岩层中的剪裂缝并不都是以共轭形式出现的，有的只是一组发育而另一组不发育。剪裂缝的发育形式与岩层均质程度、围岩压力等因素有关。当岩层较均匀、围岩压力较大时，可形成共轭的剪裂缝；而当岩层均质程度较差、围岩压力较小时，趋向于形成不规则的剪裂缝。

（二）张裂缝

张裂缝是由张应力形成的。当张应力超过岩石的扩张强度时，便形成张裂缝。张应力方向（岩层裂开方向）与最大主应力（σ_1）垂直，而与最小主应力（σ_3）平行，破裂面与σ_1和σ_2构成的平面平行，裂缝两侧岩层位移方向（裂开方向）与破裂面垂直。张裂缝一般具有一定的开度，有的被后期矿物充填或半充填。

（三）张剪缝

除上述剪裂缝和张裂缝外，还存在一种过渡类型，即张剪缝。它是剪应力和张应力的综合作用形成的，一般是两种应力先后作用，或先剪后张，或先张后剪。张剪缝的破裂面上可见擦痕，但裂缝具有一定的开度。

二、裂缝的地质成因类型及分布规律

从地质角度来讲，裂缝的形成受到各种地质作用的控制，如局部构造作用、区域应力作用、成岩收缩作用、卸载作用、风化作用甚至沉积作用，在不同的地区可能有不同的控制因素。主要的裂缝类型有构造裂缝、区域裂缝、收缩裂缝、卸载裂缝、风化裂缝、岩溶裂缝层理缝等。

（一）构造裂缝

构造裂缝指由局部构造作用所形成或与局部构造作用相伴生的裂缝，主要是与断层和褶曲有关的裂缝。裂缝的方向、分布和形成均与局部构造的形成和发展相关。

1.与褶皱有关的裂缝系统

岩层发生褶皱时，应力和应变历史十分复杂。不同的褶皱所经受的应力状态不同；而对于同一褶皱来讲，在其形成过程中也可能会经历不同的应力作用历史。在不同的应力状态下，则可发育不同的裂缝。

构造各部位的裂缝发育程度（密度）取决于应力强度、岩性变化的不均匀性、地层厚度及裂缝形成的多次性。裂缝形成的多次性由应力强度的重新分配决定。构造形成前，应力分布于整个构造所在的面积内；构造形成后，应力场重新分布，引起一连串的各种不同的裂缝系统。上述一系列因素致使裂缝密度在构造各部位的分布极为复杂，目前关于裂缝密度分布规律的问题还没有彻底解决。一般认为，在地台区的局部构造上，窄而陡的构造顶部裂缝发育。不对称构造的陡翼及隆起构造的端部裂缝发育；被次级褶皱所复杂化的平缓翼裂缝也很发育。

2.与断层有关的裂缝

理论研究和实际观测结果表明，断层和裂缝的形成机理是一致的。断层的形成可分为几个阶段：第一个阶段是大量的微裂缝形成；第二个阶段是由于微裂缝的形成而使岩石的坚固性下降，导致应力集中，许多微裂缝合并而成为大裂缝；第三个阶段形成大断裂。断层实际上是裂缝的宏观表现。断层的两盘岩层沿断裂面发生了明显相对位移。裂缝是断层形成的锥形。一般地，在已存在的断层附近，总有裂缝与其伴生，两者发育的应力场是一致的。

（二）区域裂缝

区域裂缝是指那些在区域上大面积切割所有局部构造的裂缝。在大面积内，裂缝方位变化相对较小，破裂面两侧沿裂缝延伸方向无明显水平错移，而且总是垂直于主层面。这些裂缝与构造裂缝的主要差别在于：区域裂缝的几何形态简单且稳定、裂缝间距相对较大，一般为两组正交裂缝，多为垂直缝，并且在大面积内切割所有局部构造。

区域裂缝一般以两组正交裂缝的形式发育。Price（1974）指出，在沉积盆地中，这两组正交方向分别平行于盆地的长轴和短轴，是由于岩层的负载和卸载历史造成的。然而，对于区域裂缝的成因机理目前并不十分清楚。

在许多油气田中，区域裂缝作为油气储集空间，如美国的大桑迪气田（Big Sandy）气田是在发育区域裂缝的页岩中产气。区域裂缝在油气储层中的重要性仅次于构造裂缝。当构造裂缝系统与区域裂缝系统互相叠加时，将形成极好的裂缝性储层。

（三）收缩裂缝

收缩裂缝是与岩石总体积减小相伴生的张性裂缝的总称。这些裂缝的形成与构造作用无关，属于成岩收缩缝。形成这些裂缝的原因主要有：干缩作用（形成干缩裂缝，即泥裂）、脱水作用（形成脱水收缩裂缝）、矿物相变（形成矿物相变裂缝）和热力收缩作用（形成热力收缩裂缝）。

（四）卸载裂缝

卸载裂缝是由于上覆地层的侵蚀而诱导的裂缝，其形成机理至少有以下两种。

（1）由于上覆地层的侵蚀，岩层的负载减小，应力释放，岩层内部则通过力学上薄弱的界面产生膨胀、隆起和破裂，从而形成裂缝。

（2）如果在一定范围内侵蚀厚度变化较大，即地形起伏较大，地下岩层所承受的静水压力在横向上出现了差异，于是造成流体的横向运移，若运移的流体与深部高压剖面或连续含水层相通，则会大大增加流体压力梯度，从而可能形成天然水压裂缝。

（五）风化裂缝

风化裂缝是指那些在地表或近地表与各种机械和化学风化作用（如冻融循环、小规模的岩石崩解、矿物的蚀变和成岩作用）及块体坡移有关的裂缝。风化裂缝一般在潜山油气藏顶部的风化壳中发育，裂缝密度大，裂缝方向规律性差，常呈网状分布，并常被红色的氧化黏土物质充填。

第六节　储层非均质性

一、层内非均质性

层内非均质性具体指一个单砂层内的岩性、物性和含油性的变化情况。

层内非均质性的研究内容包括粒度、中值、分选、圆度、球度、杂基、胶结物、粒序、层理构造、微裂缝、泥质夹层的稳定性、韵律性等的变化。

从开发的角度来讲，重点是研究层内纵向上渗透率的变化。非均质性主要指高孔渗段所处的位置以及渗透率级差和渗透率的非均质性，层内垂向渗透率与水平方向渗透率的比值。

（一）粒序剖面

在剖面上常见的粒度变化有正粒序、反粒序和复合粒序。粒序剖面受沉积环境和沉积方式的控制。

在成岩变化弱的碎屑岩储层中，剖面上粒度的韵律性直接控制渗透率剖面的韵律性，渗透率在垂向上的变化直接影响开发效果，在注水开发过程中，正韵律剖面易出现底部水淹快、水淹厚度小和驱油效率低等现象。

而对于成岩变化很强的碎屑岩储层，由于受胶结物含量等因素的影响，渗透率的韵律性与粒序韵律性的吻合程度较差。

（二）层理构造

多数碎屑岩储层具有层理构造。常见的层理类型有平行层理、块状层理、交错层理、斜层理、波状层理和水平层理，层理类型受沉积环境和水流条件的控制。通过物理模拟实验，证明层理构造影响油水运动。在一定的水动力条件下，层理构造在垂向上对油水运动的影响是有一定规律的。

（三）夹层的存在

砂岩中常存在泥岩和泥质粉砂岩夹层，其厚度较小，一般为几厘米、几十厘米。泥质夹层的存在对开发效果有重要影响，夹层的成因取决于沉积环境。

（1）三角洲前缘席状砂与分流河口坝砂体之间的夹层，多出现在砂体中下部，以泥质薄层出现，延伸较远，可达300～600m，在砂体内起细分砂层的作用。

（2）分流河道砂体和曲流河道砂体之间的泥质夹层，这种夹层很薄，为侧积体之间的夹层。

（3）层理构造中的细层（纹层），可以是泥质粉砂岩、粉砂岩、泥岩，其数量多、厚度小。

（四）微裂缝

在很致密的储层中常分布大量的微裂缝。微裂缝的存在可以改变储层的渗透性，甚至可能形成串层，对开发效果的影响较大。在断裂活动强的断块油田中，不可忽视对裂缝的研究，均要弄清楚裂缝的大小、方向、产状和密度。

（五）颗粒的排列方向

古水流的方向造成了颗粒的排列呈一定的方式。沿古水流方向注水对水流的阻力最小。对河道砂体来讲，注入水沿古河道下游方向推进速度快，向上游方向推进速度慢且驱油效果也有差异。

例如，大庆油田开发初期主要采用横切割式的行列注水。在注水后不久，发生了所谓的明显“南涝北旱”现象，即大注水井排南面的生产井注水量太多，油井水淹严重，需要控制注水量；而在同一注水井排北面的生产井，显得注水量太少，油井产量和压力稳不住，要求增加注水量。矛盾十分突出，当时尚不理解产生这种矛盾现象的根本原因，之后通过分层沉积相的研究和油藏开采动态分析，才逐渐认识到这种“南涝北旱”现象和砂体沉积时古水流的方向有密切关系。

二、层间非均质性

层间非均质性是指砂层组内或油层组内各砂层之间的差异。其包括层系的韵律、砂层间渗透率的非均质程度、隔层分布、特殊类型层的分布、层组的小层划分等。研究层间非均质性为油田开发层系的划分和井网的选择提供地质依据。

层间非均质性的研究涉及两大方面。

（一）隔层

隔层是指在注水开发过程中，对流体具有隔绝能力的不渗透岩层。隔层的作用是将相邻两套层系的油层完全隔开，使层系之间不发生油、气、水窜流，形成两个独立的开发单元。

确定隔层的隔绝程度有两个标准，即物性标准和厚度标准。要求在20～27MPa下地层不透水。各个地区的油、气田往往通过实践和实验室工作来确定隔层的厚度与渗透性的界限。大庆油田是通过研究渗透率与孔隙度、渗透率与泥质含量等关系和分析各类岩石渗透率分布特征进行综合判断确定的。确定厚度大于5m，空气渗透率小于$10 \times 10^{-3}\mu m^2$作为隔层的界限。通过室内实验和现场压裂资料分析，认为只要固井质量好，厚度为0.6m的泥岩夹层就能起到隔绝作用。若从自然电位曲线上识别隔层，隔层的自然电位幅度要小于0.15mV。

常见的良好隔层的岩性为泥岩、粉砂质泥岩、盐岩和膏盐。在平面上的分布要大于被分隔的砂层的分布范围，裂缝及小断层不发育。

隔层在平面上的分布及连续性常用隔层图来表示。它是制订射孔方案进行油层动态分析的重要参考资料。

（二）层间差异

层间差异的研究包括如下内容。

（1）确定主力油层和非主力油层，为分层开采提供地质依据。

（2）注意特别高的孔渗性地层，预防注水过程中的单层突进。

（3）多砂层间的渗透率非均质程度常用渗透率变异系数、渗透率级差、单层突进系数及均质系数表示。

（4）渗透率分布曲线。为了使直观效果更清楚，常以直方图或曲线的方式来表示渗透率的分布情况。

三、平面非均质性和三维非均质性

平面非均质性和三维非均质性是指储层的几何形态、规模、孔隙度和渗透率等在平面及三维空间上的变化引起的非均质性。它直接影响着注水的垂向驱油效率和波及效率。

（一）平面非均质性

平面非均质性包括如下研究内容。

1.砂体的几何形态

砂体的几何形态常用小层平面图来表示。按形态可将砂体分为4类。

2.砂体展布与连续性

砂体的展布常用砂体的长度、宽度及宽厚比表示。砂体的长度和宽度决定着井网的控制程度。

3.物性的平面变化

由于砂体内部结构的非均质性，在同一砂体内部物性在平面上也是变化的，这种变化常用渗透率平面等值线图和孔隙度平面等值线图表示。

（二）三维非均质性

近年来，随着计算机技术的发展，使得研究储层的三维非均质性成为可能。储层的三维非均质性研究主要包括砂体在空间上的连通性和砂体内部物性在三维空间上的变化。

1.连通性

砂体在纵、横向上岩性在变化，厚度也在变化。砂体之间的连通形式有两种：一是靠断层连通，二是靠砂体的叠加连通。

2.砂体内部物性的空间变化

砂体内部孔隙度和渗透率在空间的变化常用二维、三维数据显示。

第七节　储层敏感性

一、外来流体与储层相互作用导致储层的损害

在钻井、采油等各种施工过程中，外来流体能够进入井筒附近的储层中，并与构成储集岩的矿物及储集空间中的地下流体相互作用，造成储层孔喉缩小或堵塞，也是储层损害的重要原因之一。

（一）外部流体中固相颗粒的侵入

钻井液、完井液等各种施工作业流体及注入流体往往都含有固相颗粒，固相颗粒可分为两大类：一类是为了达到流体某种性质而加入的添加剂，另一类是混入流体中的矿物或其他杂质的碎屑。当井孔液柱压力大于地层压力时，外来流体中的固相颗粒可从裸露的井壁表面或射孔孔道侵入储层，甚至堵塞孔隙或裂缝。外来固相颗粒的侵入深度和侵入量与储层本身的孔隙结构密切相关。对于低孔低渗砂岩储层，固相颗粒侵入浅而量小；对于高孔高渗的砂岩储层，固相颗粒的侵入深而量大；对于裂缝及溶蚀孔洞发育且连通较好的碳酸盐岩储层，外来流体中固相颗粒的侵入深度及侵入量更大。固相颗粒进入储层的量越大，侵入越深则对储层的伤害也越大。

（二）储层内部微粒运移

几乎所有的储层都含有细小的矿物颗粒，如黏土颗粒、石英、长石、云母及碳酸盐矿物颗粒等，因颗粒细小，其半径小于孔喉半径，故称为微粒。它们是微粒运移的潜在物质。当外来流体的流速过大或存在压力激烈波动时，在流体冲刷作用下，未胶结的或胶结疏松的微粒松散脱落，并随流体在储集空间中运移，运移至狭窄的喉道处，即可形成单个微粒堵塞喉道，也可以几个微粒在喉道处形成桥堵，从而使储层的渗透性变差。

如果微粒较粗，相当于粉砂级或砂级，随流体一起流动并进入井筒时，则称为油井出砂。成岩作用比较差的储层，在钻探或开发过程中，在流体的作用下，近井壁区储层结构将发生破坏，产生的碎屑颗粒可能在一定范围内移动或堆积，部分砂粒可进入井筒，形成砂堵，使油井减产或停产。在出砂严重的部位，可导致水泥环及套管的机械损害。例如，我国的孤东油田，储层为新近系馆陶组河流相沉积，成岩作用极弱，含油砂岩胶结疏松，常呈分散状，油井出砂相当严重。

（三）储层内部化学沉淀或结垢

外来流体与组成储集岩的矿物或储集岩中流体相接触时，在地层条件下，经物理、化学、生物、物理化学等作用，将在孔隙壁上形成化学沉淀或结垢，使孔隙缩小，喉道堵塞，储层物性变差。

当外来流体与地层水之间配合性不好时，就会发生有害的化学反应，形成乳化物、有机结垢、无机结垢和某些化学沉淀物，使孔喉缩小甚至堵塞，导致储层损害。

当含有高硫酸盐的外来流体与含有大量钙离子的地层水相接触时，可能形成硫酸钙沉淀；外来流体中的氯化铁可与储层中的硫化氢气体在地层条件下形成硫化铁沉淀。储集岩中的矿物也可以同外来流体发生化学反应，形成$CaCO_3$、$CaSO_4$、$BaSO_4$等化学沉淀。上述化学反应，均可以使孔隙空间缩小，堵塞流动通道，使储层物性变差。

外来流体中常含有许多化学添加剂，可能与地层流体发生有害反应，改变油水界面张力及润湿性，形成油包水或水包油的乳化物，从而降低储层油、气的有效渗透率。比喉道直径大的乳状液滴还能堵塞喉道，使储层受到损害。

硫酸钙、硫酸钡等无机结垢，既可以形成于储层的孔隙壁上，也可以形成于井内管柱壁上，从而堵塞油气运移的通道。无机结垢的形成和外来流体与地层流体的不配伍性密切相关，同时也与地层的温度、压力及流体的离子浓度有关。

外来流体的注入可以改变油层温度、压力及pH，导致原油中石蜡、沥青质的析出，在井筒及井筒附近的储层中形成有机结垢，缩小和堵塞孔隙、喉道。此外，油田注入水还可将细菌、铁锈等带入储层，形成细菌堵塞和铁锈堵塞，使储层性质变差。

二、储层压力敏感性

储层的压力敏感性主要与岩石成分，孔隙类型、裂缝、胶结方式，颗粒分选性，黏土矿物、流体类型及饱和度、温度等因素有关。

由于不同的岩石矿物具有不同的硬度，它们在相同的应力作用下，硬度高的矿物不容易发生形变，而硬度低的矿物容易发生形变，且矿物硬度越低，产生的形变相对越大。因此，如果储层岩石中低硬度矿物含量较高，在应力作用下岩石容易发生变形，造成储层的孔隙体积减小。低硬度矿物含量较高的岩石在应力作用下还可能使岩石孔隙中的微粒产生迁移，堵塞孔隙和喉道，使储层的孔隙度和渗透率降低，造成储层的压力敏感性增强。

储层的渗透率与岩石的孔隙喉道直径密切相关，喉道直径的变化对储层渗透率的影响要远远大于孔隙直径变化对储层渗透率的影响。孔喉的直径越大，在应力作用下越容易发生形变，造成储层的应力敏感性也越强。因此，一般是缩颈喉道类型储层应力敏感性较强；片状或弯曲片状喉道类型储层应力敏感性次之；管束状喉道类型储层孔隙本身就是喉道，应力敏感性最弱。

低渗透储层中普遍发育天然裂缝，当裂缝没有被矿物充填时，裂缝对储层的应力敏感性影响较大。从裂缝的产状来说，水平裂缝最易发生闭合，其压力敏感性较强，其次为低角度裂缝，而高角度裂缝则相对不易发生闭合。对于相同产状的裂缝，其裂缝面越平直，裂缝的张开度越大，它们在应力作用下越容易发生闭合，压力敏感性越强。

岩石的胶结作用对储层应力敏感性有重要的影响。从胶结方式来看，杂乱胶结岩石的应力敏感性最强，孔隙胶结和接触胶结次之，基底胶结最弱。此外，储层的压力敏感性还与胶结物含量和胶结物矿物成分有关。例如，泥质胶结的岩石，由于微细的泥质颗粒易变形和迁移，容易堵塞喉道，因而泥质胶结物含量越高，其应力敏感性越强；而硅质胶结或铁质胶结类型，胶结物含量越高，越不容易产生变形，其应力敏感性反而越弱。

岩石颗粒也影响储层的压力敏感性。岩石颗粒的分选越好，在应力作用下越不容易发生变形，其应力敏感性越弱，因而杂砂岩应力敏感性一般要强于细砂岩。在相同的应力作用下，岩石骨架结构也影响其变形。一般地，如果岩石的骨架颗粒为点接触，岩石较容易发生形变，因而表现为储层应力敏感性较强；如果岩石的骨架颗粒为线接触、凹凸接触和缝合接触，岩石不容易发生形变，因而表现出的储层应力敏感性也较弱。

黏土矿物类型及其微观结构影响储层的压力敏感性。例如，鄂尔多斯盆地某低渗透砂岩油藏的黏土矿物以高岭石和绿泥石为主，黏土矿物对于保存孔隙有一定的积极作用。填充于粒内孔或粒间孔中的高岭石集合体呈书页状或蠕虫状，稳定性强，对孔隙有一定的支撑作用，在应力作用下变形较小。绿泥石以单片支架状结构生长于颗粒表面，形成包壳状或者衬边状，可抑制石英加大。而且，绿泥石晶片本身具有较高的强度，包覆在颗粒表面时，不仅保护颗粒提高了抵御外力的能力，还可增大颗粒之间的滑动摩擦力，使岩石颗粒结构不容易发生变形破坏。黏土矿物对储层孔隙的保护作用可以降低储层的压力敏感性。

储层中通常含有油、气、水等流体，不同性质的流体具有不同的体积压缩系数，而且其流体压力变化规律也不同，因而对储层渗透率的影响也不同。由于地层水能够使孔隙和喉道的有效渗流通道减少和有效渗流半径变小，产生启动压差，增加了油、气流动的阻力，含水饱和度越高，阻力增大越多。并且，含水饱和度还会影响岩石的压缩性，含水饱和度越高，岩石越容易产生变形。因此，地层水对岩石的压力敏感性影响越大，含水饱和度越高，其压力敏感性越强。储层中高含水饱和度以及在油田开发过程中含水饱和度的增加，都会加剧储层的压力敏感性。

此外，在油气藏的开发过程中，为保持地层压力或降低流体黏度，经常采取注水或注蒸汽等开发方式，会造成油气藏地层的温度变化，这种变化不仅影响流体的黏度，甚至还影响储层岩石的力学性质，使岩石骨架产生膨胀或收缩，导致储层孔隙度和渗透率的变化，也会造成储层的压力敏感性增强。

第八节　储层综合评价

一、各勘探阶段储层综合评价的方法与内容

（一）初探阶段

初探阶段也称区域（带）勘探阶段。该阶段储层评价主要是应用野外露头、地质钻井（参数井）所获取样品的各种分析、化验及测试资料，尤其是非地震的物化探资料和地震资料，做出大范围、大层段的小比例尺图件，明确勘探目的层位，为区域探井和下一步勘探部署指明方向，为油气资源评价提供地质依据。

1.所需基础资料

初探阶段所需基础资料包括重力、磁法、电法及物化探资料，盆地基底性质分析和起伏状况、研究区域构造面貌、大地构造背景、盆地类型、古地形及主要断裂系统。

2.主要工作任务

初探阶段的主要任务是对一个沉积盆地或全区地质情况进行大范围的地质调查、物化探，并钻少量参数井，研究储层总体特征及其在地层剖面和平面上的分布状况、储层物

性、含油气显示等；确定构造是否对沉积岩相、火山岩相、变质岩相起重要的控制作用；初步明确生、储条件，评选油气聚集的有利区带，预测可能存在的油气圈闭类型，提出油气远景资源量。

3.主要评价内容

（1）地层划分与横向对比。建立地层层序时要结合区域地质资料，尤其是地质露头资料，建立研究区相应的年代与岩性地层层序，包括界、系、统、群、组、段等。选择划分与对比标准时，应以特征明显、分布稳定、厚度变化较小的时间地层单元或岩性地层单元作为标志层，常见的区域性标志层如油页岩、稳定湖（海）侵泥岩、碳酸盐岩、区域性化石层、区域古土壤层、沉积构造与构造特殊岩层等，进而确定标志层的一般特征，如岩石类型、相带类型、岩石密度、反射特征、波形、连续性和相位等。确立标准地层剖面的基本原则是选择地层齐全，能反映盆地内不同构造部位、不同物源区的岩性、岩相或沉积相、生储盖组合类型等特征及空间变化情况的典型剖面（或钻井）来作为标准地层剖面。进行地层横向对比时要在多条骨干地震剖面上进行综合地层解释，标明标志层位置，明确地层接触关系，计算层组厚度与埋藏深度，从而建立区域性的层组地层格架。需要说明的是，地层对比时应建立交叉闭合解释剖面，以避免地层解释的不闭合性问题。

（2）沉积相或岩相综合研究。对于沉积储层，此阶段的沉积相研究应在区域性地层格架下，通常是在Ⅲ级或Ⅱ级层序地层格架下进行。在此阶段可能只有一些地质露头资料、地质浅钻孔（如采煤、采矿浅井）、极少数参数井或相邻地区探井资料，因而在对这些露头或单井沉积相研究的基础上，重点进行地震相解释，进而推断沉积相的展布。对于火山岩或变质岩储层，应研究不同岩相带的垂向与平面分布及规模，并结合构造特征与构造区带，进而分析有利的储集区带。

（3）储盖组合分析与有利储集相带预测。结合地震相与区域地层格架，分析地层的岩性组合，弄清不同岩石类型中有利的生、储、盖的层位与组合关系，从而确定主要储层的发育层位与储盖组合。通过各种地质与地球物理方法（如储层反演）来预测储层的分布层位与范围，并对综合有利储集相带进行预测，为确定总体勘探方向提供地质依据。

（二）预探阶段

预探阶段的核心在于对含油构造的评价，故也称远景勘探或圈闭评价阶段。这一阶段储层评价是以区带范围内的全部储层为目标，立足于已有的物探、钻井地质、测井、测试等资料，在单井储层评价的基础上，应用地震勘探技术和处理手段开展储层横向预测及含油气性研究，以圈闭评价为目的，为预探井部署和圈闭资源量计算提供地质依据。

1.所需基础资料

预探阶段基础资料主要为二维、三维地震资料，少数探井的钻井地质（岩心与岩屑及其分析化验资料）、系列测井、井筒测试，区域勘探阶段的成果图件等资料。

2.主要工作任务

预探阶段的主要任务是在选定的有利勘探区带上进行圈闭的识别，进行以发现油气田为目的的钻探工作，以探明构造的含油气性，研究储层类型与储层性能，查明油气层位及工业价值，提出油气控制储量。

3.主要评价内容

油气预探阶段的圈闭评价按圈闭识别、圈闭含油气性评价、圈闭经济评价、圈闭综合评价、圈闭钻探效果分析的程序循序渐进地进行。然而，其储层评价的主要工作为针对有利圈闭而开展的储层描述（表征）。

（1）基础地质研究。就沉积储层而言，预探阶段就是要开展储层沉积学研究，其主要包括岩石学、沉积相与岩相及储层成岩作用研究。其中岩石学研究以单井岩心和岩屑为基础，依据相关石油行业标准，将所取得的样品按照储层评价的不同目的选择分析化验和测试项目，并以岩石颜色、成分、结构及构造分析为主。沉积相与岩相工作主要解决储层的沉积相类型、规模、厚度，进而对沉积相带的平、剖面分布做出合理预测，而成岩作用应注意区分不同岩石类型。碎屑岩与碳酸盐岩储层成岩作用主要应注重研究成岩序列、成岩相和成岩阶段划分、建立研究区成岩演化模式、评价各种成岩作用对不同类型孔隙形成、发育和消亡的影响、建立研究区的孔隙演化模式、确定成岩次序与孔隙演化的关系。

火山岩成岩作用研究应针对火山岩储集条件，将火山岩的形成演化划分为成岩作用、次生作用和破裂作用3个阶段，这样就需确定成岩作用类型，包括重力分异作用、气体膨胀作用、同化作用；确定次生作用类型，包括热液交代作用、风化淋滤作用；确定破裂作用类型，包括构造应力作用、外力破碎作用。

变质岩储集体成岩作用研究主要确定古潜山储集体构造作用和成岩孔隙演化，包括研究古表生物理风化作用、化学淋滤作用、矿物充填作用、埋藏成岩作用等。

（2）有利储集体预测。对所识别的有利圈闭进行储集体的识别与预测，主要是在地震剖面上对特殊（异常）的地质体进行平面、剖面的识别与预测。通常采用的方法是储层反演与三维可视化技术，主要用于刻画其形态及边界，以便在三维空间进行储集体的分布预测。

（3）储集性能研究。储层储集性能的研究包括储集空间类型的划分、储层空间的统计与描述（孔、洞、缝）及储集空间组合类型等。其中储集空间孔、洞、缝的划分采用方案是空隙长宽之比为1~100的为孔洞，大于10的称裂缝.孔洞直径小于2mm的称孔，大于2mm的称洞。不同岩类储集空间类型有所不同：碎屑岩主要研究原生孔隙、次生孔隙及孔喉组合情况；碳酸盐岩储层性能主要研究各种缝、洞的储集空间，其中裂缝包括构造缝、溶蚀缝和层间缝，以构造缝为主；孔洞主要指不规则的溶蚀孔、洞，如溶孔与生物铸模孔等；火山岩主要研究构造缝、节理缝、各种溶蚀孔洞及气孔；变质岩主要研究构造缝、风化裂缝、角砾砾间孔缝和再溶蚀孔缝。

（三）详探阶段

当一个圈闭发现工业油气流之后，即可进入此阶段，故也称油藏评价阶段或滚动勘探开发阶段。因而油藏评价阶段是指从圈闭预探获得工业性油气流后到提交探明储量的油气勘探评价的全过程。

该阶段储层评价主要针对油气田的产层，在对不同岩类储集体基本搞清楚的前提下，进一步开展单层和多层含油气层系的微观孔隙结构、黏土基质、储层物性、非均质性、敏感性和含油气性等多项研究，开展勘探后期储层综合评价，为油气藏总体开发方案中的储层分析提供定量依据，为探明或可采储量计算提供参数。

1.所需基础资料

油藏评价阶段的资料来自少数探井、评价井和地震详查或细测。因此要充分利用每口井录井、测试（钻柱测试和电缆测试）、测井、试油及垂直地震剖面等资料，多方面获得地质信息。

2.主要工作任务

油气藏评价阶段（详探）的主要任务是在基本探明油气田构造圈闭形态，油气层特性及含油气边界的基础上，圈定含油气面积，提出油气探明储量。在以最少的探井控制的前提下，为勘探部署及编制油田开发方案提供必需的地质依据，即开发可行性研究。油藏评价阶段的储层评价有6项具体任务，需要指出的是，当要评价的油气藏很大时，通常要进行开发先导实验，以便为后续的实质性开发设计提供更为具体的资料、经验与模型。

3.主要评价内容

油藏评价阶段要建立储层的概念地质模型，其核心是开展储层沉积学的宏观特征研究，模型的建立主要依靠沉积相分析，利用少数井孔一维剖面上的地质信息，结合地震解释和砂组连续性追踪，对储层三维空间分布和储层参数变化做出基本预测，保证开发可行性研究的正确，主要评价内容如下。

（1）层组划分并确定主力储层。利用旋回地层划分对比原理进行井—井地层对比（目前多采用高分辨率层序地层对比结合岩性地层对比的方法），并在井震合成记录的约束下，结合地震地层格架建立研究区的井—震一体化地层格架。

（2）确定沉积亚相并预测有利储集相带。结合岩（心）相、测井相及地震相，进行沉积相带研究，并确定沉积亚相的平面、剖面分布，预测并圈定有利的储集相（区）带。

（3）有利成岩储集相与储层敏感性分析。充分利用地震信息、已有探井的岩心描述、测井及测试分析资料，进行储层成岩作用研究，明确成岩阶段，分析成岩主控因素，最终确定有利的成岩储集相带。与此同时，还应分析储层黏土基质的成分并分析其敏感性特征，具体内容有：储层中黏土矿物总量测定与分析，使用X射线衍射方法确定黏土矿物种类、产状，混层矿物要进行混层比计算，注意区分同质多象、类质同象矿物，进行不同岩类储层敏感性评价。

（4）储层物性与非均质性研究。储层物性主要包括：①系统观察描述和定量统计岩心的孔缝宏观特征，特殊岩性做全岩物性测定，判断孔洞缝发育的有效性；②储层物性（孔隙度、渗透率）的实测分析；③用测井资料系统求取孔隙度、渗透率；④用压力恢复曲线类型确定储集类型，计算有效渗透率；⑤用地质统计法确定孔隙度和渗透率的关系，计算储层非均质性；⑥用录井资料、钻具放空长度、钻井液漏失数量和速度，判断缝洞的发育情况。

储层非均质性研究主要包括宏观（层间、层内、平面）与微观（孔隙、颗粒、填隙物）非均质性。宏观非均质性要研究储集体的几何形状、规模、连续性、孔隙度、渗透率，隔夹层的类型、厚度、平面分布等；而微观非均质性主要研究不同岩类储集空间类型及其岩石物性的变化。

（5）储层渗流特征研究。储层渗流特征研究主要包括储集岩表面润湿性、毛管压力、渗吸作用、相对渗透率、水驱油效率等研究。其中储集岩表面润湿性研究应依据不同岩类岩样润湿性试验资料，包括吸油、吸水百分比、排水比、排油比、润湿指数、润湿接触角等，确定表面润湿性质。毛管压力研究依据不同岩类岩样的压汞曲线，分析不同类型毛管压力曲线，并求出代表性毛管压力曲线，判断储层毛管压力特征及变化。渗吸作用研究通过不同岩类储层岩样的渗吸试验资料，求出渗吸常数及主衰期。相对渗透率研究通过不同岩类储层岩样的相对渗透率试验求取储层的束缚水饱和度、残余油饱和度、无水采收率、最终采收率、油水共流区等参数。水驱油效率研究要依据水驱油模拟试验资料，确定水驱油效率及采收率，计算不同岩类储层的水驱油速度、水驱油效率、采收率，描述其变化特点。

二、各开发阶段储层综合评价的方法与内容

油气田开发不同阶段，储层评价的侧重点也不相同。裘亦楠等根据实际工作的步骤和经验，将开发阶段划分为油藏评价、开发设计、方案实施、管理调整4个阶段，但由于油藏评价阶段储层评价的基本内容与勘探的详探阶段基本相同，于是本书把油藏评价阶段归为勘探阶段，对开发阶段进行三分，即开发设计、方案实施、管理调整3个阶段。

开发各阶段的储层评价阶段之间以及与勘探阶段的储层评价也不是截然分开的，往往勘探早期与评价阶段相交叉，评价阶段的先导开发实验区与开发早期相交接，而开发早期与中后期的描述也是既有特殊性又有共性，许多研究内容是相似的，只是精度不同而已。

（一）方案设计阶段

油气圈闭构造上第一口探井见到工业油流后，油田开发人员就应参与早期油藏评价，统筹各项开发准备工作，着手编制油田开发概念设计。油田开发设计阶段是在开发可行性论证后，认为油田具有开采价值的前提下进行的，实质上是开发前期工程准备阶段，此阶段主要是补充必要的资料，开展室内试验以及试采或现场先导区实验。

1.所需基础资料

该阶段基础资料有评价井（详探井）、先导实验区资料、地震细测或三维地震、探明储量资料。此阶段只有少量稀井网的评价井，但一般已增补部分开发资料井；大型油田一般有一个相对密井网的开发先导试验区，供储层典型解剖使用；在地震方面，已完成地震细测，部分油田已完成了三维地震测量工作，供各种特殊处理，以辅助评价储层。

2.主要工作任务

这一阶段的主要工作任务为编制开发设计、确定开发方式及布置开发井网。油田开发设计的任务是编制油田开发方案，进行油藏、钻井、采油、地面建设四项工程的总体设计；对开发方式、开发层系、井网和注采系统、合理采油速度、稳产年限等重大开发战略进行决策；所优选的总体设计要达到最好的经济技术指标。因此，储层评价应保证这些开发战略决策的正确性。

3.主要评价内容

此阶段储层评价的主要内容有6个方面，分别为砂组或小层对比、储层沉积微相研究、储层物性与非均质性研究、储层规模与分布、储层渗流特征研究、油藏性质与可采储量计算。但核心还是储层沉积学的研究，只是精度更细、要求更高，因此可称其为微观特征研究。

由于受资料限制，除对各种地质参数做出预测外，还应对可能的最大值、最小值分别进行估计，以便进行敏感性分析或利用概率统计法进行研究，认识其风险性。储层描述重点在于：（1）确定微相类型，划分主力、非主力储层；（2）预测砂体、流动单元连续性，保证井网水体估算正确性；（3）建立各类砂体概念模型，包括微观结构模型，供开发决策及设计计算；（4）储层保护与提供可行性研究中敏感性分析。

（二）开发实施阶段

油田钻完第一期开发井网之后，进入方案实施阶段。实施阶段的任务是确定完井、射孔、投产原则，要对开发层系划分，注采井别选择做出实施决策，根据实施方案，进一步预测开发动态，修正开发指标，并编制初期配产配注方案。

1.所需基础资料

该阶段储层评价的资料基础是开发井网的相关资料，因而此阶段是以取芯井为基础，利用开发井的测井信息进行四性关系的转换、储层及油藏参数的准确确定。另外，这一阶段还需利用各种测试资料、生产测井（开发测井）资料、生产动态资料所提供的信息进行油藏动态描述，即描述油气藏基本动态参数的变化规律，建立动态模型，为调整方案提供依据。

2.主要工作任务

这一阶段主要工作任务是为搞清油藏中油气富集规律，指明高产区、段，模拟油藏中流体流动规律，预测可能发生的暴性水淹及储层敏感性，以便进行合理的现代油藏管理，为提高无水采收率及可采储量动用程度服务。因而这一阶段的核心任务与目的是实施方案、完井、射孔、确定注采井别、初期配产配注、预测开发动态。

3.主要评价内容

此阶段储层评价中的关键井研究及多井评价是主要方法，研究的基本单元是油层组中的小层，研究内容是影响流体运动的开发地质特征以及流体性质变化及分布规律，流体与储层间的相互作用。此阶段储层评价主要内容同样有6个方面，分别为详细小层对比、小层沉积微相、小层储层参数分布、孔隙结构与岩石物理、储层非均质性精细表征、建立分级油藏模型，其核心是在前期的基础上开展储层沉积学的精细研究。

第八章　测井解释技术与应用

第一节　测井解释在构造研究中的应用

一、测井资料地层对比

测井资料进行对比的概念：通过对相邻井的测井曲线进行分析，根据曲线形态的相似性，进行井与井之间地层追踪的过程。

（一）用途与分类

1.用途

（1）建立油田地层层厅；

（2）确定油气藏地质构造形态；

（3）确定断层位置；

（4）确定油气储集层岩性、物性，以及在地下空间里的分布规律和集体形态；

（5）确定油气藏油气水空间分布规律；

（6）进行沉积相研究。

2.分类

测井资料地层对比分为区域地层对比和油层对比（小层对比）。

区域地层对比以区域地质研究为重点，在油区范围内对比大套地层，目的是确定地层层位关系。

油层对比以油层研究为重点，在一个油气藏范围内，对区域地层对比时的油层进行划分和对比，用深度比例尺为1∶200组合测井曲线，目的是确定油气层主要关系。

（二）资料的选择

（1）首先研究岩性—电性关系，研究各级次沉积旋回在测井曲线上的特征；

（2）清楚地显示岩性标准层的特征；

（3）比较明显地反映剖面上岩性组合即沉积旋回特征；

（4）清楚地反映各种岩性界面；

（5）测量精度高，为生产中已普遍采用的测井方法。

一般选用1：500的标准测井曲线，在砂岩层中，井径、自然电位、2.5m的底部梯度电极高，常用自然电位、2.5m的梯度微电极和声波时差（判断岩性和地层孔隙度）。

（三）地层对比步骤

1.利用标准层对比油层组

首先研究和分析二级旋回分布和规律，即数量和性质，数量决定了油层组的多少，性质要参考一级旋回的性质而定，标准层用于确定对比区内油层组间的层位界面。

2.利用沉积旋回对比砂岩组

在划分油层组的基础上进行砂岩对比，对比时应根据油层组上的岩石组合规律、演变规律、旋回性质测井曲线、形态组合特征，将其进一步划分为若干个三级旋回，一般均按水进和水退考虑，即以水退作为三级旋回的起点，水进结束作为三级旋回的终点，这样划分可使旋回内的粗粒部分的顶部均有一层分布相对稳定的泥岩层，这层泥岩既可作为划分与对比三级旋回的界线，又可作为砂岩组的分层界面。

3.利用岩性和厚度对比单油层

在油田范围内，同一时期形成的单油层，不论是岩性和厚度都具有相似性，在划分和对比单油层时，应在三级旋回内进一步分析其相对发育程度泥岩层的稳定程度，将三级旋回分为若干韵律，韵律内较粗粒含油部分即为单油层，井间单油层则可按岩性和厚度相似原则进行对比，韵律内的单油层的层数和厚度可能不相同，在连接对比线时，应视具体情况做层位上的合并劈分处理或尖灭处理。

二、地层倾角测井

（一）基本倾斜模式

1.红模式

红模式（又称沉积斜坡模式）是指随深度的增加相邻两个或多个蝌蚪方向不变角度增加，它是由沉积在斜坡表面的沉积物形成的，方向是地层加厚方向或地层倾向。

2.蓝模式

蓝模式（又称沉积水流模式）是指随深度增加，方向不变，角度减小，它是由水流沉积形成的，它所指的方向是水流的方向。

3.黄模式

黄模式（又称高能中断模式）是指相邻的两个或多个蝌蚪，它们的方向和角度是随机变化的，它产生在高能环境的浅水环境（浅水区）。

4.绿模式

绿模式（又称低能中断模式）是指相邻的两个或多个蝌蚪，它们随深度的增加方向和角度完全保持一致。只有绿模式反映区域地质构造，红、蓝模式只反映沉积体内部的沉积构造。

（二）确定构造倾斜的方式

1.一般准则

当确定构造倾斜时，使用有最大纵向延伸的那些趋势。在发生构造运动的时候，整体上倾斜发生变化，虽然局部地层由于内部沉积构造或局部构造会造成矢量图上局部的矢量异常，但它并不代表区域构造倾斜。由于地层发生整体倾斜，所以在纵向上就会形成一个总的构造倾角的倾斜构造趋势。

2.在矢量图上确定构造倾斜的步骤

第一步，在小比例尺图上，检查低散射矢量区，建议使用的比例尺（英寸：英尺）为1：100/2：100，1：1000或1：500。

第二步，在最小散射的层段，读取在纵向上延伸得尽可能远的倾斜散射的值，这个值代表近似的构造倾斜的倾向和倾角。

第三步，在大比例尺的成果图上，建议使用的比例尺为5：10/1：20，确定第二步中所选取倾向的精确值。

3.确定构造倾斜的变化点

先找绿模式（低散射区）上倾斜向下延伸，直到最下边倾向和上部一致的点；下斜倾向上延伸则两者中间为断层破碎带，如无破碎带，则图中二水平线的可能很近。

第二节　测井解释的沉积环境分析

一、反映沉积环境的测井曲线形态基本类型

由于不同的沉积环境具有不同的水动力特点，故不同的沉积环境中所形成的砂岩体或

沉积层的粒度、分选性及泥质含量等方面有着不同的变化特点，从而导致在不同的沉积环境下往往具有不同的测井曲线形态特征。如果在一个地区首先掌握了测井曲线的形态特征与砂岩或沉积层序之间的关系，就可以对所获取的测井曲线做出正确的地质解释，从而为分析沉积环境提供重要的资料。

依据目前国内外大量文献和野外生产实践总结，并提出了反映不同沉积环境的5种测井曲线形态基本类型：顶部或底部渐变型、顶部或底部突变型、振荡型、箱型（圆柱型）、互层组合型。

二、几种沉积环境的测井曲线特征

近十多年来，国内外的测井工作者对一些主要沉积环境或沉积层序的曲线特征，已做过较详细分析和总结，他们的研究成果为利用测井曲线分析沉积环境提供了经验并奠定了基础。

（一）水退沉积层序

湖面降低时期形成的砂体，在地层剖面上表现为从下往上砂岩体逐个向湖的方向后退。

在湖面降低退水沉积层序中，沉积物的粒度自下而上逐渐增大。按照粒度增大的顺序，可识别次级环境是低波浪能量深湖环境、中等波浪浅湖环境以及上部的高波浪能量湖岸环境。

湖面降低退水沉积层序的底部的泥岩，通常是低能量环境的产物。自然电位和电阻率的幅值最低且平稳。

随着湖岸线的后退，将发育分选较好的砂层组合，这种沉积通常以振荡旋回方式进行，因而在砂层中常产生粉砂岩和泥岩互层，最后纯砂岩占据主要地位。自然电位曲线和电阻率曲线的幅值自下而上逐渐增大。测井曲线上相应指峰可以反映出该沉积的纹层，砂层在沉积层序的顶部方向上变得越纯，测井曲线上相应指峰的幅度便越大，并且齿中线呈现水平平行。

层序最上部的纯砂层组合，是高波浪能量的湖岸产物，自然电位和视电阻率幅值最大，这样在湖退沉积层序上，测井曲线的形状表现为典型的倒圣诞树形。可以根据自然电位曲线指峰包络线的形态来确定湖水退的速度，即确定是线性水退、减速水退还是加速水退。

（二）水进沉积层序

湖水面升高的进水时期形成的砂岩体，在地质剖面上表现为从下往上砂岩体逐个向陆地方向推进。

湖面升高进水是湖平面上升引起湖岸线向陆地推进的结果。湖面升高进水层序的底部有一个突然的粒度间断，其上是具有良好分选性的粗粒沉积物。湖面的上升可以是振荡的或周期性的，自下而上沉积物由粗变细，分选性则由好变坏，这是湖进沉积层序的基本特点，与这一基本特征相对应，自然电位和视电阻率曲线则表现为越向上曲线的幅度越小，呈典型的圣诞树形，测井曲线指峰的齿中线常是水平平行的。

同样根据自然电位曲线指峰包络线的形态可以确定湖水进的速度，即确定是线性湖进还是加速湖进或是减速湖进。

（三）冲积扇沉积体系

冲积扇是一种自山顺坡呈放射状的河流形成的扇形堆积物。其规模变化很大，扇的半径可在几百米到100km以上。它可以单个出现，而大多数是由许多扇体互相衔接起来形成巨大的冲积扇体，并沿山麓形成一个延长宽阔地带。冲积扇是粒度最粗、分选最差的近源沉积单位。但是下倾方向可以渐变为冲积平原的河流体系，也可以直接注入海洋和湖泊，以扇三角洲的形式产出。

（四）河流沉积体系

在大陆环境中，河流环境是分布较广泛的主要环境之一。按河道在冲积平原上分布的形状来说，河流分为上游辫状河和中下游曲流河。

1.辫状河体系

辫状河体系的环境特征，一般分布在山区或半山区，常在盆地边缘与冲积扇共生，也有发育在冲积平原、三角洲沉积体系的三角洲平原上。突出特点是河水流量变化大，沉积物搬运量也大，河道顺直但不固定，河岸常常遭侵蚀，河道迁移频繁，沉积速度快。一个主河道常分成许多次级河道，河道之间又不断分叉又汇合，常被河道砂坝所分隔，河道坝主要为横砂坝。河道砂坝又叫充填砂坝，岩性主要由砾、砂组成，颗粒较粗，沉积厚度较大，并具有下粗上细的典型的正粒序特征。河道充填砂坝上部的河漫滩沉积较薄或不发育。这主要是因为，一方面辫状河道的河漫滩本就不发育，另一方面即使在适宜的条件下发育了细粒沉积，也因河流改道和遭受侵蚀而不易保存下来。所以说，辫状河沉积体系只有充填砂坝和河漫滩两个亚相。

典型的辫状河流沉积的垂直层序是：底部有明显的冲刷面，冲刷面上沉积分选差的河道底砾岩，中部为粗粒、中砂、细砂岩，上部为粉砂岩或泥质粉砂岩及泥岩。

辫状河道充填砂坝的测井曲线特征是：测井曲线往往显示为幅度较大的箱形曲线。顶底界面一般为突变型，也有底部突变型，顶部渐变型。另外，测井曲线的形态也与钻孔在河道砂坝上的位置有关。

如果钻孔位于河道砂坝的中部，由于这里是高速水流沉积，沉积物的颗粒较粗，沉积厚度又大，故测井曲线多呈较光滑的箱形。如果钻孔位于河道砂坝的边缘部位，由于这里主要是低速水流沉积，且水流易变，沉积物颗粒较细且易变，故测井曲线的幅度较小，齿峰增多。

2.曲流河体系

曲流河一般分布在河流的中下游，河道呈弯曲状，其主要特点如下。

在弯曲河道的凹岸，主要发生水流的侵蚀作用，形成沉水潭；在弯曲河道的凸岸则主要发育浅滩相连的曲流砂坝（或称点砂坝）沉积。曲流砂坝是蛇曲河最显著的地貌特征，也是曲流河道沉积作用的主要产物，它构成河流层序的主要部分。

曲流河道的坡度较缓，水流速度较低，水流搬运能量比辫状河要小，因此，其沉积物的颗粒较细。曲流砂坝的岩性一般主要由砂、粉砂、泥岩组成。粗粒的砾砂物质较少，分选中等，一般厚度不大，常发育泛滥平原沉积。

典型的曲流砂坝垂直层序是：底部为河道滞留沉积，多为粗、细粒砾石，它与下伏岩石层为侵蚀接触。层序的下部由砂岩组成，中上部为细砂、粉砂岩，顶部为泥质粉砂或泥岩。整个垂直层序具有由下到上，粒度由粗变细的正粒序特征。

在测井曲线上，可以清楚地反映出曲流河曲流砂坝的垂直层序。正对底部砾岩，曲线的幅度最大，底部突变型接触十分明显。往上随着岩性由粗砂到中砂至细砂的过渡，曲线的幅度逐渐减小。到层序的顶部正对粉砂岩或泥岩，曲线的幅度变得最小。测井曲线的外形呈圣诞树形。

综上所述，河流沉积体系的上述垂直层序在剖面上往往多次出现，而形成所谓多阶结构。同时，一个层序的顶部常因下一个层序的高能水流的冲刷而出现缺失现象。在测井曲线上，可以清楚地表现出河流沉积的这种多阶结构及层序中某些部位的缺失现象。根据多个钻孔的测井曲线对比并绘出相应的砂体的厚度等值线图和剖面图，展示河流砂体的分布形态。

第三节 烃源岩和盖层的测井分析与评价

一、烃源岩测井分析与评价

（一）经源岩的定义及地质分类

1.烃源岩的定义

能够生成石油和天然气的岩石，称为生油气岩，也叫生油气母岩或烃源岩。

Tisso将烃源岩定义为："已经产生或可能产生石油的岩石。"

Hunt则将烃源岩定义为："在天然条件下曾经产生和排出过烃类并已形成工业性油气聚集的细粒沉积。"

另外，对只能提供天然气工业价值聚集的富含腐殖型有机质的岩石则称气源岩。

烃源岩主要是低能带富含有机质的沉积岩。除包括暗色泥质岩类和碳酸盐岩类沉积，烃源岩还包括煤系气源岩。

（1）泥质岩类烃源岩。主要包括泥岩、页岩、黏土等，是在一定深度的稳定水体中形成的。环境安静乏氧，浮游生物和陆源有机胶体能够伴随黏土矿物的大量堆积、保存并向油气转化。因这些粒细的泥质岩类富含有机质及低铁化合物，颜色多呈暗色。泥质岩类烃源岩是我国最主要的烃源岩类型，已探明油气的大部分储量来自这类源岩。其分布层位从中、上元古界至第四系，几乎遍布我国内陆和沿海海域的沉积盆地。

（2）碳酸盐岩类烃源岩。以低能环境下形成的富含有机质的石灰岩、生物灰岩和泥灰岩等。常含泥质成分，色暗。其分布范围从中、上元古界至三叠系，第三系也有小范围分布。

海相碳酸盐岩主要分布于我国南方、华北以及塔里木等。

（3）煤系气源岩。煤系有机质主要为Ⅲ型干酪根（腐殖型干酪根），来自各种门类的植物遗体，以陆生高等植物为主，低等植物占次要地位。形成于还原—弱还原的沼泽或海陆交互相沉积环境。在热力条件下，煤化作用过程中生成以烃类气为主的天然气。煤系气源岩是大、中型气田形成的重要源岩，我国煤系源岩的层位分布主要是石炭—二叠系、上三叠统—侏罗系和第三系。

2.地质分类

作为烃源岩，一方面它应在地质历史中生成和排出烃类流体，另一方面它所形成的烃类流体在数量上应能运聚成藏。依据这一点，又可将烃源岩划分为以下两类。

（1）有效烃源岩是指已生成和排出大量烃类流体的岩石，它对油气成藏有贡献。

①活性有效生油岩目前仍在生排烃的有效生油岩。

②惰性有效生油岩由于抬升剥蚀或地温降低，目前已不再生烃。

（2）潜在烃源岩由于未成熟而尚未生成和排出烃类的岩石，但如果经历进一步埋藏或在试验室加温，则能大量生烃。

（二）烃源岩的测井分析方法

1.烃源岩的测井响应

（1）地层组成模型。在上述生油岩体积模型中，同常规模型相比，增加了固体有机质（干酪根）部分，并将其作为岩石骨架的一部分设置。固体有机质具有低速度、低体积密度和高含氢量的物理或化学性质。因此，固体有机质有高声波时差，低体积密度和高中子孔隙度的测井响应。

这些测井响应使由中子、密度、声速测井计算的孔隙度产生增值，同时，不因孔隙度的增值降低电阻率值，即不因孔隙度的增值降低电阻率测井值。不仅如此，伴随有机质成熟度生烃，使生油岩中的含油饱和度上升，引起生油岩的电阻率增加。

（2）基本原理。由于源岩层含有固体有机质，这些有机质富含有机碳，而有机质具有密度低和吸附性强等特征。因此，源岩层在许多测井曲线上具有异常反应。在正常情况下，含碳越高的源岩层，其测井曲线上的异常反应就越大。通过测定异常值的高低，就能反算出含碳量的大小。

对源岩有异常反应的测井曲线主要有以下几种。①自然伽马曲线；②密度；③声波时差曲线；④电阻率曲线。

2.烃源岩的测井识别

（1）烃源岩的单一测井方法分析包括以下几种。①自然伽马测井；②自然伽马能谱测井；③密度测井；④中子测井；⑤电阻率测井；⑥声波测井。

（2）用交会图识别烃源岩包括：①自然伽马—声波测井交会图。②电阻率—自然伽马交会图。③电阻率—声波时差交会图。

（3）声波—电阻率曲线重叠法。Passey研究了一项可以适用于碳酸盐岩和碎屑岩生油岩的技术。

3.确定有机质的成熟度

（1）判别油（气）源岩的成熟度的基本参数。

成熟度是判别油（气）源岩的基本参数，是评价油气远景的主要指标之一。一般将达到门限值的成熟油（气）源岩称为成熟的油（气）源岩。研究有机质成熟度的地化指标有很多，如热变质指数、黏土矿物演化、镜质体反射率、干酪根的元素分析以及热解产率指数和最大裂解温度。其中镜质体反射率、热解产率指数是很有效的成熟度指标。

镜质体反射率是测定干酪根中镜质体颗粒表面反射光强度与入射光强度的百分比。

（2）利用地层电阻率确定生油岩有机质的成熟度。

Murry、Meissner、Smagala等人对地层中异常大的电阻率与生油层有机质性质——成熟度及超压异常的关系进行过研究，都证实了生油层的电阻率与有机质成熟作用存在相关关系，因此可用电阻率测井进行生油岩有机质成熟度的定量评价。

众多资料表明，成熟期的烃源岩电阻率要增大十多倍，这与其有机质排烃过程相一致。

（三）生油岩的测井评价参数

1.生油岩含油气饱和度

研究表明，已经成熟的油气源岩中，不但含有丰富的残余有机物（干酪根），而且含大量的尚未运移出去的油气。这些残余的油气，是测井评价生油岩的重要标志，它不仅反映生油气岩的有机质丰度，而且反映了生油气岩的成熟度。因此，它是有机质丰度和成熟度的综合指标。

油气从生成开始，便在各种地质应力的作用下，以不同的相态从油气源岩向外运移。但是，无论是早期运移还是晚期运移，无论是以水溶相态运移还是以游离相态运移，油、气、水从源岩中被部分挤出后，残留在源岩中的饱和度不变。排烃作用并不降低源岩的含油饱和度。不仅如此，随着埋藏深度的增加压实排烃作用的进程，源岩的孔隙度和含水量进一步减少。因此，源岩孔隙中的含油饱和度随埋藏深度的增加而增加。

源岩中的含油气饱和度不但随埋藏深度的增加而增加，而且与有机物质的丰度成正比，并与有机质类型和成熟度有直接的关系。因此，油气源岩的含油饱和度，直接反映了油气源岩的生油潜力。

2.生油气岩总孔隙度和有效孔隙度

生油气岩的总孔隙度反映了生油气岩的压实排烃状况。高孔隙度的生油气岩标志着压实程度低、排烃不充分，对油气聚集贡献小称为无效的生油气岩；低孔隙度的生油气岩标志着源岩生成的油气已经随埋深压实产生了油气的初次运移，已对油气初次运移作出了贡献，称为有效的生油气岩。

当已知烃源岩的生油气门限深度时，根据各层生油气岩的总孔隙度和门限处的总孔隙度的差值，结合含油气饱和度计算各层生油气岩的排烃量。这次排烃量是研究油气富聚规律的关键参数。生油气岩的有效孔隙度，反映了生油气岩的次生孔隙和裂缝的发育状况，它反映了生油气岩自身排烃的物理条件，对研究油气的初次运移具有参考价值。

3.生油气岩剩余烃含量

生油气岩的剩余烃含量（VHC），指的是残留于油气源岩孔隙中的油气含量，生油气岩剩余烃含量的大小，与生油气岩有机质的类型、丰度、成熟度和产烃率有关。

有机质丰度高、成熟度高，则VHC值大；反之有机质丰度低，或是成熟度低，VHC都表现为低值。因此，VHC是反映生油气岩是否已经生成油气和生油气量大小的一个参量。VHC是区别有效生油气岩和无效生油气岩的指标。

另外，当生油气岩尚未成熟时，VHC的大小只是由有机质对孔隙度测井的响应引起的，与电阻率关系不大。这时VHC随有机质仅有较小的变化。当生油气岩成熟后，VHC的大小由孔隙中的油气和有机质对孔隙度测井和对电阻率测井的响应共同引起。这时VHC的值将有明显的变化，成熟度越高，VHC幅度越大。

4.生油气岩的成熟度

因地壳中的油气绝大部分是干酪根在地下热解作用下演化而成的，只有很小一部分是其他因素产生的。碳是干酪根的主要元素成分，通过对地下干酪根所含碳元素变迁过程的研究，可以获得干酪根向石油烃演化程度的信息。

5.生油岩总有机碳含量

在计算剩余烃含量的基础上，可以用测井方法计算生油气岩总有机碳含量。它既可以和生油地化参数有机碳含量作比较，也可以直接用于生油气岩量的计算。

二、盖层测井分析与评价

（一）盖层概述

1.定义

盖层是一个相对概念，它的作用是防止油气逸散。实际上，绝对不使油气逸散的盖层是没有的，通常人们把那些逸散速率相对较小的岩层称为盖层。

盖层按岩性划分为泥岩、页岩、碳酸盐岩、盐岩和膏岩。按作用和展布情况，则有区域盖层、局部盖层和隔层之分。按储盖层邻接关系，盖层又分为上覆盖层和直接盖层。

2.泥岩盖层封闭机理

泥质岩作为盖层，有3个封闭机理。

（1）毛细管力封闭。由于具有较高的驱替压力而阻止烃类扩散。

（2）压力封闭。由于具有异常高的孔隙压力而阻止烃类逸散。

（3）浓度封闭。由于盖层含有较高的烃类，从而阻止储层烃类扩散。

（二）泥页岩盖层测井评价参数

测井方法研究泥页岩盖层，是根据测井资料计算的总孔隙度、有效孔隙度、渗透率、含砂量、厚度、欠压实异常及黏土矿物成分等进行综合分析研究的。

1.厚度

测井关于泥页岩盖层厚度是根据自然电位测井、自然伽马测井、自然伽马能谱测井等泥质测井曲线来确定的。手工解释可根据测井曲线的半幅点分层，再计算厚度。数字处理则根据成果图上的岩性剖面直接计算、统计其泥页岩的厚度。

2.含砂量

泥页岩盖层含砂量的多少直接影响盖层的质量，泥页岩含砂量的增大，将导致地层可塑性降低，脆性增大，容易产生裂缝。这一效应对深层泥岩尤为突出，甚至出现储盖倒置的现象。

泥页岩的含砂量是根据测井数字处理计算岩性剖面来统计的，因此，要求数字处理计算的岩性剖面的精度要高。

3.总孔隙度

测井计算的总孔隙度代表着地层流体可流动部分和被黏土矿物束缚部分占据的孔隙空间之和与岩石体积之比。泥岩盖层总孔隙度的大小能够反映泥岩的压实程度，总孔隙度越小，压实程度越高，孔隙喉道半径越小，泥岩孔隙毛细管力越大，渗透率越低，封闭性能越好。因此，泥页岩盖层总孔隙度是反映盖层质量的重要参数。

4.有效孔隙度

泥岩总孔隙度同突破压力的关系，是把盖层看作均一化的理想盖层为前提的。实际上，在广阔的范围内，泥岩的岩性、结构和构造并不是单一的，泥岩内部孔隙大小、孔隙结构经常是不一样的，在各种成岩作用和构造作用下，经常产生次生孔隙和微裂缝，它在某一局部范围内或在某一深度段可能存在着各种形式的微渗漏空间。这些次生孔隙、微裂缝和各种形式的微渗漏空间，在测井参数上表现为有效孔隙度。用中子–密度交会计算的泥页岩盖层有效孔隙度的大小，反映泥页岩的次生孔隙、裂缝的发育程度，因此，它是评价泥页岩盖层质量的重要参数。

5.泥岩裂缝测井判识方法

在正常压实情况下，泥岩的孔隙度、密度和电性将随埋深增加呈规律性变化。但当压实至一定程度后，这些性质的变化将逐渐降低和趋于停止。这时的泥岩将出现剖面中的最低孔隙度、最大密度和最高电阻率值，即进入“不可压缩”阶段。但当时泥岩因自身变化（失水干缩、有机质生烃、地层压力增大等）产生成岩裂缝，或因地层褶皱和断裂产生构造裂缝之后，将出现声波、密度、中子、电阻率和井径的异常变化，依此可判断裂缝的存在和发育程度。

6.渗透率

泥页岩的渗透率是孔隙度、束缚水饱和度和含砂量的函数，孔隙度、含砂量越高，渗透率越大；束缚水饱和度越大，渗透率越小。值得注意的是，当泥页岩存在裂缝时，渗透率将会失去均质地层的孔渗关系，使渗透率急剧增大，使盖层失去封闭油气的能力，即使是少量连通裂缝，也常造成油气田的巨大破坏。因此，在计算泥页岩渗透率时，采用能够反映泥页岩裂隙、裂缝及次生孔隙的有效孔隙度是重要环节。

7.黏土矿物分析

泥岩的封盖性能取决于它的可塑性和膨胀性。黏土矿物的可塑性和膨胀性以蒙脱石>伊蒙混层>高岭石>伊利石>绿泥石顺序排列。因此就其泥岩岩性而言，含蒙脱石高的泥岩封盖性能好于高岭石为主的泥岩；含高岭石高的泥岩封盖性能好于以伊利石为主的泥岩；而含伊利石高的泥岩封盖性能又好于绿泥石为主的泥岩。

（三）盖层的识别与评价

1.有效盖层识别

有效盖层是指能够封闭油气的直接盖层。它可以是泥岩，也可以是岩性致密的泥质砂岩或砂岩，问题的关键是盖层突破压力的大小。

当岩层突破压力大于促使油气通过它发生渗漏的动力时，该岩层就能对油气起封隔作用，成为盖层，我们把这样的泥岩盖层称为有效盖层。在裂缝比较发育，且连通性比较高的情况下，岩层的突破压力会大大降低，油气就可进入此岩层，并在其中渗漏、散失，这样的泥岩不能封闭油气藏，我们称它为假盖层。

反映泥岩有效盖层和假盖层，最灵敏的测井参数是有效孔限度和渗透率。而现今保存完好的油气藏和由于盖层质量低劣逸散残留油气藏的直接盖层的有效孔隙度和渗透率，是分析地层条件下有效盖层参量的最好依据。

2.泥页岩盖层等级划分

有效盖层是一个范围值，在盖层的范围内都称为有效盖层。但是，在这个范围内的有效益层，其封闭性能是有差别的，有的可以封闭气层，有的可以封闭油层，有的可能处于封闭作用和逸散作用的临界状态或混合状态。对每一层泥页岩盖层，究竟处于哪种状态，除了与有效孔隙度有关，还与泥页岩盖层的含砂量、厚度和总孔隙度有关。

泥页岩盖层的有效孔隙度、含砂量、厚度及总孔隙度对盖层质量的影响是有差别的，据不同参数对盖层质量影响程度的差别，对这些测井参数赋予不同的权值，根据已知油气藏盖层参数量值反复试验，确定权值，据这些测井参数权值大小，通过排列组合，便可拟定泥页岩盖层的质量等级。

（四）其他岩性盖层的测井

1.盐岩、膏岩盖层

盐岩、膏岩是高蒸发环境下的产物，在地下常以晶体结构存在，结构紧密，渗透性极差，是优良的封盖层基质。

盐岩和膏岩由于其特殊的物质结构，使测井值常趋于某一特定值，成为测井资料判别盐岩和膏岩的基本标准。

用测井资料判别膏岩、盐岩层，然后用测井资料来标定地震资料，预测膏岩、盐岩层的空间展布，可有效地分析膏岩、盐岩的封闭作用。

2.碳酸盐岩盖层

深埋于地下的碳酸盐岩，基质孔隙度一般都很低，从基质孔隙度来看，碳酸盐岩做盖层是完全可以的，但是碳酸盐岩大多存在后生成岩改造，使之产生次生空洞、溶洞、裂缝等。这些次生孔隙的出现，使碳酸盐岩由盖层转变为储层，失去封闭油气的能力。这些成岩后生改造作用经常是不均一的，它将大面积展布的碳酸盐岩分割成鸡窝状。从局部来看，可能是优质封盖层；但从整体来看，可能是破碎的封盖层。

因此，碳酸盐岩的封盖性能，用一项单一技术判断是困难的，实验室分析、测井分析、精细地质解释三者紧密结合，是判断碳酸盐岩封盖层封闭性能的唯一途径。

3.煤岩盖层

煤岩自身孔隙度很低，又具有可缩性，在构造运动不太活跃的地区，煤岩常可作为油气的封盖层。在埋藏较浅、构造运动活跃的地区，煤岩也可出现构造裂缝，使煤层失去封闭油气的能力。煤岩测井响应值很明显，用测井响应资料很容易判别煤层。用测井资料识别煤层，并综合分析煤层是否存在次生裂缝，达到评价煤层封盖性能的目的。

（五）储盖组合测井分析

当用测井方法对每层泥页岩盖层做出质量评价后，便可进行储盖组合测井的三方面分析评价。

（1）储层、盖层的搭配关系；

（2）有利储集层段分析；

（3）油气层和残余气层解释。

储盖组合测井解释是指在进行储集层油、气、水层划分时，不但要考虑储集层的孔、渗、饱和含气指示等指标，而且还要考虑储集层上方直接盖层的封闭性能和对储集层的封闭作用。因此，盖层质量参数和储层解释参数必须同时计算，同出一图。

第四节 裂缝识别与评价

一、裂缝识别方法

（一）微电阻率成像测井识别法

依据“围岩电阻背景下井壁电阻率异常变化特征”识别裂缝，由于微电阻率成像测井分辨率高且显示直观，是裂缝识别的有力的方法之一。利用图像不仅可以有效识别出裂缝发育的产状，而且能有效判断高阻结晶矿物填充性。不足是无法识别低阻物质充填缝以及低阻岩性条带，无法判断裂缝的有效性。

（二）全波波形及其能量衰减识别法

依据“裂缝发育带声波传播时间和能量受到明显干扰”识别裂缝。一般在裂缝处，纵、横波时差常出现跳跃性变化，全波波形幅度及其能量出现明显的衰减。一般来说，在低角度裂缝中横波的衰减比纵波大，在30°～70° 的裂缝中纵波的衰减相对较大，横波的衰减也较大，70° 以上的高角度裂缝对纵波造成的衰减并不明显。本方法的优点是不仅有效指示裂缝发育段，而且利用纵、横波衰减程度判断裂缝发育角度大小；其不足是无法全面判断裂缝产状，无法识别裂缝发育类型，只能判断裂缝发育带。

（三）斯通利波时差延迟及反射系数指示裂缝法

依据“井壁周围流体流动对斯通利波响应特征”识别。大量实际测井资料分析表明：高角度裂缝易引起斯通利波能量衰减，网状裂缝易引起斯通利波时差增加，斜交缝在斯通利波时差和能量上具有响应。同时低频斯通利波与储层的渗滤性具有直接关系，用斯通利波的能量衰减和传播速度，可以较好地估算裂缝储层的渗透性。本方法的优点是能判断裂缝的有效性及储层的渗透性，对低角度缝的评价有绝对优势；不足是无法全面判断裂缝产状，无法识别裂缝发育类型，只能判断裂缝发育带。

（四）常规组合测井曲线识别法

在岩心和电成像对组合测井曲线标定的基础上，多条曲线综合识别。裂缝倾角的大小与电阻率的差值有关，不同的裂缝类型对于深浅双侧向测井有明显的响应特征，具体表现如下。

（1）高角度缝电阻率值在致密层高阻的背景下有所降低，曲线形状平缓，深浅双侧向值呈正差异。电阻率下降的程度和差异的大小主要受裂缝的开度、延伸长度和侵入半径的影响。一般情况下，电阻率随开度的增大而减小；当侵入半径较大时，对于油层而言，深浅双侧向的幅度差值较大，对于水层差异值较小。

（2）低角度缝深浅双侧向电阻率值对于低角度缝也有所降低，但曲线形态呈尖峰状。当裂缝的开度大于某一值时，深浅双侧向呈现负异常。

（五）地层倾角测井资料识别裂缝

无声、电成像测井资料时，地层倾角可作为识别裂缝的方法之一。储层有裂缝存在时，充满泥浆滤液的裂缝电导率明显大于无裂缝时储层电导率，在裂缝发育段，六条（四条）电导率曲线对称性差，可以反映储层发育裂缝。

二、裂缝有效性评价

（一）双侧向

利用常规测井方法中的双侧向测井曲线的重叠特征可以快速、可靠地判断裂缝的张开度和延伸长度与双侧向测井曲线的正负差异关系，从而确定裂缝的有效性。当裂缝的倾角角度较大时，双侧向测井曲线在高阻背景下电阻率下降较大，深、浅侧向的测井曲线的差异较大；裂缝张开度越大、裂缝延伸越长，其有效性、渗滤性就越好。当裂缝的倾角较低时，深、浅侧向的测井曲线出现负差异；差异幅度越大，裂缝张开度越大，其有效性、渗滤性就越好；如果出现负差异，裂缝的有效性就越差。

（二）自然伽马能谱判断裂缝有效性

可以通过自然伽马能谱测井所测量的某些指标含量来研究地层的特性，为正确评价地层提供可靠的信息，由于形成风化壳的环境条件是温暖、潮湿的古气候条件及稳定的大地构造条件，母岩被强烈风化形成的碎屑物质、易溶物质大多被搬运，而在风化壳地区被残留的矿物主要是一些风化稳定性高的矿物及化学残余物质。其中包含有抗风化性强的含钍矿物，含量相对集中，而由于铀元素易溶于水，被运走的含量较少。在后期油气成藏过程中，地下水在裂缝型储层中流动，铀元素被吸附在裂缝表面，反映裂缝具有连通性，据此可间接判断裂缝的有效性。

第五节 测井解释在油藏描述中的应用

一、测井解释标准化处理

（一）测井资料标准化的意义

测井原始数据的误差除了环境因素的影响，另一个主要来源则是仪器刻度的不精确性。这是因为对一个油田来说，在漫长的勘探与开发过程中，很难保证所有井的测井数据都采用同类型的仪器、统一的标准刻度器以及同样的操作方式。这样，必然就会在井与井之间引入以刻度因素为主的误差。因此，在对测井原始数据进行环境影响校正之后，有必要对数据进行标准化处理，以便在更高的程度上克服和消除仪器刻度的不精确性所造成的影响。显然，这是在测井仪器标准化技术基础上的延伸与扩展。

测井数据标准化处理的实质就是利用同一油田或地区的同一层段一般具有相似的地质特性和地球物理特性的特征，从而规定了测井数据具有自身的相似分布规律。因此，一旦建立各类测井数据的油田标准分布模式，就可运用相关分析技术等，对油田各井的测井数据进行整体的综合分析，校正刻度的不精确性，达到全油田范围内测井数据的标准化，显然，只有采用经过标准化处理的测井数据，才能排除非地质因素的影响，保证计算储层地质参数的可靠性。

就一个油田而言，属于同一层系的砂岩体或其他岩性，一般都具有相同的沉积环境和近似的地球物理特性。在油田范围内选取1～2个沉积稳定、厚度适中且变化小、分布范围广、岩性与测井响应特征明显且易于识别的地层（砂泥岩剖面中的油页岩、钙质胶结的致密砂岩、盐岩、碳酸盐岩剖面中稳定的泥岩等）作为标准层（这些层的测井数据具有相似的频率分布）。以关键井中标准层测井数据的频率分布为客观依据，便可对其他井的测井数据进行刻度误差校正，将全油田各井的同类测井数据统一到同一个刻度水平上。

（二）测井资料标准化的方法

目前在多井评价与油藏描述中，一般采用二维直方图法、频率交会图法、多维直方图法、趋势面分析法、均值–方差法等对测井数据进行标准化处理。下面介绍几种常用的测井资料标准化方法。

1.利用直方图对测井数据进行标准化处理

通过对比找出油田范围内的标准层（标准层一般应具备如下特点：在油田范围内沉积稳定，地层厚度大，岩性与测井相应特征标志明显），利用关键井标准层的、经环境影响校正后的测井数据（如中子、密度、声波时差等）作直方图作为测井数据标准化的刻度模式，通过分析各井同一标准层测井数据的频率分布，逐一与油田标准模式进行相关对比，检查各井测井数据的可靠性，从而确定进行校正所需要的一组转换值，对各井进行标准化校正。

2.测井资料标准化的神经网络方法

BP（back propagation）神经网络是目前研究最多、应用较广的网络模型之一。其训练操作是从所提供的模式对（训练样本）出发，通过信息前传和误差反传两个过程不断调节和修正权重和阈值，使实际输出与期望输出值的误差达到最小而获取各层神经元间的最优权系数。它是通过学习典型样本的特征属性来概括研究对象的某种特性及其变化规律，并作为知识保存下来用于未知参数的预测或样本类别的划分。

通常对给定的具有合理结构的BP网络来说，只要提供的学习样本不是特别差，即提供一批代表性样本，那么网络训练速度快、学习建模容易。实际上，它把输入的学习样本看成绝对正确的客观事实，哪怕是伪样本，也要竭力去学习。

用BP神经网络使测井资料标准化时，先鉴别关键井和非关键井中的标准层或视标准层的中子、声波、密度等测井曲线是否存在质量问题，然后确定如果存在误差，其校正量是多少。在实际处理时，可将关键井标准层的测井值看作是准确的，并作为网络输出层的目标期望值。鉴于同一标准层的测井响应值横向上不是稳定不变的（不是固定数值），而是具有某种统计分布特征或某种变化分布范围，因此可将其平面坐标X、Y及其组合变量作为网络输入层的输入信息，采用BP算法，训练各井的标准层测井数据样本，学习其变化分布规律，进而描述整个研究区块或构造内所有井的标准层测井参数的区域变化分布特征。

当个别井标准层的测井数据有明显的质量问题时，整个网络的训练变得较为困难，学习精度难以提高，此时可判定该样本即标准层的测井数据是否存在测量误差而需要校正，属于带有噪声或变形的输入模式。要么将其剔除、不参加网络训练学习而作为非关键井样本处理；要么对其采用平均值法或交会图法校正后，再作为输入模式而参与网络训练和学习建模。对未参加网络训练学习的其他井，可采用建立的标准化模型预测估算出其标准层的测井值，与实测值比较，即可确定其测井值标准化校正量。有此校正量后，就可重新刻度包括此标准层在内的测量井段的相应测井曲线值。

3.利用趋势面分析对测井数据进行标准化处理

Doveton首次采用趋势面分析的定量方法来分析研究测井数据标准化的问题。下面介绍利用趋势面分析方法对测井资料进行全油田标准化处理的方法。

所谓趋势面分析，就是对数据中包含的三部分信息进行分析，排除随机干扰部分，找出区域性变化趋势，突出局部异常，从而研究某一物理参数的空间分布特征及变化规律。例如，在石油地质勘探中，为了研究储层在整个油田上的分布，需要研究孔隙度、渗透率、泥质含量等参数在整个油田内的“区域趋势”和“局部异常”。地质上常用各种等值线图表示上述参数的空间变化，就是将孔隙度等参数的计算值标记在各井（某个层位）的坐标点上，然后通过这些参数值作等值线。这种作等值线的方法从数学的观点上说，就是映射分析，而映射分析的目的就是利用某种数学模型对分布在空间上的数据点进行光滑处理，或者在数据点之间进行插值。

以下为利用趋势面分析对测井数据进行标准化的具体做法如下。

（1）在所研究的油田范围内，选择两个标准层。例如，选择一个海相泥岩，一层硬石膏（或致密碳酸岩）作为测井刻度的高、低两个刻度点。

（2）对每口井中标准层的测井数据作直方图，并研究确定标准层的各测井数据直方图所特有的频率分布与特征尖峰。

（3）将每口井标准层测井数据直方图的峰值标注在按井位确定的地理坐标系内。

（4）对各井标准层测井数据直方图峰值的一批数据进行趋势面分析。

二、关键井解释研究

关键井研究目的在于确定适合于全油田的测井解释模型、解释方法与解释参数，建立全油田统一的刻度标准和油田转换关系，力图达到最佳地逼近真实地层信息，为后续油水层判断、储层定量评价、储量计算奠定基础。储层参数解释模型的建立，不仅需要科学的研究方法，还需要合理而准确地选择并采集第一手资料。为此，需要选择关键井作为参数研究分析的窗口，以关键井的岩心测试数据对测井资料进行分析刻度，目的在于创造测井数据对地下地质特征的直接求解能力。

（一）关键井应具备的条件

在一个油田范围内，一般选择符合下述条件少数几口重要井作为全面分析研究的关键井。

（1）位于构造的有利部位，有很好的钻井质量，一般应是垂直井。

（2）具有最有利的测井条件（井眼条件、钻井液条件等）和测井深度。

（3）有系统完整的取芯资料、录井资料，地质情况清楚，有良好的地层对比条件与地质验证资料。

（4）具有用较齐全的测井系列所测得的、尽可能多的测井信息。

总之，所谓关键井实际上就是资料井、标准井，以它的岩心分析资料确定地层模型、测井解释模型及某些基本参数，确定全油田测井信息与地质参数间的转换关系等。

（二）关键井的研究内容

（1）岩心资料的深度归位，保证同一口井的所有测井资料和地质信息都有准确的深度和好的深度对应关系。

（2）测井环境影响校正与标准化。

（3）弄清研究区目的层岩性、物性、含油性及电性的基本特征。

（4）分析研究区储层的内在联系，弄清影响储层参数的各种地质因素。

（5）确定适合于全油田的测井解释模型、解释方法和解释参数，包括岩性模型（骨架成分及其测井参数），反映测井值与储层参数关系的测井响应方程、解释参数，对计算的储层参数的地质约束（如孔隙度和骨架成分相对含量的上限值）等。

（6）用测井分析软件处理关键井测井数据。

（7）用岩心和其他地质信息，检验前面计算的储层参数（如孔隙度、渗透率、泥质含量、粒度中值以及含水饱和度等），并根据检验结果修改测井解释模型与解释方法。为达到上述目的，应以测井、地质及数学的理论方法为指导，详细观察研究工区取芯井岩心，分析各种测井、实验室分析化验资料。根据关键井的研究结果，应提出综合研究报告，其内容包括关键井的解释方法，计算结果及其他来源信息的对比情况，对今后测井项目及评价技术的建议等。

（三）建立测井解释模型与油田储层参数转换关系

1.岩心资料的深度归位

测井解释模型通常采用岩心刻度测井的方法建立，因此岩心深度与测井深度取得一致和匹配是一项非常关键的工作，常说的岩心深度归位即指该项工作。常用的岩心归位方法有两种。

（1）测量岩心的自然伽马（曲线），并将它与自然伽马测井曲线对比，根据曲线的相似性将岩心位置校正到测井的深度。

（2）利用岩心分析的孔隙度与由测井曲线计算的孔隙度进行对比，或用岩心分析孔隙度数据与孔隙度测井曲线进行对比，对岩心按测井深度归位。

由于储层的纵向非均质性，即岩心分析数据的纵向分辨率与常规测井资料的纵向分辨率不同，运用岩心分析数据与测井参数建立统计模型时会引入误差，因此测井数据与岩心分析数据的匹配是一项重要的工作。

关键井岩心分析的取样密度一般为5～10块/m，分辨率是较高的，由于不同的测井仪器的源距、线圈距或电极距的不同（如密度测井的源距为0.36m，中子测井的长源距为0.64m，深感应测井的主线圈距为1.02m，长源距声波接收器间距为0.6m等），它们之间的纵向分辨率是不同的。而且测井曲线的纵向分辨率均低于岩心分析数据的纵向分辨率，因此应对应不同的测井曲线分辨率窗长，对岩心分析数据进行平滑处理。例如，岩心分析取样密度为10块/m的岩心数据，对于密度测井资料，将岩心分析数据进行3点滤波；对于中子、声波测井资料，将岩心数据进行5点滤波；对于深感应曲线，将岩心分析数据进行7～9点滤波。若岩心分析时为不等距取样，可进行二次项插值处理。

2.区域参数

在建立地层模型、测井解释模型的同时，尚需对油田上已经取得的其他资料进行分析研究，尽量搞清地层、构造、油水系统、温度、压力、流体性质等情况。然后利用各种统计技术结合测井资料，特别是依据岩心电性参数的研究分析结果，给出本油田测井解释中所需的基本参数。如骨架矿物的测井值，泥质或黏土矿物的测井值，地层水的成分、矿化度、电阻率，本地区地温梯度，钻井液和钻井滤液的矿化度、电阻率、密度及泥饼的电阻率，碳氢化合物的组分及其测井特征值，以及电阻率响应方程中的孔隙结构指数、饱和度指数等参数。

3.测井解释模型与油田参数转换关系

为了提高测井数据对地下地质特性的实际直接求解能力，除了采用岩石体积模型，对关键井还应采用使用岩心分析资料刻度测井信息的方法，研究储层岩性、物性、含油性和测井响应特征间的关系，即所谓的四性关系，从而利用数理统计以及神经网络方法来建立适合于本油田的经验解释模型和参数转换关系，然后利用这些经验解释模型与参数转换关系对测井数据进行计算机处理解释。

对于同一沉积环境下的、横向上相对稳定的储层，不同井中的同一种测井数据，或由测井数据求出的储层物性参数之间会有相似的统计规律。采用适当的方法，根据关键井的资料，可以在多维转换空间找出测井数据与岩心分析得到的储层物性参数间的相关关系。

建立油田参数转换关系的传统方法是以“四性”（电性、岩性、物性、含油性）关系研究为基础的。按现代测井技术的概念来说，传统的“四性”关系已扩展为测井与非测井两大信息系统多层次、多方位的相关分析，它包括以下几个方面：测井响应自身的内在联系和定性、定量分析模式；测井数据与岩石的岩性、结构、储层物理特性、渗流特性以及油气含量等之间的定性、定量相关性；电相、岩性、地震相和沉积相之间多层次的关系。这种广义的转换关系（测井地质解释）在油藏描述中是至关重要的，只有开展有效的油田参数转换关系的研究，测井信息才具有实际的求解能力，并在新的基础上运用地质参数间内在的规律，寻求更复杂的、利用测井资料无法直接得到的地质参数。

三、测井相分析与地层对比

（一）测井相分析的基本原理

测井相是指能反映某一沉积物特征，并能使这个沉积物与其他沉积物区别开来的一组测井（参数）响应。测井沉积相研究就是应用各种测井信息来研究沉积环境和沉积物的岩石特征。沉积相由特定的相标志表示，而测井相由特定测井响应来代表。不同沉积相因其成分、结构、构造等的不同而造成测井响应不同，故可以利用测井曲线这种电性响应特征进行沉积相分析，即测井相分析。由于测井曲线的多解性，沉积相和测井相两者之间并不是一一对应的关系，因此，必须用已知沉积相对测井相进行标定。

测井相分析原理是先根据有较多取芯资料的关键井中已知岩性（或岩相）地层的测井参数，应用一套数学分类准则将各组测井参数划分为具有地质意义的测井相；再通过与岩心描述的岩相做详细对比，确定每种测井相的岩性（或岩相）类型，建立本地区的测井相—岩性（或岩相）数据库；最后根据所用的数学分类准则及测井相—岩性（或岩相）数据库，对关键井及绝大多数未取芯井进行连续逐层的测井相分析，并鉴别每层的岩性（或岩相），最终获得这些井剖面所有地层的岩性（或岩相）。某类测井相能否有效地反映出某一岩性（或岩相）特征，取决于所用测井信息的类型、数量与质量以及数学分类准则。因此，应选择最能反映岩性（或岩相）特征的一组测井参数来进行测井相分析。由于测井相分析能够获得深度准确、质量较好的单井岩性或岩相柱状剖面图这一重要的基础地质资料，它在石油勘探开发中有着广泛的用途，具有重要的经济与社会效益。主要应用如下。

（1）确定井剖面各地层的岩性或岩相，研究岩性特征；

（2）选择岩性解释模型、方法及解释参数；

（3）研究地层层序关系，做井与井间地层对比；

（4）研究油田储层的纵横向变化及油气层分布，帮助预测有利含油气区块与制订合理开发方案；

（5）进行沉积相与构造研究等。

（二）测井相分析的基本方法

测井相分析方法有许多种，大体可分为定性的图形识别法和计算机自动测井相分析法。图形识别法就是用梯形图或蛛网图将不同岩性（或岩相）的测井相直观地显示出来。

显然，不同岩性、岩相或沉积微相的岩层具有不同形状的测井相图。在关键井中根据测井和岩心录井等建立本油田各种岩相或沉积微相的梯形图或蛛网图，确定该油田测井相与地质相的对应关系后，对其他井的地层均可做出测井相图。通过比较关键井和其他井的测井相图的形状（也可计算面积）来推断这些井的地层所属的岩性、岩相或沉积微相。

测井相分析的重要目的是根据系统取芯的关键井资料建立的测井相-岩相数据库、测井相判别模型及测井相分析软件，应用到本地区绝大多数未取芯井做测井相分析，获得这些井更可靠的岩性柱状剖面图。

目前，常用的测井相分析的方法是：首先，建立岩心相与测井相之间的对应关系，建立测井相库；其次，依据测井相库资料对各井层段划分沉积相；最后，归纳建立全区和整个沉积过程的沉积相模式。其中关键技术就是测井曲线的要素分析。

测井相分析的相标志主要反映在曲线的幅度、形态、顶底接触关系、光滑程度、齿中线、多层组合包络线和形态组合方式7个要素。这些要素可以定性地反映岩层的岩性、粒度和泥质含量的变化及垂向演化序列。常用的测井划相曲线主要有自然电位曲线、自然伽马曲线、电阻率曲线等，其中自然电位曲线最常用。这里归纳总结其幅度、形态、顶底接触关系和曲线的光滑度与沉积环境、沉积微相的一般关系。

（1）幅度：曲线幅度是指某地层单位中稳定的自然电位值与纯泥岩基线的差值，即自然电位相对值。一般来说，河流自然电位测井曲线以中幅为主，滩砂或砂坝以高幅为主，漫滩相以低幅为主。

（2）形态：曲线形态（这里指单层曲线形态）是测井划相的主要要素。

（3）顶底接触关系：单砂层的顶底接触关系反映砂体沉积初期、末期水动能量及物源供应的变化速度。

（4）曲线的光滑度：曲线的光滑度可分为光滑、微齿和齿化3个级别。光滑曲线代表在物源丰富和水动力作用强的条件下，砂质被充分淘洗后的均质沉积（如滩砂）。微齿曲线代表物源供应充分但改造不彻底的沉积（如河道砂），也可代表河流季节流量不同，引起沉积颗粒粗细间互变化的特点。齿化曲线则代表间歇性沉积的叠加等。

（三）地层划分与对比的原则

1.地层划分的基本原则

地层划分的基本原则是：地层单位要有一定的规模的时间、空间分布；地层的划分应使所分出的地层单元内部具有相当程度的统一性；地层单位的上下界面必须稳定，且易于识别。此外，还应该注意不同沉积环境中地层单元的划分方法不同。

2.地层对比的基本原则

地层对比的基本原则是：采用地震、测井、岩性和古生物等资料综合划分对比地层；在充分研究地震反射结构特征及沉积相的基础上，确定各层段的沉积环境，针对不同的沉积环境，具体研究地层划分与对比的方法；严格遵从地层层序约束，即地层对比过程中不能出现交叉对比；先识别标准层及逐井对比。

一般而言，为了保持生产和研究的连续性，应在原油层组不变的基础上，重点对小层进行复查和细分。小层细分的原则是：以高分辨率层序地层学理论为基础，在区域性标志层、辅助标志层的控制下，按照等时对比原则，运用“旋回对比、分级控制”划分砂层组和小层。例如，在碎屑岩剖面研究中，含油砂体具有一定的厚度和分布范围，单层（油砂体）间应有一定厚度和分布面积的隔夹层分隔的砂体才进行细分，单层（油砂体）间隔层的分布面积一般应大于含油面积。不同微相的砂体应细分开。一般情况下，不含油的一些砂体不再进行细分工作。

由于测井曲线的高分辨率特征为各级次基准面旋回与划分提供了良好前提，因此可首先从关键井出发，运用测井曲线并结合岩性剖面来对单井（关键井）进行高分辨率旋回分级，实现精准划分单井小层并总结划分原则，以指导对未取芯井的小层划分，确保了地层划分到微相级或单砂层级次。在单井小层划分基础上，可对研究区钻井建立足够的、覆盖全部井网的骨干对比剖面、闭合对比剖面，运用“旋回对比、分级控制”及切片对比、等高程对比等技术进行地层对比，最后建立起研究区高分辨率地层格架。

（四）切片对比和等高程对比技术

由于在河流三角洲的泛滥平原相、三角洲平原相及其次一级亚相内的河流切割、充填作用较强，地层的厚度变化剧烈，不宜采用“岩性相近、厚度相近”的对比原则，而一般采用切片对比和等高程对比技术。

1.切片对比

河流沉积中，由于河道频繁摆动改道，使得河道砂体在泛滥沉积中随机出现，任何一个等时单元在侧向上总是出现河道砂体与泛滥沉积的交互相变。切片对比法根据简单的沉积补偿原理，以任何一个基本平行标准而遵循区域厚度变化趋势的层段切片，取其界面作为等时线进行控制对比，具体做法如下。

（1）两个标准层间控制的大套河流连续沉积，按总厚度变化趋势切成若干个片（约相当于亚组），切片界线就是对比等时界线。

（2）切片厚度不宜太小，一般要求多数井都有一定层数的河道砂体与泛滥沉积的相组合，以防部分井以河道砂体为主，部分井则几乎全部为泛滥沉积，这样可以消除砂泥差异压实带来的对比误差。要注意的是，各切片界线未必是合理的旋回界线，但其切片线以内的砂泥岩沉积的等时性还是可以基本确定的。

（3）区域厚度变化较大时，要利用地震剖面，选择连续性较好的反射界面，大体判断区域性厚度变化趋势，切片时应遵循这一基本趋势。

（4）切片界线应尽可能与古土壤旋回性结合起来。

2.等高程对比

河道内的全层序沉积的厚度反映古河流的满岸深度，其顶界反映满岸泛滥时的泛滥面。同一河流内的河道沉积物，其顶面应是等时面，而等时面应与标准层大体平行。也就是说同一河道沉积，其顶面距标准层（或某一等时面）应有大体相等的高程。反之，不同时期的河道砂体，其顶面高程应不相同，这就是等高程对比的依据。等高程对比的具体做法如下。

（1）在砂层组上（或下部）选择标志层，并尽量靠近砂层组顶（或底）界面。

（2）分井统计砂层组内主要砂层（单层厚度大于2m）的顶界距标准层的距离。

（3）在剖面上，按深度统计主要砂层顶面距标准层的距离，并确定主要的时间段，将不同距离的砂岩划分为若干沉积时间单元。

（4）全区综合对比统一时间单元，然后进行对比连线。

第九章　油藏地球化学基础与应用

第一节　地球化学主要研究内容和方向

一、地球化学主要研究内容

地球化学是用化学原理研究地壳，地球的化学成分和化学元素在其中分布、集中、分散、共生组合与迁移规律以及演化历史的学科。有机地球化学是地球化学的重要组成部分，是用有机化学理论研究地壳内各种碳质物体的分布情况，探讨它们的运移、富集规律，鉴别它们的成因和起源，研究范围包括大气圈、水圈和岩石圈以及宇宙空间的天体。而油气地球化学是有机地球化学的重要分支，研究范围主要集中于岩石圈中的沉积岩石圈（包括沉积物）和水圈。从深度上看，大约集中在从地表到埋深10km的范围内。

油气地球化学是应用化学原理尤其是有机化学的理论和观点来研究地质体中与油气有关的有机质的来源、时空分布、化学组成、结构、性质及演化，探讨有机质向油气转化的过程和机理，研究油气的初次运移和二次运移、油气的次生改造和蚀变，油气藏聚集特征，油气藏形成过程及油气田开发过程中的有机—无机相互作用，油气组分的变化及其规律和意义，以及运用这些知识来指导油气的勘探和开发的一门科学。

油气地球化学是一门新兴的交叉学科。它突破了单一学科的界限，将地质类学科（沉积学、地质学、矿物学等）与化学类学科（有机化学、无机化学、物理化学、分析化学）和生物类学科（生物学、古生物学、微生物学等）及石油工程等的理论和方法融为统一的科学体系，并在油气勘探和开发实践中逐渐形成一门独立的学科，其基本理论和方法在目前油气勘探和开发中正发挥着越来越重要的作用。油气地球化学在20世纪七八十年代已经与石油地质学、地球物理学并列，成为石油勘探三大理论基础之一，并于20世纪90年代逐步、快速渗入油气开发领域。该学科的基本原理和基本方法是地球化学专业、资源勘查工程专业学生以及从事油气勘探与开发的地质人员所必备的。

（一）油气地球化学的主要内容

油气地球化学的主要内容包括油气地球化学的理论基础、油气地球化学应用和油气地球化学的分析方法。其中，理论基础由以下4个方面组成。

（1）有机质的地球化学：主要讨论作为油气先质的有机质的起源、演化、组成、分布特征及其与油气的关系。

（2）油气生成的地球化学：主要讨论有机质转化成为油气的过程、机理及影响因素和成烃模式。

（3）油气运移和聚集的地球化学：主要讨论油气是通过什么方式、什么时候运移并聚集到油藏中的。

（4）油气蚀变的地球化学：主要介绍聚集到油气藏中的油气的组成是如何发生变化的，发生了哪些变化。当然，讨论的基础是油气的基本组成和分类。

（二）主要应用

油气地球化学在解决实际问题中的效果是其生命力之所在，主要应用于以下方面。

（1）烃源岩评价：回答一个研究区烃源岩的有无、优劣及生油气量的大小、时期及强度，为勘探选区和投资力度的决策服务。

（2）油源对比：主要回答烃源岩所生成油气的去向或油气藏油气的来源，为勘探方向的选择服务。

（3）油藏和开发地球化学中，主要研究油气藏中流体的非均质性及其形成机制、分布规律，油藏中流体与矿物的相互作用，采油过程中组分的变化规律与机制，探索油气的充注、聚集历史与定位成藏机制，评价采油过程中储层及流体组成的变化、合采层单层产能贡献的变化，为油田的勘探、开发和提高采收率服务。近年来为满足勘探开发生产的技术需求，将一些能够快速检测储层中油气含量及性质，确定油气水层界面、计算储量及预测产能的技术应用于随钻录井工作，形成了气测录井、岩石热解录井和色谱录井等实用、配套的技术系列，使地球化学录井技术得到了快速发展。虽然它们可以视为油藏及开发地球化学的一部分，但由于自成分析测试、解释的体系。

（4）近年来受到高度重视并得到快速发展非常规油气，包括致密油气、页岩油气、煤层气等，其评价和研究中所涉及的主要地球化学问题。

此外，生物标志化合物的地球化学作为油气地球化学进入分子级水平的标志，在整个学科理论和应用的发展中有着特殊的意义。

从考察和研究的对象和目标来说，油气地球化学可分为烃源岩地球化学和油藏（及开发）地球化学。其中，烃源岩地球化学是经典的油气地球化学的主要研究内容，它以烃源岩为主要研究对象，主要服务于油气的勘探；油藏（及开发）地球化学是油气地球化学近年来的学科生长点和重要进展，它以油藏流体为主要研究对象，所获得的信息既可以服务于勘探，又可以服务于开发。

二、地球化学主要研究方向

（一）天然气地球化学研究

天然气是一种优质、清洁、高效能源。从世界天然气产量在油气产量和能源结构中所占比重的增长趋势来看，21世纪将是一个天然气的时代，天然气工业将面临快速发展的历史机遇，而天然气的成因机理和成因类型判识、气源综合对比及富集规律等方面的研究仍需加强。例如，天然气和稀有气体同位素地球化学将继续成为一个活跃的研究领域。其中，天然气生成、运移、聚集和散失过程中的C、H同位素分馏效应是目前地球化学一个前沿和活跃的研究领域，还有许多问题有待深入探讨，其研究成果将影响天然气的气源、成因类型和成熟度判识。同时，在天然气成藏、煤成气、煤层气、深盆气和天然气水合物资源的研究方面，还有许多问题将有待于进一步探讨。

（二）油藏地球化学研究

油藏地球化学是有机地球化学一个新兴的研究方向，它是研究油藏流体（油、气、水）的非均质性形成机制、分布规律及与油藏中有机与无机岩石矿物的作用，探索油气充注，聚集历史与定位成藏机制，评价采油过程中储层及流体组成的变化、合采层单层产能贡献的变化，为油田的勘探、开发和提高采收率服务。自20世纪80年代中后期以来，世界各国主要油气区尤其是西欧北海油区都开展了油气地球化学研究，并取得了成功的经验。但是，随着油气勘探和开发工作的深入，21世纪油气地球化学还面临一些重大课题需要解决。例如，油—水—岩之间有机—无机相互作用机制及其应用，油田开发和动态监测中屏障边界的厘定、油气运输过程中的管道漏失评定、注水过程中水的前缘判识等问题还需要进一步深入研究。依托快速分析技术发展起来的录井地球化学还将是地球化学理论、技术与应用相结合的一个重要且有生命力的发展方向。

第二节　地球化学实验方法

一、岩石有机碳含量测定

（一）原理与方法

岩石中有机碳含量是衡量有机质丰度的主要指标之一，也是烃源岩评价的重要参数。它是指现今岩石中除碳酸盐和石墨中的无机碳以外的有机碳的含量。现今所测得的有机碳含量都是岩石经过一系列地质过程后残余下来的有机碳。它与有机质热演化程度有一定关系。

目前使用的方法主要有电导检测法和红外检测法两种。它们的基本原理相似，首先用稀盐酸将岩石中的无机碳酸盐除去，然后在高温氧气流中燃烧，将有机碳转化为CO_2气体，再检测CO_2气体浓度，并采用标准样品比对，求得岩石中有机碳的含量。它们的区别在于：电导检测法是将燃烧产生的CO_2气体流经过一系列纯化后，用碱液（一般用KOH）吸收，然后测定碱液吸收CO_2气体前后的电导率变化，以确定其含量；而红外检测法是用红外检测器直接测定燃烧产生的CO_2气体含量。

（二）实验步骤

1.仪器标定

根据样品类型选择高、中、低3种碳含量的标准样品进行测定，以碳含量高的标样确定校正系数。测定3种标样的结果均应达到标准误差要求，否则应调整校正系数重新标定。然后取一个经酸处理的空坩锅加入铁屑约1.0g、钨粒约1.0g，测定结果碳含量不大于0.01%。

2.样品处理

（1）将样品磨碎至粒径小于0.2mm（磨好的样品量一般不少于4g），称取0.01～1.00g试样（称准至0.0001g）。

（2）在盛有样品的容器中缓慢加入过量的盐酸溶液，放在电热板上，控制温度在60～80℃，溶样2h以上，直至反应完全为止。

（3）将溶好的样品转移到置于抽滤器上的坩锅里，用蒸馏水洗净残留的酸液，按顺序放在坩埚架上。

（4）将样品坩埚放入70～80℃的烘箱内，烘干待用。

3.样品测定

在烘干的样品坩埚中加入铁屑约1.0g、钨粒约1.0g，并放置于碳硫分析仪的感应炉中，然后输入样品质量，按“分析键”进行样品测定，测定结果自动打印。

二、镜质体反射率测定

（一）实验原理

镜质体反射率是指有机质中的镜质体（如煤、有机碎屑、干酪根等）对垂直入射于其抛光面上光线的反射能力，即反射光强度占入射光强度的百分比。

反射率的测定是利用光电效应原理，通过光电倍增管将反射光强度转变为电流强度，并与相同条件下已知反射率的标样产生的电流强度相比较而得出。

（二）实验步骤

1.样品制备

（1）制备光片：用固结剂与样品按一定比例混合固化成型，也可用岩石直接切片；然后依次用水砂纸或刚玉粉进行预磨、用抛光液抛光（对于泥炭、褐煤或其他不能用水剂抛光液抛光的样品用酒精或异丙醇预磨、抛光）。

（2）检查光片质量：将抛光好的样品置于10倍或20倍干物镜下进行光片的抛光面检查，是否无污斑、无针状擦痕、无布纹、组分界线清晰，极少划道和麻点，合格后将其放入干燥器内，12h后方可测定。

2.测量样品

按操作规程经过检验和校正，仪器处于正常工作状态即可进行测量。在油介质中测镜质体的最大反射率和随机反射率的方法如下：放入偏光器将压平的样品滴上汽油，按一定的点距和行距（一般点距为0.5～1.0mm，行距为1.0～2.0mm）查找欲测的颗粒，定测点后，缓慢转动载物台360°，出现两次相同的最大值，即为样品的最大反射率。取下偏光器，使入射光为自然光，不必转动载物台，在任意位置直接读数即得随机反射率。若镜质体颗粒非常细小，不能旋转载物台测定最大反射率值时，可先测定随机反射率值，然后采用换算的方法求取镜质体油浸最大反射率。

（三）注意事项

（1）所送样品应注明地区、井号、深度、层位以及岩性等资料。

（2）如果测定的是干酪根样品，则需将岩样中干酪根分离提纯后方能磨制光片。

（3）测区内应为单一显微组分，无抛光凹陷、无黄铁矿等干扰反射率测定的物质，测定时要认准镜质体颗粒而不是其他有机显微组分或矿物。

（4）所测点在光片上应尽可能均匀分布。

（5）每测完一块样品或经过2h后，须复测一次标样，如与测定前标样数值相差大于0.02%，则所测样品须重新测定。

三、可溶有机质抽提

（一）实验原理

根据有机质相似相溶的原理，极性分子组成的溶质易溶于极性分子组成的溶剂；非极性分子组成的溶质易溶于非极性分子组成的溶剂。根据研究目标的不同，选择具有不同极性的溶剂，借助一定的抽提装置或仪器，在设定的温度压力条件下对岩石中的有机质组分进行抽提。抽提出的有机物称为可溶有机质。用三氯甲烷即氯仿抽提岩石中的可溶有机质，叫氯仿沥青“A”。

常规的抽提方法有很多，如冷浸法、索氏抽提、超声波抽提。索氏抽提法是应用最为广泛的方法。样品置于索氏抽提器中，溶剂置于下部烧瓶里，加热烧瓶使溶剂汽化进入索氏抽提器，经抽提器上方冷水的冷却，气态溶剂冷凝为液态溶剂，直接滴落在装有样品的索氏抽提器中。当冷凝溶剂的液面不断上升并超过索氏抽提器回流管的高度时，在虹吸现象的作用下，索氏抽提器中的溶液全部流回至下部烧瓶中。如此不断循环，使样品中的可溶有机质充分溶解出来。这种抽提方法抽提比较充分，适用于定量分析。其显著的缺点是抽提时间长，泥岩一般需要抽提72h，碳酸盐岩需要抽提48h，抽出物较长时间处于加热状态，轻组分大多散失。

超声波抽提法是利用超声波产生的强烈振动，使样品中的可溶有机组分快速渗入溶剂。其抽提效率高，1h抽提相当于索氏抽提72h，避免了抽提物受热，但是一般抽出量较索氏抽提法大。

近年来发展起来的快速溶剂（Accelerated Solvent Extraction，ASE）萃取仪，作为一种快速高效的抽提装置，也逐步被引入国内各大实验室。快速溶剂萃取技术是在高温（室温~200℃）、高压（0.1~20MPa）条件下快速提取固体或半固体样品中的有机质的前处理方法，与传统的索氏抽提、超声抽提等方法相比，ASE具有萃取时间短、溶剂用量少、萃取效率高等突出优点。样品抽提仅需12~20min，15mL溶剂就能满足抽提需要，使溶剂的消耗量降低90%以上，不仅降低了抽提成本，而且由于溶剂量的减少加快了样品前处理中提纯和浓缩的速度，进一步缩短了分析时间。ASE通过提高温度和增加压力来进行萃取，减少了基质对溶质（被提取物）的影响，增加了溶剂对溶质的溶解能力，使溶质较完全地提取出来，提高了抽提效率和样品的回收率，现已被美国环保局作为标准方法用于环境样品中污染物的检测。ASE在烃源岩、现代沉积物和前寒武纪可溶有机质提取上充分显示出其快速、高效的优势。

（二）分析步骤

1.样品准备

按送样单核对样品，样品应没有污染，样品粉碎前应在40～45℃干燥4h以上，干燥后的样品应在不超过50℃下粉碎至粒径0.18mm以下，并保持干燥备用。

2.包样

依据岩性称取适量粉碎后的样品，装入经抽提的滤纸筒中包好。

3.抽提

将包好的样品装入抽提器样品室中，在底瓶中加入提纯的氯仿和数块用于脱硫的铜片，氯仿加入量应为底瓶容量的1/2～2/3，加热温度小于或等于85℃。抽提过程中应注意补充氯仿。抽提过程中如发现铜片变黑，应再加铜片至不变色为止。从样品室滴下的抽提液荧光减弱至荧光3级以下时，抽提完成。

4.抽提物浓缩

用旋转蒸发仪浓缩抽提物溶液，设置旋转蒸发仪的蒸空度和水浴锅的加热温度，使溶剂挥发速度保持在每秒钟1～2滴的水平。将浓缩液经过滤转移至已恒重的称量瓶中，在温度小于或等于40℃条件下挥发至干燥。

5.脱盐

如抽提得到的氯仿沥青有盐析出，用氯仿再过滤一次。

6.恒重

在相同条件下，空称量瓶两次（间隔30min），称量之差小于或等于0.2mg，装有氯仿沥青的称量瓶两次（间隔30min），称量之差小于或等于1.0mg，视为恒重。

四、族组分分析

（一）实验原理

柱层析法的分离原理是根据物质在硅胶或氧化铝等固定相上的吸附力不同而使各组分分离。一般情况下，极性较大的物质易被硅胶或氧化铝等固定相吸附，极性较弱的物质则不易被固定相吸附。当采用溶剂洗脱时，发生一系列吸附、解吸，再吸附、再解吸的过程，吸附力较强的组分，移动的距离小，后出柱；吸附力较弱的组分，移动的距离大，先出柱。柱层析的流动相是根据极性相似相容的原理选择的，流动相的极性与所要洗脱的物质极性接近：极性小的用正已烷—石油醚洗脱，极性较强的用甲醇—氯仿洗脱，极性强的用甲醇-水-正丁醇洗脱。

（二）分析步骤

（1）在分析天平上称取20～50mg氯仿沥青或原油样品（原油需脱水，除去杂质），放入50mL带塞三角瓶中。

（2）加入0.1mL氯仿，使试样完全溶解，待氯仿挥发后，在不断晃动下逐渐加入30mL正己烷或30～60℃的石油醚，静置12h，使试样中的沥青质沉淀。

（3）用塞有脱脂棉的短颈漏斗过滤沥青质，用三角瓶承接滤液，以正己烷或30～60℃的石油醚洗涤三角瓶及脱脂棉至滤液无色为止。

（4）滤液在70～80℃水浴锅上蒸馏浓缩（回流不超过120滴/min）至3～5mL时取下，待柱层析分离。

（5）换上已恒重的称量瓶，用氯仿溶解三角瓶及漏斗中脱脂棉上的沥青质，洗涤至滤液无色，挥发干净溶剂。

（6）在层析柱底部填塞少量脱脂棉，先加入3g硅胶，再加入2g氧化铝，轻击柱壁，使吸附剂填充均匀，并立即加入6mL正己烷或30～60℃的石油醚润湿柱子。

（7）润湿柱子的正己烷或30～60℃的石油醚液面接近氧化铝层顶部界面时，将样品浓缩液（3～5mL）转入层析柱，以每次5mL正己烷或30～60℃的石油醚共6次淋洗饱和烃，用称量瓶承接饱和烃馏分。

（8）当最后一次5mL正己烷（或30～60℃的石油醚）液面接近氧化铝层顶部界面时，以每次5mL 2：1的二氯甲烷与正己烷（或30～60℃的石油醚）混合溶剂共4次淋洗芳香烃。当第一次5mL二氯甲烷与正已烷（或30～60℃的石油醚）混合溶剂流进柱内3mL时（原油样为2mL），取下承接芳香烃的称量瓶。

（9）在最后一次5mL二氯甲烷与正己烷（或30～60℃的石油醚）混合溶剂液面接近氧化铝层顶部界面时，先用10mL无水乙醇流进柱内3mL时，取下承接芳香烃的称量瓶，换上承接非烃的称量瓶。

第三节　烃源岩地球化学特征

烃源岩系指富含有机质，在地质历史条件下曾经生成和排出过烃类流体并已经形成工业性油气运聚成藏的细粒沉积，一般包括油源岩、气源岩、油气源岩。烃源岩既是含油气系统的基础，也是控制油气藏形成的关键性因素之一。因此，烃源岩评价在地球科学研究中至关重要。

一、有机质丰度

有机质丰度是指单位质量岩石中有机质的数量，代表着烃源岩中有机质的富集程度，是油气形成的物质基础。烃源岩中有机质是否富集直接影响并决定着烃源岩的生烃量和油气资源量。目前，判识有机质丰度的指标主要是有机碳含量、氯仿沥青“A”和总烃的百分含量。有机质丰度下限值是判断和评价烃源岩的关键因素之一，目前国际上认可度比较高的是Petens等提出的生油岩评价标准。

（一）有机碳含量

烃源岩的有机碳通常用岩石中与有机碳相关的碳元素含量来表征，实测值表示岩石中的剩余有机碳含量。在烃源岩中，有机碳能占到总有机质含量的75%以上，因此有机碳被认为是评价有机质丰度的最常用指标之一，也是应用最早、研究最多的一项指标。通常有机碳分析仪测得的值称为残余有机碳含量，岩石热解分析仪（Rock Eval）测得的值称为总有机碳含量。

在热演化程度较低时，通常可利用其残余有机碳含量来评价有机质丰度。但当烃源岩进入生烃门限后，随着埋藏深度的增加，有机质的生排烃作用会使保留在烃源岩中的有机碳含量不断降低。当热演化程度较高时，利用残余有机碳含量可能会导致有机质丰度的失真，因此科学家提出应该对残余有机碳含量适当恢复，才能进行烃源岩的评价。很多学者据此建立了一系列技术方法，如化学动力学法、回归分析法、热解模拟实验法、物质平衡法等。但国内地球化学家钟宁宁等指出通过热模拟实验法对类型较差的烃源岩进行有机质丰度恢复的意义不大，只有在烃源岩类型特别好且排烃效率非常高的条件下，才有必要进行有机质丰度的恢复。Leythaeuser等指出烃源岩有机碳主要由羧基碳、可溶烃有机碳、潜在生烃产物的有机碳和固定碳4种类型组成，其中可溶烃有机碳在生成过程中的不断排烃是有机碳含量变化的主要控制因素。

岩石中有机质的生烃量满足了岩石本身的吸附烃量就会向外排烃。我们把单位质量源岩中有机质生烃量等于岩石的饱和吸附烃量时所要求的有机质的含量称为烃源岩有机碳含量下限值。通常用烃源岩有机碳含量下限值来表征有机质的丰度。

烃源岩的评价标准主要受制于干酪根类型、沉积环境、岩石性质以及后期改造等。

（二）氯仿沥青“A”和总烃

氯仿沥青“A”和总烃也是评价烃源岩丰度的常用指标。氯仿沥青“A”是指岩石中可溶于氯仿的有机质含量。总烃是指氯仿沥青“A”中饱和烃与芳香烃的总含量（单位为 10^{-6}）。通常，将岩石样品粉碎为 0.09mm 的粉末，应用索氏抽提法用氯仿将有机质抽提出来。总烃组分通过层析法将饱和烃与芳香烃组分分离出来。我国含油气盆地烃源岩中氯仿沥青“A”高者可达 1%，非烃源岩通常低于 0.01%。

二、有机质类型

烃源岩有机质类型是烃源岩质量优劣的控制因素之一，同样也是评价烃源岩生烃能力的重要参数之一。不同有机质类型的烃源岩，其生烃潜力和所生成的油气类型也不相同。通常，有机质类型从不溶有机质和可溶有机质的性质和组成来进行区分与评价。当然，烃源岩有机质的来源与组成非常复杂，应该综合各项地球化学指标进行分析，才能正确认识有机质类型。

（一）干酪根组分类型

1.有机岩石学方法

有机岩石学方法具有直观、经济的优点，近年来已广泛应用于烃源岩油气的评价中。有机岩石学方法主要有显微组分组合法与类型指数法两套评价系统。有机显微组分是烃源岩的重要有机组成，不同显微组分对应着不同的有机质。一般来说，藻类体和沥青质体是典型的Ⅰ型（腐泥型）有机质，壳质组的各种形态组分可作为Ⅱ型（富氢腐殖型）有机质的代表性组分，而镜质组和惰性组则属Ⅲ型（腐殖型）有机质。因此，依据全岩中腐泥组、壳质组、镜质组和惰性组的相对百分含量，绘制显微组分三角图可判识有机质类型。例如，对沁水盆地南部煤层煤岩有机质类型进行判识，可将有机质类型划分为Ⅲ型。

除显微组分组合法外，还有一种方法为类型指数法。大量研究表明，这种方法对于确定我国成熟度较低、母质类型较好的干酪根具有较好的应用效果。

2.其他方法

干酪根碳稳定同位素^{13}C值：干酪根是同位素不均匀的混合物，来源不同的干酪根具有不同的碳稳定同位素值，石油的碳同位素组成也在一定程度上继承了不同类型干酪根的碳同位素特征。烃源岩的碳稳定同位素组成可以用同位素质谱仪进行测定。通常，与水生生物相比，陆生生物的碳同位素较重，即富含木质素、纤维素的高等植物含有较重的碳稳定同位素，而较轻的干酪根碳同位素则一般反映较高的水生生物贡献。

（二）沥青质类型

可溶有机质是烃源岩有机质的重要组成部分，它是沉积有机质经过生排烃后的残留物。烃源岩可溶有机质的物理、化学性质虽然在一定程度上受到排烃作用的影响，但是总体上保留了烃源岩有机质生烃产物的特征。因此，通过可溶有机质的一些指标可以分析有机质类型。

1.氯仿沥青“A”族组成

氯仿沥青“A”由饱和烃、芳香烃、胶质和沥青质4个族组分构成。氯仿沥青“A”组成特征受有机质来源、成熟度、沉积环境、油气运移以及次生蚀变影响。通常，烃源岩类型越好，氯仿沥青“A”组分中饱和烃含量越高。一般情况下，腐泥型有机质中饱和烃和芳香烃相对富集，而腐殖型有机质则相对富集胶质和沥青质。水生生物多富含饱和烃，陆生高等植物多富含芳香烃，因此，也有人提出根据饱和烃和芳香烃组分的相对含量和比值来划分干酪根类型：Ⅰ型有机质饱芳含量大于60%，饱/芳比大于3；Ⅲ型有机质饱芳含量小于10%，饱/芳比小于3；Ⅱ型有机质介于二者之间。

2.正构烷烃特征

氯仿沥青“A”的4个族组分都含有丰富的地球化学信息。这里仅以饱和烃组分中的正构烷烃为例简单说明。一般情况下，碳数小于C_{20}的正构烷烃主要来源于水生藻类和微生物，而C_{22} ~ C_{32}范围的高碳数正构烷烃则主要源于陆源高等植物。

在TIC总离子流图中，成熟度较低或是来源于水生生物的有机质，以前峰型为主（低碳部分较多，高碳部分较少）；而以高等植物为来源的有机质，多表现为后峰型（低碳数贫乏，高碳数较多）；如果呈现双峰型分布特征，则可能预示水生生物和陆源高等植物的混合来源。类异戊二烯烷烃中的姥鲛烷和植烷也常用来反映原始沉积的氧化还原环境，通常在具有植烷优势的还原环境下有机质类型较好；反之，在姥鲛烷优势的氧化环境下有机质类型则较差。

另外，生物标志化合物的应用，例如，偏腐泥型有机质中C_{27}甾烷占优势，而偏腐殖型有机质中C_{29}甾烷占优势。烃源岩吸附烃（轻烃组分）的应用，例如，甲基环己烷普遍认为能反映陆源母质的贡献，而二甲基环戊烷则认为是来源于水生生物。正构烷烃单体烃碳同位素的应用，淡水中单体烃同位素偏轻，咸水环境中单体烃同位素偏重。

第四节 轻烃地球化学特征

轻烃一般指沸点低于200℃的烃类化合物，主要为C_{15}以前的烃类物质，包括正构烷烃、异构烷烃、环烷烃和芳香烃。轻烃含量一般占原油的30%及以上，在一些凝析油和轻质油中含量可以高达80%~90%，蕴含着极其丰富且重要的地球化学信息，因而轻烃在原油尤其是轻质油、凝析油的研究中具有重要的作用。

一、有机质来源与沉积环境判识

（一）C_4~C_7分布特征

Leythaeuser等观察到在进入生油门限后，富氢的干酪根与贫氢的干酪根生成的烃类相比，其C_2~C_7烷烃和多种单体烃要高出几个数量级，烷烃含量较高，正构烷烃相对支链烷烃占优势，芳烃含量较低。其中，在生成的C_6和C_7烃类的族组成中，陆源有机质相比于海相有机质生成的烃中苯和甲苯更多，链烃较贫乏，支链烷烃相对正构烷烃占优势，富含环烷烃也是陆源母质的重要特征。Leythaeuser等认为源于腐泥型母质的轻烃组分含丰富的正构烷烃，源于腐殖型母质的轻烃组分则富含异构烷烃和芳烃。王廷栋等在对四川盆地含油天然气藏C_4~C_7，烃类族组成的研究中发现，陆相来源（腐殖型）油、气样品中C_4~C_7正构烷烃缺乏，异构烷烃占较大优势；而海相来源（腐泥型）的油、气样品则是C_4~C_7正构烷烃占优势。同时，王廷栋等在对我国不同成因类型的原油和凝析油的研究中发现，典型腐泥型源岩生成油芳烃（苯和甲苯）的含量一般不超过10%；而腐殖型源岩生成油的芳烃含量相对较高，一般超过10%；煤系地层源岩生成油的芳烃更高，甚至大于20%（未遭水洗及其他次生变化），依据该原理王廷栋等成功将四川盆地中部三叠系和侏罗系地层原油成因进行分类。戴金星研究亦发现，在后期次生作用不强烈的情况下，腐殖型油气中苯和甲苯的含量明显较腐泥型油气高。胡惕麟等的研究表明，主要来源是藻类和细菌的正庚烷对成热作用十分敏感，是良好的成熟度指标；主要来源是高等植物木质素、纤维素和藻类等的甲基环已烷的热力学性质相对稳定，是反映陆源母质类型的良好参数，它的大量存在是煤成气的一个标志，主要来源是水生生物的类脂化合物二甲基环戊烷，它的大量出现是油型气的一个标志。

（二）碳环优势指数

Mango提出用碳环优势指数（RP）来表征轻烃演化产物中某种结构类型化合物占优势的组成特征。RP是指共享一个母体的子产物之比值，它是某种类型化合物占优势的量度。具体来说，若轻烃组成中异构烷烃（通过三元环中间体产生）含量高于环烷烃则为3RP，代表三环优势；当环戊烷和“环己烷+甲苯”分别占优势时则为5RP和6RP，分别代表五环优势和六环优势。在一定的演化程度下，原油轻烃的RP主要受源岩沉积环境中的催化剂种类（过渡金属及其配位体）控制，与干酪根的类型和结构关系密切，因而可用轻烃中的三环优势、五环优势、六环优势的组成来区分原油。通常认为，二甲基环戊烷主要来自水生生物体的环状脂类，甲基环己烷则主要来自纤维素、糖类以及高等植物木质素等。朱扬明等对塔里木盆地研究发现，海相原油含有较高的二甲基环戊烷，其含量大都在15%以上，陆相原油则含有较高的甲基环己烷，含量普遍高于30%；朱俊章等也指出，从海相原油到湖相原油再到煤成油，六环优势呈现出由弱变强的趋势。

二、成熟度判识

（一）正庚烷值、异庚烷值

Philippi研究加利福尼亚盆地的凝析油后发现，随着成熟度的增高，凝析油轻烃的烷基化程度更高。Thompson根据原油随着成熟度增高烷基化程度增高的现象，提出了反映成熟度的2个参数，用于区别原油的成熟。

但Thompson很快发现不同的母质对原油的庚烷值和异庚烷值（异庚烷值也称为石蜡指数）也有控制作用。为此，增加了2条线，一条为脂肪族，代表的是腐泥型母质；另一条为芳香族，代表的是腐殖型母质。在2条线之间所在的区域，应该是混合型所在的区域。他认为，庚烷值和异庚烷值不仅与成熟度有关，同时也受母质影响。即成熟度增高，庚烷值和异庚烷值不断增大；而成熟度相同时，脂肪族凝析油比芳香族凝析油有更高的庚烷值。

（1）程克明等对陆相原油及凝析油的轻烃组成特征及其地质意义做了大量的分析研究后，认为利用异庚烷值和庚烷值的相对大小可将原油及凝析油划分为4类：①低成熟阶段：异庚烷值为1，庚烷值为20%；②成熟阶段：异庚烷值为1～3、庚烷值为20%～30%；③高成熟阶段：异庚烷值为3～10，庚烷值为30%～40%；④过成熟阶段：异庚烷值为10，庚烷值为40%。

（2）刘宝泉等提出的分类标准为：①低成熟阶段：异庚烷值<1，庚烷值<18%；②成熟阶段：异庚烷值为1～3，庚烷值为18%～30%；③高成熟阶段：异庚烷值>3，庚烷值>30%。秦建中等在对煤系烃源岩的研究中以岩石轻烃参数异庚烷值和庚烷值为指标对烃源岩的成熟阶段进行了划分，认为在未成熟阶段异庚烷值<0.7，庚烷值<15%；在低成熟阶段异庚烷值为0.7 ~ 2.5，庚烷值为15% ~ 30%；在成熟阶段异庚烷值为2.5 ~ 5.0，庚烷值为30% ~ 40%；在高、过成熟阶段异庚烷值>5，庚烷值>40%。王廷栋等通过对四川盆地中坝构造雷三段凝析油进行分析后认为，在相同成熟度条件下，腐泥型母质来源原油的异庚烷值和庚烷值要高于腐殖型母质来源原油的异庚烷值和庚烷值。

（二）原油生成温度估算

Mango研究发现，2，4–二甲基戊烷与2，3–二甲基戊烷含量的比值（2，4DMC$_5$/2，3DMC$_5$）的对数是温度的线性函数，该比值随着温度的升高而增加。

Bement等用4个构造类型盆地的5套烃源岩轻烃资料对该值进行校正，认为该参数不受盆地类型、生油层年代、岩性和母质类型等因素的影响。为了勘探应用的方便，依据原油生成时的温度可计算原油生成时烃源岩中有机质的镜质体反射率R_o，其经验关系为：R_o=0.0123T–0.6764。这种方法计算的成熟度受蒸发分馏作用影响较小。

三、油源对比

由于不同结构的轻烃单体具有不同的标准生成自由能，故在同一成熟度阶段，相同母源输入的油气应具有相似的轻烃指纹。为减少非成因因素对轻烃组分的影响，一般将化学结构和沸点相近的烃类成分配对，用每对组分的浓度比值来对比。当各对组分的比值接近于1时，表明两者有较大的相似性，可以初步判断为同源。王廷栋等采用8个轻烃化合物对绘制的轻烃指纹图成功地对四川盆地八角场等地区凝析油来源进行了分析；张敏等采用轻烃星图法分析塔里木盆地塔北隆起带的原油与凝析油，根据两种油轻烃参数在星图上的差异与该隆起带中同一口井、同一个油气田以及同一个构造中凝析油与稠油进行对比，分别确定了油的来源。

第五节　饱和烃地球化学特征

一、类异戊二烯烷烃的分布及地球化学意义

（一）异戊二烯规则

由5个碳原子组成的异戊二烯是所有生物标志化合物的基本结构单元，由异戊二烯亚单元组成的化合物称为萜类、类异戊二烯或类异戊烯。遵循异戊二烯规则的化合物称为类异戊二烯。

（1）类异戊二烯亚单元间的连接可分为：①头对尾（规则）连接；②其他（不规则）连接。例如，常用的地球化学指标姥鲛烷和植烷就是规则无环类异戊二烯烃，而丛粒藻烷则是不规则无环类异戊二烯烷烃的代表，它是湖相沉积作用中很特殊的标志物。

（2）整体上，类异戊二烯可分为三类：①植烷系列类异戊二烯烷烃；②C_{20}^{+}的无环类异戊二烯烷烃；③其他不规则无环类异戊二烯烷烃。植烷系列类异戊二烯烷烃为含有20个或少于20个碳原子的类异戊二烯烷烃，包括姥鲛烷和植烷。类异戊二烯烷烃可能来源于叶绿素、α-和β-维生素E、类胡萝卜素色素和古细菌细胞膜等。其中，古细菌可能来源于早元古代原生生物，其中包括嗜盐的、嗜热酸的及生成甲烷的生物，它们均具有原核生物（细菌和蓝细菌）和真核生物（高等生物）的特征。

（二）植烷和姥鲛烷

植烷（Ph）是由4个异戊二烯单元首尾相连组成，姥鲛烷（Pr）则比植烷少一个亚甲基。一般认为，在缺氧条件下，植醇首先会被还原成二氢植醇，保存植烷骨架（C20异戊二烯骨架）。然后加氢再被还原成植烷；如果在含氧条件下，植醇先形成植烷酸，接着脱官能团（脱羧基）形成姥鲛烯，然后还原为姥鲛烷。因此，常用植烷和姥鲛烷的相互关系来表征有机质的氧化还原环境。

通常，植烷、姥鲛烷和正构烷烃在饱和烃馏分中通过气相色谱（GC）分析获得，Pr和nC_{17}成对出现、Ph和nC_{18}成对出现。当Pr/Ph<1时，可能预示处于缺氧的沉积条件，当伴随着高含量的卟啉和硫时尤为如此；当Pr/Ph>1时，可能预示处于氧化的沉积条件。对于生油窗的样品，当Pr/Ph>3时，可能指示陆源有机质的输入；当Pr/Ph<0.8时，可能预示着

蒸发岩或碳酸盐岩沉积相关的咸水、高盐条件。可见姥植比既是沉积环境参数又是母源输入参数。整体上，$Pr/Ph<0.5$可能反映强还原环境，$0.5<Pr/Ph<1$可能反映还原环境，$1<Pr/Ph<2$可能反映弱氧化—弱还原环境，$Pr/Ph>2$可能反映氧化环境。但姥植比参数受成熟度影响，使用时需要注意。

Lijmbach提出Pr/nC_{17}值也能反映沉积环境，当$Pr/nC_{17}<0.5$时可能预示有机质来自开阔水体，当$Pr/nC_{17}>1$时可能预示有机质来自沼泽相。Shanmugam根据Lijmbach的概念也提出了由Pr/nC_{17}–Ph/nC_{18}来划分有机质来源和烃源岩沉积环境的模板。

二、正构烷烃的地球化学意义

（一）生源及成因识别

生物体中含有以偶数碳原子为主的脂肪酸、蜡和以奇数碳原子为主的正构烷烃。国内外大量分析资料表明，现代沉积物和低成熟的生油岩、原油中高分子量正构烷烃中普遍存在着奇碳数优势，仅在个别情况下具有偶碳数优势。一般认为，高等植物中的蜡可以水解为含偶碳数的高分子量酸和醇，在还原环境下通过脱羧基和脱羟基转化为长链奇碳数正构烷烃。来源于海相、深湖相水生生物常常显示出中等分子量的正构烷烃，缺少高分子量烷烃，奇碳数优势不明显。内陆湖泊、近岸三角洲、滨海平原等环境中富含高分子量正构烷烃，并且奇碳数优势明显，而在海相沉积物中，尤其是没有陆源供给的碳酸盐岩沉积中，缺少高分子量烷烃，也无奇碳数优势。

在碳酸盐岩和蒸发岩层系中，一般没有正构烷烃的奇碳数优势，却常常见到偶碳数优势，我国江汉盆地潜江组蒸发岩层系岩石抽提物和原油中正构烷烃在$C_{25}\sim C_{30}$范围就显示出偶碳数优势的特征。大量的实际资料表明，这种偶碳数优势常常伴随着植烷相对于姥鲛烷的含量优势，并同时出现在碳酸盐岩和蒸发岩层系中。Shimoyama和Johns对偶碳数优势的形成提出了不同的解释。他们在蒙脱石和碳酸钙的存在条件下进行了正构脂肪酸的降解实验，发现这两种矿物有不同的催化效应，蒙脱石有利于脂肪酸脱羧基生成少一个碳原子的奇碳数正构烷烃，碳酸钙则有利于脂肪酸的碳碳键β断裂，形成少两个碳原子的正构烷烃，所以在泥岩中主要是奇碳数正构烷烃，碳酸盐岩中则形成偶碳数正构烷烃。

研究表明，来源于陆源沉积的有机质中，正构烷烃通常具有明显的奇碳优势，如nC_{27}、nC_{29}、nC_{31}等。但是在原油中，来自陆源植物的具有奇数分布特征的正构烷烃一般被来自干酪根降解形成的烃类所稀释。然而某些石油中（可能是主要或唯一被来自细菌和其他微生物改造的陆源有机质）仍具有大量中等奇数碳优势的高分子量正构烷烃（C_{20}），如美国Uina盆地第三系、南美麦哲伦盆地的下白垩统及南非下白垩统石油。而海相碳酸盐岩和蒸发岩系中常出现偶数碳优势的正构烷烃，这种分布还常常伴随着植烷优势。这是因为在还原条件下，由蜡水解形成的正脂肪酸和醇以及植烷酸或植醇的还原作用比在含氧条件下的脱羧作用更重要，因而造就了偶碳数正构烷烃相对于奇碳数正构烷烃的优势，以及植烷相对于姥鲛烷的优势。而在还原条件较差的环境中，上述有机质以脱羧作用为主，形成奇碳数正构烷烃相对于偶碳数正构烷烃的优势，以及姥鲛烷相对于植烷的优势。

（二）奇偶优势评价原油成熟度

热演化程度的增加会导致部分正构烷烃裂解，长链正构烷烃由于C—C键断裂而成为中、短链的正构烷烃。唐小强等通过模拟实验，分析石油裂解过程中正构烷烃的分布特征发现，原油在裂解产生大量气态烃之前，其中的相对分子质量高的正构烷烃已经开始热解，C_{15}烃主要裂解成$C_6 \sim C_{14}$，随着成热度的提高，$C_6 \sim C_{14}$进一步转化为$C_3 \sim C_5$。

高演化地区烃源岩中以包裹有机质为主，而保留低演化烃类，常出现偶碳数优势和奇碳数优势。例如，塔里木盆地寒武系—奥陶系烃源岩中发现泥质岩在nC_{25}前后具有明显的奇碳数优势，而碳酸盐岩则表现为偶碳数优势，相应保留早期烃类的来源油或储层有机质也具有这样的特征。

第六节　芳香烃地球化学特征

芳香烃是分子中含有苯环结构的烃类化合物，按照其结构特点，大体上可分单环、多环和环烷芳香烃。芳香烃是煤、原油和烃源岩中的主要烃类组分之一，它可以提供烃源岩沉积环境、有机质来源、油气运移、热成熟度和油源对比等信息。由于芳香烃显示的成熟度参数比饱和烃甾萜烷异构化率有更宽的化学动力学范围，因而在有机质成熟度评价中显出其特有的优越性。目前，对芳香烃类生物标志化合物在油气地球化学中的应用尚未有较系统的阐述。本章拟对其在指示沉积环境及有机质来源、热成熟度评价和油气运移示踪等方面的应用加以综合论述。

一、指示有机质的来源及沉积环境

（一）烷基萘

烷基萘化合物的分布特征与有机质类型和沉积环境有关。萘系列化合物中含有较丰富的1，2，5-三甲基萘（trimethylnaphthalene，TMN）和1，2，5，6-四甲基萘（tetramethylnaphthalene，TeMN）化合物，这两种化合物可以由五环三萜类经降解和重排转变而来，其先质在高等植物中含量很高。

（二）含硫芳香烃

一般将烷基二苯并噻吩类归属于含硫芳烃类化合物，其中主要包含硫芴及其C_1—C_3取代的烷基衍生物。丰富的含硫芳香烃一般可作为膏盐及海相碳酸盐沉积环境的特征产物。三芴系列化合物（苏、氧芴、硫芴）可能来源于相同的先质，在弱氧化和弱还原的环境中氧芴含量可能较高；在正常还原环境中，芴系列较为丰富；在强还原环境中则以硫芴占优势。煤系泥岩和湖相泥岩含丰富的芴和硫芴，而氧芴含量低，表明它们均形成于较还原的沉积环境；海相原油和碳酸盐岩地层常含有丰富的硫芴系列化合物，易于检测和鉴定。

（三）稠环芳烃

荧蒽、芘、苝、苯并荧蒽和苯并芘、惹烯等系列化合物是典型的高等植物输入的芳香烃类生物标志化合物。蒽是煤成油中特有的生物标志化合物之一。苯醌色素是苝的可能先质，它常见于昆虫、真菌和陆地植物中；因为苯醌色素容易被氧化破坏，苝需要在厌氧、快速沉积的环境中形成。苯并藿烷被认为来源于微生物藿烷前身物——细菌藿四醇，并形成于早期成岩阶段的未成熟沉积岩中，在我国石炭-二叠纪、侏罗纪和古近-新近纪的煤、含煤地层沉积和原油中均检出了苯并藿烷，一般认为属细菌微生物成因。维生素E主要来源于高等植物、藻类和细菌，脱羟基维生素E是有机质低演化程度的标志，同时它与沉积环境的古水体盐度有关，在咸水-半咸水沉积环境中形成的源岩含量较高。惹烯见于所有陆相原油，m（惹烯）/m（菲）比值可以反映母质中高等植物输入情况。

二、成熟度评价

（一）萘系列

甲基萘指数是萘系列常用的成熟度参数。甲基重排作用使具有相对稳定的β位甲基的2-MN的含量明显高于α位甲基的1-MN，甲基萘指数随温度升高而增加。Norgate C M通过Buller煤田的煤样分析发现，三甲基萘指数为0.29～2.25，并随镜质体反射率的增加而增加。三甲基萘化合物的去甲基作用是形成取代甲基数较少萘系化合物的主要途径，并随热演化程度的加深而增强。Radke等人还提出另外两项成熟度参数和二甲基菲指数。

（二）菲系列

菲系列化合物是目前应用最广的组分，主要用于研究原油和烃源岩的成熟度。菲系列甲基化、甲基重排及脱甲基化作用主要受热力学控制。甲基菲有5种异构体，即3-、2-、9-、4-和1-MP；而4-MP在自然界的含量较少，一般只能检测到其余4种异构体。甲基菲中α位的9-和1-取代基热稳定性不如β位的3-和2-取代基，故随热解温度升高或成熟度提高，不可避免地发生甲基重排作用，这使得9-和1-甲基减少，3-和2-甲基丰度增加，且这种异构化作用不受沉积相变的影响。Radke等提出的甲基菲指数以及由此计算得出的镜质体反射率可较好地反映烃源岩的热演化阶段。在煤岩由未成熟到成熟演化的过程中，甲基菲指数随热演化程度的增加逐渐增大，当热演化程度达到镜质体反射率1.5%左右时（相当于煤进入高成熟阶段），甲基菲指数会逐渐降。生烃高峰之后指数值减小，可能是在高演化阶段的去甲基化作用替代了低演化阶段甲基化反应和甲基重排反应造成的。

（三）烷基二苯并噻吩

二苯并噻吩系列化合物随热成熟度增高而变化的规律性很强，并且与镜质体反射率间存在着良好的线性关系。随着埋深增加，热稳定性较好的4-甲基二苯并噻吩相对丰度变大，而稳定性较差的1-甲基二苯并芘吩相对含量变少，从而导致甲基二苯并噻吩比值（4-/1-MDBT）随埋深增加而增大。Santamaria-Orozco和Chakhmakhchev等人还提出两项二甲基二苯并噻吩成熟度参数：m（2，4-DMDBT）/m（1，4-DMDBT）和m（4，6-DMDBT）/m（1，4-DMDBT）。罗健等通过对巴彦浩特盆地石炭系中烷基二苯并噻吩的系统研究发现，烷基二苯并噻吩参数与镜质体反射率之间存在着良好的线性关系，并进一步确定了镜质体反射率与二甲基二苯并噻吩比值之间的关系式。氧芴和硫芴随成熟度增加而增加的速度可能不及芴系列，（硫芴+氧芴）/芴比值与成熟度反相关。因此，在运用三芴系列对比不同地区古沉积环境时，应注意排除成熟度因素的影响。

（四）多环芳烃

多环芳烃中m（苝）/m[苯并（e）芘]和m（苯并荧蒽）/m[苯并（e）芘]比值是有机质演化程度的有效指标。m（苝）/m[苯并（e）芘]随着深度增加该比值迅速下降，但作为成熟度参数，其适用范围是低—中熟阶段。在生油高峰期或高熟样品中无苝，这已由胜利油区高熟原油和生油岩中均无苝这一事实所证实。m（苯并荧蒽）和m[苯并（e）芘]两种化合物虽然都是5个环的稠合芳烃，但前者有一个环是五元环，显然不如5个环都是六元环的后者稳定，随着成熟度的增加，m（苯并荧蒽）/m[苯并（e）芘]比值必然减小。m（苯并荧蒽）与m[苯并（e）芘]比值也随着深度增加而减小，镜质体反射率小于0.16%时该比值大于1，到中熟阶段时，减小到0.13左右，以后保持不变，该比值可能预示了一个平衡值。

（五）三芳甾烷

三芳甾烷（triaromatic steroid，TAS）通常被认为是单芳甾烷深度受热后芳构化的产物，但也与有机质的原始输入有关。研究表明岩石和原油中的三芳甾烃受到一定的热力作用会发生长链同系物向短链同系物的转化。其中m（三芳甾烷）/m（三芳甾烷+单芳甾烷）、m（低分子量单芳或三芳甾烷）/m（低分子量单芳或三芳甾烷+规则单芳或三芳甾烷）、m（C_{26}三芳甾烷20S）/m[C_{26}三芳甾烷（20S+20R）]等均可被用于成熟度研究。

第七节　金刚烷地球化学特征

金刚烷类化合物广泛存在于烃源岩和石油中，是一类由刚性聚合环状结构组成的烃类化合物。由于特殊的分子结构，其化学性质极为稳定，一般不易受次生演化影响，具有很强的抗热降解和抗微生物降解能力。

烃源岩和原油中的金刚烷，主要利用GC-MS和GC-MS-MS方法进行检测。凝析油中金刚烷的检测主要采用直接进样的方式，轻质油、正常原油和抽提物中金刚烷的检测则主要采用柱层分析法。随着技术方法的改进，一些新的检测方法也在探索之中，比如利用气流吹扫—注射器微萃取仪，通过对原油样品进行预处理，再利用全二维气相色谱—飞行时间质谱对样品中金刚烷化合物进行定性定量的分析。目前已在原油和烃源岩等地质样品中用常规色谱质谱仪检测出了烷基取代的单、双、三、四、五和六金刚烷系列。

金刚烷在烃源岩及油气中广泛存在，不同地区原油中金刚烷类的质量分数差别很大。在某些原油中根本检测不到金刚烷类的存在，而在有些原油中，单金刚烷质量分数就超过200μg/g。实际上，随着原油成熟度提高及原油裂解、生物降解、热化学硫酸盐还原反应和燕发分馏等次生作用的发生，原油中金刚烷类的质量分数也会相应增加。原油及族组分、烃源岩抽提物及干酪根等在达到一定的热演化程度时，都能产生一定量的低碳数金刚烷。在原油各组分中，饱和烃裂解形成的金刚烷，其产率最高，烃源岩抽提物中金刚烷的产率高于干酪根。由此可见，各类烃源岩有机质及原油各组分中都广泛存在金刚烷的先驱物质，不同类型的有机质中金刚烷组分的碎片大分子的含量存在差异。

在实验室条件下，低级金刚烷类可以利用多环碳氢化合物在酸性催化剂条件下进行重排异构化反应得到；而高级金刚烷可以在低级金刚烷的基础上，通过多步反应，引入新的原子成环形成新的更多结构单元的金刚烷。Bums等在实验室条件下以双金刚烷为原料，利用同系物合成法合成了三、四金刚烷。因此有学者认为，原油中高碳数的金刚烷可能是在地下较高温度和压力条件下，在黏土矿物酸性催化作用下，由烷基取代的相对较低的金刚烷类通过同系化作用产生。例如，三金刚烷在地层黏土层提供的酸性位上完成催化反应，形成乙基—双甲基三金刚烷，然后在地下温压条件下发生同系化作用转化为反式四金刚烷。

黏土矿物的酸性催化作用在金刚烷系列化合物的形成过程中至关重要。在地下黏土矿物Lewis酸催化作用下，油气中的多环烷烃能够通过异构化和重排作用形成单金刚烷。Wei等向4种不同类型干酪根加入不同类型的黏土矿物（蒙脱石K10、酸性铝硅酸盐、高岭石、伊利石）和其他矿物（$CaCO_3$、$CaSO_4$和单质S）的组合开展热模拟实验，结果表明，蒙脱石K10和酸性铝硅酸盐能提供大量的Lewis酸，明显提高金刚烷形成过程中的催化作用。Li等通过一系列模拟实验，提出烃源岩和原油中金刚烷类化合物可能主要来源于沥青的二次裂解；单、双金刚烷类化合物随热演化程度的增加均经历了由生成到富集再到裂解的演化阶段。金刚烷类化合物也可能是多环烃类化合物在高温热力作用下经强Lewis酸催化聚合反应的产物。总的来说，目前地质体中金刚烷的成因机理尚无定论，还在探索中。

第八节　油气运移研究

油气运移是指油气由生油（气）层进入运载层及其以后的一切运移，它发生在烃源岩、储集层内，或者从一个储集层到另一个储集层的过程中运载层除了渗透性地层外，还可以是不整合、微裂缝、断层或断裂体系、古老的风化带和刺穿的底辟构造带。油气运移机理还包括油气运移相态、动力、运移通道、运移方向、运移距离、运移时期、运聚效率和散失量等，它是油气成藏的核心问题，也是石油地质学研究的重要内容。

一、初次运移的动力

大量的研究实践表明，由于泥岩的异常压实等原因所导致的异常过剩地层压力是陆相生油岩系油气初次运移的主要动力。鄂尔多斯中生界及古生界的油气初次运移研究相对较少，其中中生界延长组发育有广泛的泥岩欠压实现象。欠压实起始层位主要分布于延长组上部油层组，层位分布呈现由西向东逐渐变老的趋势。由于延长组沉积后，盆地经受了数次大的构造运动，上覆地层遭到了不同程度的剥蚀。同时，异常压实起始深度的差异性对各地区油气初次运移的时间将产生一定影响。

二、初次运移的通道

以微裂隙作为油气运移主要通道的观点越来越得到人们的承认，当孔隙流体压力增大到超过岩石的机械强度时，泥岩中便可产生极微裂隙。微裂隙对油气运移有以下作用如下。

（1）增大了通道，降低了阻力。

（2）增大了生油岩和储集岩的接触面积。

流体释放后，压力降低到一定限度时，极微裂隙又会封闭，开始再一个循环。因此，油气的排出是一种循环往复的过程，运移是断续、脉冲、幕式进行的。地下油气总是按照沿阻力最小的途径由相对高过剩压力区向相对低过剩压力区运移的总规律进行。因储集层或输导层具有较好的渗透能力，烃源岩中侧向过剩压力差总是小于烃源岩与相邻储集层或输导层之间的过剩压力差。同时，沿烃源岩本身进行侧向运移的阻力又比从烃源岩进入相邻储集层或输导层的垂向运移阻力大得多。因而，下部地层具有更高的过剩压力，本区初次运移的方向应以垂向向上运移为主。已生成的油气在过剩压力的驱动下将首先进入邻近的储集层或输导层，其方向既可向上也可向下。值得注意的是，由于研究区部分烃源岩存在着横向相变的特征，在这些地区油气的横向初次运移也是可能存在的。烃源岩与储集层的接触面积大小应是控制本区初次运移排烃效率的重要因素之一，正因如此，油气直接从烃源岩垂向进入邻近储集层将是本区最为重要的运移途径之一。另外，烃源岩侧向发生相变的某些地带往往可以形成比较良好的排烃条件。

三、油气二次运移

二次运移是油气进入输导层后的一切运移。与初次运移的主要差别在于油气活动的空间增大，因此就带来了一系列不同于初次运移的特征。

（一）二次运移的动力

1.浮力

若不考虑水动力因素，油气在浮力作用下运移，毛细管压力为阻力，浮力必须大于毛细管压力。

2.异常压力

当孔隙内流体所承载的压力大于或小于静水压力时，此时的压力称为异常流体压力，前者称为异常高压或超压等，后者称为异常低压。异常流体压力主要由4种原因造成：（1）压实和排水的不平衡；（2）水热增压；（3）黏土矿物的转化；（4）有机质的热解生烃。

研究区延长组沉积期主要发育大面积湖泊三角洲沉积。结合沉积埋藏史，恢复不同时期地层压实情况。

（二）二次运移的通道

1.延长组大面积复合连片砂体

在鄂尔多斯盆地延长期（晚三叠世）的整个湖盆发育过程中，它经历了湖盆形成、发展及消亡3个阶段，其沉积中心和沉降中心基本一致，各油层组沉积相具有近似的湖岸线形态和沉积结构型式。即深湖、半深湖相发育局限；浅湖相及河流相为主要沉积相类型；三角洲砂体和河流砂体发育，且具有砂体厚度大、单层厚、分布面积大、复合连片等特点。

2.侏罗系底部河床相复合砂体

晚三叠世末的印支运动，使该盆地区域性整体抬升并伴随西升东降，形成总体上西高东低的古地貌格局。其西部丘、台林立，沟壑纵横，水流湍急；东部地势低平，漫滩广布。此时，水系发育，洪泛繁生，河流携带大量泥沙填充于侵蚀谷地及两侧漫滩阶地中，沉积物的分布完全受当时的古水系控制，在河谷及其漫滩内侧往往形成大型板状叠加砂体。这些受控于侵蚀切割延长组油源岩古河道控制的侏罗系砂体，首先作为输导层接受了延长组运移上来的大量油气，而后把油气输送到这个输导层的低势区方向（向上，或是两侧层间），并圈闭于输导层上倾方向的超覆尖灭处，或渗透性变异处，或差异压实构造之中，形成鄂尔多斯盆地的侏罗系油藏。

第十章　油田化学堵水

第一节　油田化学堵水概述

一、出水原因

油气井出水按水的来源可分为注入水、边水、底水及下层水、上层水和夹层水。注入水、边水及底水，在油藏中虽然处于不同位置，但它们都与油在同一层，可统称为同层水。上层水、下层水及夹层水是从油层上部或下部的含水层及夹于油层之间的含水层中窜入油气井的水，由于它们是油层以外的水，所以统称为外来水。

（一）注入水及边水

由于油层的非均质性、油水流度比的不同及开采方式不当，随着油水边缘的推进，使注入水及边水沿高渗透层及高渗区不均匀推进，在纵向上形成单层突进，在横向上形成舌进，使油气井过早水淹。

（二）底水

当油田有底水时，由于油气井生产时在地层中造成的压力差，破坏了由于重力作用建立起来的油水平衡关系，使原来的油水界面在靠近井底时，呈锥形升高，这种现象叫底水锥进，其结果使油气井在井底附近造成水淹，产水量增大，产油量减少。

（三）外来水

上层水、下层水及夹层水这些外来水或是因为油气井固井质量不高，或套管损坏（地层水腐蚀或盐岩流动挤压）而窜入油井，或者是由于射孔时误射水层等使油井出水。

综上所述，油气井出水的原因可分为自然因素和人为因素两类。自然因素包括地质非均质及油水流度比不同；人为因素包括固井质量不合格、误射水层及注采失调。

总之，边水内侵，底水上锥，注采失调是油井见水早、含水率上升快、原油产量大幅减少的根源。同层水进入油井是不可避免的，为使其缓出水、少出水，必须采取控制和必要的封堵措施，而对于外来水则在可能的条件下采取将水层封死的措施。

二、产水的危害

油气井出水会严重影响油田的经济效益，使井降为无工业价值的井。具体表现在以下两个方面。

（一）降低油气产量

油气井见水早，造成注水井的波及系数降低。出水后井内静水压头增大，影响低压气层的产气量，甚至不产气。井底附近含水饱和度增大，降低了油气相对渗透率从而引起水堵。油气井出水后破坏非胶结性储层结构，造成黏土矿物或固体微粒迁移，使油气井出砂或堵塞地层；产出水结垢堵塞地层孔隙或射孔通道；油水乳化形成乳状液，造成乳堵；产出水加剧了H_2S或CO_2的腐蚀作用；油气井出水后腐蚀井下设备，造成严重的油井事故。

（二）增加地面作业费用

油气井出水后增大了液体密度和体积，井底油压增大，使自喷井停止自喷转入机械抽油，增大投资费用；产水量增加，增加地面脱水的费用和带来整个工艺上的复杂性（集输、污水处理、环境治理等）。

找水治水工作是各油田开发中的紧迫任务，也是油田化学工作者研究的主要课题之一。对于出水油井是采取控制含水率的堵水措施，还是采用提高排液量以水带油，这是油田开发中两种截然不同的观点和做法，也是目前国内外学者、工程技术人员争论的问题。

三、堵水作业

堵水作业，确切地说应该是控制水油比或控制产水。其实质是改变水在地层中的流动特性，即改变水在地层中的渗流规律。堵水作业根据施工对象的不同，分为油井（生产井）堵水和水井（注入井）调剖两类。其目的是补救油水井的固井状况和降低水淹层的渗透率（调整流动剖面），提高油层的产油量。

在油井内所采用的堵水方法可分为机械堵水和化学堵水两类。根据堵水剂对油层和水层的堵塞作用，化学堵水可分选择性堵水和非选择性堵水；根据施工要求又可分为永久堵水和暂堵水；根据地层特性还可分为碳酸盐岩（缝洞地层）堵水和砂岩堵水。

（1）机械堵水：利用机械方法或纯物理作用封堵水层，一般用封隔器将出水层在井筒内卡开，以阻止水流入井内。

（2）化学堵水：利用化学方法和化学堵剂通过化学作用封堵水层或油层的方法。

①非选择性堵水：堵剂在油井地层中能同时封堵油层和水层的化学堵水。由于没有选择性，施工时必须首先找出产水层段，并采用适当的工艺措施将油水层分开，然后将堵剂挤入水层，造成堵塞。

②选择性堵水：堵剂只与水起作用而不与油起作用，故只在水层造成堵塞而对油层影响甚微；或者可改变油、水、岩石之间的界面特性，降低水相渗透率，起只堵水而不堵油的作用。当然，堵水和堵油是相对而言的，选择性堵水意味着能明显降低出水量而不严重影响出油量，不能理解为绝对堵水不堵油。

四、堵水施工方法

按照堵水施工方法，可将堵水施工分为补注水泥法、单液法和双液法。后两种工艺既可使用选择性堵剂，也可使用非选择性堵剂，它们既可用于油气井作业，也可用于注水井调剖。

（一）补注水泥法

补注水泥法有两种工艺，即水泥回堵和挤水泥。水泥回堵就是在套管内打水泥塞隔绝注入水或采油井段，或井段的一部分回采上部层段，目的是封堵井筒通道使液体不能从井筒下部产出或注入。挤水泥就是在一定压力下向采油或注水井的特定层段挤注水泥浆进行封堵，目的是用水泥浆封堵炮眼的通道、窜槽及水泥环中存在的缝洞，使套管和地层之间密封。水泥回堵或挤水泥作业要取得成功，必须满足以下3个条件。

（1）必须检测出出水或漏失井段。

（2）必须把出水井段或漏失井段和其他井段隔开。挤水泥成功的井段将完全不出油、气、水或吸水。

（3）为了防止补注水泥后发生水窜，必须有隔层。如果管外有窜槽连通油水层，则水泥回堵处理就会失败。如果地层没有页岩夹层或低渗透带，则选择性挤堵的井段只能局部成功或短期有效。没有这种隔层，水也可能在地层内部做垂向流动而通过未挤水泥的井段重新流入井筒。

挤水泥作业中需要注意的是水泥浆的失水量。普通水泥浆（净浆）的失水量很大[大于1000mL/（30min · 7MPa）]。滤液漏入地层而水泥颗粒形成滤饼并产生桥阻现象，当用水泥净浆进行封堵作业时，滤饼堆积可能完全堵塞套管。反之，用失水量过低的水泥浆[小于150mL/（30min · 7MPa）]，炮眼封堵不实，不能承受生产压差，所以设计低压挤水泥时采用失水量100 ~ 200mL/（30min · 7MPa）的水泥浆最好。这可通过加入水泥浆降失水剂来控制失水量。挤水泥是常用的控制出水的技术，但不一定是最成功和最经济的技术。据调查，用水泥封堵的成功率通常在50%以下。

（二）单液法

单液法是指将一种液体（含有固相微粒的乳液或无固相）注入地层指定位置，经过物理或化学作用，使液体变为凝胶、冻胶、沉淀或高黏流体的方法。能够用于这种施工工艺的堵剂叫单液法堵剂。单液法堵剂的优点是能充分利用药剂，因堵剂是混合均匀后注入地层的，经过一定时间后全部堵剂都在地层起作用（而双液法不是）；其缺点是由于产生堵塞的时间短只能封堵近井地带，且受所处理地层温度的限制。

（三）双液法

双液法堵剂由两种相遇后可生成封堵物质的液体组成，两种流体之间用隔离液（通常为柴油）隔开。隔离液前面的液体叫第一反应液，后面的液体叫第二反应液，随着液体向地层内推进，隔离段越来越薄，当推至一定程度，隔离段将失去隔离作用，两种液体相遇并发生反应，产生封堵地层的物质，封堵地层出水段，这种施工方法叫双液法。

由于高渗透层吸入更多的处理液，所以封堵主要发生在高渗透层。为了使第二反应液易于进入第一反应液，须将第一反应液加以稠化。双液法堵剂的优点是可封堵近井地带和远井地带，只要改变隔离液用量，就能封堵地层的不同位置。这种堵剂的缺点是药剂不能充分利用，因为只有一部分药剂相遇反应，产生封堵物质。双液法堵剂可分为沉淀型堵剂、冻胶型堵剂、凝胶型堵剂和胶体分散体型堵剂4类。

前文已经分析了出水的原因和常用的堵水作业以及施工工艺。概括起来，油田在注水开发过程中造成油井水淹的原因可分为两大类：一类是技术上的原因，与固井状况破坏有关，如采油套管和管外空间水泥环不密封等；另一类是油层中的驱替水流过生产层造成的油井水淹。据此，在技术上堵水作业也可分为两大类：恢复油气井的技术状况和限制生产层出水。因此，油井的任何堵水工作的实质可归结为：通过对出水水源的作用封堵出水通道，或者恢复其固井技术状况。上述作用一部分可以采用化学剂来完成或者用化学剂作为辅助成分来提高补注水泥的效果。

油气井出水原因不同，采取的封堵方法也就不同。一般对于外来水或者水淹后不再准备生产的水淹油层，在确定出水层位后并有可能与油层分隔开时，采用非选择性堵剂或水泥堵死出水层位；不具备与油层封隔开的条件时，对于同层水（边水和注入水）普遍采用的方法是选择性堵水；为了控制个别水淹层的含水，消除开采时的层间干扰，大多采用封隔器来暂时封堵高含水层；对于底水，则采用在井底附近油水界面处建立人工隔板（打水泥板），以阻止锥进。无论是非选择性堵水剂还是选择性堵水剂，都已经有很多品种，在使用时应根据油水层性质、出水情况、油井条件、工艺条件及堵剂性质和来源进行选择。

第二节 水泥浆封堵

水泥浆用于油井堵水的历史最长，水泥浆封堵是利用其凝固后的不透水性来进行堵水的。美国大约92%的堵水作业都是采用挤水泥方法，不同的是大多用改性的水泥浆来进行施工。水泥浆大多用于封堵高渗透的夹层水、底水，油层和水层串通的含水井段和各分层压力相似的油层水淹井，以及吸收能力高的水淹层。常用水泥浆的种类有水基水泥、油基水泥、油基超细水泥、泡沫水泥、膨胀水泥、水泥树脂混合物及水溶性聚合物—水泥混合物等。

一、水基水泥

水基水泥浆层内堵水工艺，是将密度为1.4～1.9g/cm^3（平均1.6g/cm^3）的API油井水泥浆通过油管挤入被封隔器隔开的油层底水段或次生水段以控制水流的堵水方法。出油段是通过用相等量的原油平衡的方法得到保护的。水基水泥浆层内堵水后，污染油井段是一个普遍存在的问题，它是造成水泥浆堵水失败的最主要原因。

（一）水泥聚合物堵剂

水泥聚合物堵剂不同于水泥浆，主要是在配浆时加入一定量的环氧树脂和相应的硬化剂——聚乙烯胺溶液。它能影响封堵液的性质，使封堵液形成坚硬如石的堵水物质。苏联广泛应用将水溶性聚合物和水泥配合的技术，利用水溶性聚合物的非牛顿特性，将水泥导入地层，其中水泥起增强作用。所用的水溶性聚合物为水解聚丙烯腈等。这类堵剂可用于封堵被底水所淹的含水油层或油层、水层两者串通后水通过环形空间侵入油井的含水层。

（二）泡沫水泥

把干水泥、起泡剂、稳泡剂混合配浆，再通入氮气配制成泡沫水泥。利用泡沫水泥的黏弹特性、低密度、有气泡等性质，改善堵水材料的性质，提高封堵效果。

（三）早强加砂水泥

以水泥为胶结剂，石英砂为填充剂，携带液以水为主，以氯化钙和三乙醇胺为早强剂。水携带水泥和石英砂进入地层后，除形成具有一定强度和渗透率的人工井壁外，还在高渗透带凝固，产生防砂堵水的效果。通常配方（质量比）如下。

（1）水泥：石英砂=1：2；

（2）清水：$CaCl_2$：三乙醇胺=1：0.02：0.004；

（3）携带液：灰砂=1：（0.15～0.7）。

二、油基水泥

采用水基水泥浆挤入水层时，如果油水层交错，在工艺上无法确保油层、水层分隔开的情况下，将会堵塞油层。为此，可用油基水泥浆代替水基水泥浆。

（一）普通油基水泥

油基水泥浆就是以油为基液，将水泥颗粒分散悬浮于其中。挤入水层后，油被替换而使水泥固化。如果挤入油层（不含水），水泥不会凝固，施工后可以从油层返出。但是油层中只要含少量水或与井筒中的水接触，水泥浆就会稠化，失去流动性，影响油层渗透率。地层中存在的束缚水足以使少量的水泥在地层表面上凝固，故使用油基水泥时要特别注意。国内常用的配方如下。

（1）煤油（或柴油）：水泥：表面活性剂=1（m^3）：[300～800（kg）]：[0.1～10（kg）]；

（2）柴油：水泥=1（m^3）：1（t）；

（3）原油：水泥=1：2（质量比）。

配浆后使水泥浆静置，将多余的煤（柴）油游离出来，最后使水泥浆密度为1.05～1.65g/cm^3。油基水泥浆中的多余柴油对油基水泥浆在地层中凝固是不利的，可做如下试验：将100mL一定密度的油基水泥放入内径为2.5cm、长为25cm的玻璃管内，下端接清水，上端接真空泵，保持真空度在0.07～0.1MPa，使清水流过油基水泥浆。试验表明：要使油基水泥凝固和凝固后有足够的强度，就必须有足够的水替换油品，而在地层条件下替换条件是恶劣的。加入表面活性剂可使油的替换率提高，常用的表面活性剂有油酸铵、油酸钠、十二烷基磷酸钠、聚氯乙烯辛基苯酚醚等。

（二）油基超细水泥

常用的API系列水泥颗粒粒径大约为100μm，比大多数地层的孔隙空间大得多，因此水泥颗粒不易进入地层孔道，致使封堵成功率低，有效期短。超细水泥的开发使水泥浆堵水技术向前迈进了一大步。

超细水泥（SPSC）粒径不足普通API水泥的十分之一，其颗粒粒径小于10μm，因而能够进入普通水泥无法接近的区域或地层。超细水泥可以渗透进入管状漏失缝隙或微环隙，甚至可进入小至80～100目的砾石充填层位。在封堵套管与水泥环之间的缝隙时，

SPSC在处理中一次施工的成功率超过90%。

SPSC由超细水泥，油基携带液和表面活性剂组成。油基携带液中的表面活性剂能使SPSC在进入流动水区域若干分钟后才凝结，即仅当与可流动水接触时方才凝固。它与普通水泥的油基水泥浆不同之处在于，当SPSC与水接触后，上述的延迟水化作用能使水泥浆继续向前流动，以保证SPSC在凝固前被携带进入更深的地层。

一般来说，在裂缝性地层需要堵剂渗入油层深处时，很少单独使用SPSC，因为即使平均粒径小于5μm，SPSC也不能渗入地层足够深处。所以一般通过将SPSC与聚合物复配的方法达到深部堵水的目的。该方法是先注入延缓交联的聚丙烯酰胺，使其渗入要求的深度，井眼附近的孔道由随后注入的SPSC封堵，这种油基的超细水泥有助于将聚合物封堵在地层中，从而阻止残余聚合物的产出。

第三节　油井非选择性堵剂

油井非选择性堵剂用于封堵油气井中单一含水层和高含水层，可分为4类：树脂型堵剂、沉积型堵剂、凝胶型堵剂和冻胶型堵剂。

一、树脂型堵剂

树脂型堵剂是指由低分子物质通过缩聚反应产生的具有体型结构，不熔的高分子物质。树脂按其受热后性质的变化可分为热固型树脂和热塑型树脂。热固型树脂是指成型后加热不软化，不能反复使用的体型结构的物质；而热塑型树脂则是指受热时软化或变形，冷却时凝固，可反复使用的具有线型或支链型结构的大分子。非选择性堵剂常采用热固型树脂，如酚醛树脂、脲醛树脂、环氧树脂、三聚氰胺—甲醛树脂等；非选择性堵剂采用的热塑型树脂有乙烯—醋酸乙烯酯共聚物。施工时将液体树脂挤入水层，在固化剂的作用下，成为具有一定强度的固态树脂而堵塞孔隙，达到封堵水层的目的。

（一）酚醛树脂

将酚醛树脂（20℃时黏度为150～200mPa·s），按一定比例加入固化剂（草酸或$SnCl_2$+HCl）混合均匀，加热到预定温度，至草酸完全溶解酚醛树脂且呈淡黄色为止，然后挤入水层便可形成坚固的不透水的屏障，酚醛树脂与固化剂的比例及加热温度需要通过试验加以确定。若需提高强度，除在泵注前向酚醛树脂中加石英砂或硅粉外，还应加入γ-

氨丙基三乙基硅氧烷使树脂和石英砂（或硅粉）之间很好地黏结。酚醛树脂固化后热稳定温度为204～232℃，可用于热采井堵水作业。其常用配方如下。

树脂：草酸=1：0.06（质量比）；

树脂：$SnCl_2$：HCl=1：0.025：0.025（质量比）。

（二）脲醛树脂

脲与甲醛在NH_4OH等碱性催化剂的作用下发生缩聚反应，形成了一种体型高分子化合物，被称为脲醛树脂。这种树脂具有良好的成膜性和耐温性能，使其成为油井堵剂的理想选择。油井堵剂是一种用于控制油井产量和保护油层的材料。它的主要作用是堵住井眼周围的裂缝和孔隙，防止油藏中的油或气过度流失。脲醛树脂作为一种优秀的油井堵剂，在这个应用领域被广泛应用。脲醛树脂具有以下优点，使其成为理想的油井堵剂。首先，由于其高分子结构，脲醛树脂拥有较高的分子量和较高的物理强度，能够形成可靠的堵塞固体；其次，在油井温度和压力条件下，脲醛树脂能够保持其稳定性和耐久性，不易被溶解或分解。此外，脲醛树脂的成膜性能使其能够在油井壁上形成一层坚固的膜，有效封闭孔隙和裂缝。最重要的是，脲醛树脂是一种环境友好型材料，不会对地下水和环境造成污染。

（三）环氧树脂

环氧树脂为热固型树脂，常用作黏合剂和制作电子组件，强度比酚醛或糠醇树脂高，常用的环氧树脂有环氧脂肪树脂、环氧苯酚树脂和二烯烃环氧树脂。施工时，在泵注前可向液态环氧树脂中添加几种硬化剂，硬化剂和环氧树脂反应后使其聚合成坚硬惰性的固体。通常环氧树脂是双酚A和环氧氯丙烷在碱性条件下反应的产物，硬化剂为乙二胺、多元酸酐等，稀释剂为乙二醇—丁基醚。

（四）糠醇树脂

糠醇是一种琥珀色液体，沸点为174.7℃，熔点为-15℃，密度为1.13g/cm³，在20℃时黏度为5mPa·s，在有酸存在时，糠醇本身进行缩合反应生成坚固的热固型树脂。

糠醇本身不能自聚，通常作为活性剂与酚醛树脂和呋喃树脂一起作用，但遇酸可发生自聚。糠醇堵水是将酸液（质量分数为80%的H_3PO_4）打入欲封堵的水层，然后泵入糠醇溶液，中间加隔离液（柴油）以防止酸与糠醇在井筒内接触。当酸与糠醇在地层中混合后，便发生剧烈的放热反应，生成坚硬的热固型树脂，堵塞地层孔隙。如需加大强度来封堵裂缝、孔洞、窜槽及炮眼时，可加石英砂或硅粉。糠醇的热稳定性比酚醛树脂或环氧树脂都好，据报道，糠醇固化后能在315℃干蒸汽下保持稳定。

综上所述，树脂类堵剂具有如下优点。

（1）可以注入地层孔隙并且具有足够高的强度，可封堵孔隙、裂缝、孔洞、窜槽和炮眼；

（2）树脂固化后呈中性，和各种井下流体不起反应，因而有效期长；

（3）据报道，每消耗一吨商品树脂堵剂，可增产原油186t，经济效益显著。其缺点是：相对而言较为昂贵，无选择性，使用时通常限于井底周围径向30cm以内，使用前必须验证处理层位并加以隔离，树脂固化前对水、表面活性剂、碱和酸的污染敏感。

二、沉淀型堵剂

沉淀型堵剂是双液法堵剂的一种，其特点是：强度高（因沉淀是固体物质）；剪切稳定性好，不像聚合物溶液会剪切降解；热稳定性高，可用于任何高温地层；化学稳定性好，单独存在时大多数是很稳定的物质；生物稳定性好，不受微生物的影响。

（一）$Na_2SiO_3-CaCl_2$堵剂

以$Na_2SiO_3-CaCl_2$体系为例分析水玻璃—卤水体系的特点。

1.硅酸钠的模数

模数是选用水玻璃的重要参数，是指水玻璃中SiO_2与Na_2O的物质的量比，因为沉淀主要是由SiO_2组成的，模数增大，沉淀量也增大。

2.硅酸钠的制备

硅酸钠可在地面制备亦可在地下生成，有碳酸钠法、硫酸钠法、氯化钠法等方法。水玻璃常用浓度（质量分数）为36%，$CaCl_2$常用浓度为38%（质量分数）。据此可计算出Na_2SiO_3和$CaCl_2$溶液的理论体积比为2.53∶1，为确保$CaCl_2$量及封堵半径，现场常用体积比为1∶1。

3.堵水原理

水玻璃与$CaCl_2$有两个反应，其堵水作用是混合沉淀造成的。

（二）水玻璃复合堵剂

水玻璃复合堵剂常用配方如下。

水玻璃：$CaCl_2$：PAM：HCl：甲醛=（1～1.6）：0.6：0.04：（0.5～0.78）：0.04

堵剂质量分数为10%，其优点是可泵性好，成胶强度大、可解堵并且混合比较均匀、节约原料等，可用于封堵油井单一水层、同层出水、窜槽水及炮眼，成功率达73%。

三、凝胶型堵剂

（一）凝胶的定义及类型

凝胶是固态或半固态的胶体体系，是由胶体颗粒、高分子或表面活性剂分子互相连接形成的空间网状结构。凝胶结构空隙中充满了液体，液体被包在其中固定不动，使体系失去流动性，其性质介于固体和液体之间。凝胶分为刚性凝胶和弹性凝胶（如线型大分子凝胶）两类。无机凝胶属非膨胀性凝胶，故呈刚性；线型大分子形成的凝胶会吸水膨胀，故具有一定的弹性。当溶胶在改变温度、加入非水溶剂、加入电解质或通过化学反应以及氢键、Vander Waals力作用时，就会失去流动性转变成凝胶。

（二）凝胶与冻胶的区别

1.化学结构上的区别

凝胶是化学键交联，在化学剂、氧或高温作用下，使大分子间交联而凝胶化，不可能在不发生化学键破坏的情况下重新恢复为可流动的溶液，为不可逆凝胶。冻胶是由次价力缔合而成的网状结构，在温度升高、机械搅拌、振荡或较大的剪切力作用下，结构破坏而变为可流动的溶液，故称为可逆凝胶。

2.网状结构中含液量的区别

凝胶与冻胶的液体含量相比，有着明显的区别。凝胶是一种网状结构，在其内部含有适中的液体量。这种凝胶的液体含量通常在20%至80%之间，可以根据需要调节。相比之下，冻胶的液体含量非常高，通常超过90%（以体积分数计算）。凝胶的液体含量适中的特性赋予了它在很多应用中的重要性。凝胶可以用作药物传递系统，其网状结构可以容纳药物分子，并通过调整液体含量来控制释放速率。此外，凝胶还可以用于食品工业，作为增稠剂和凝固剂，使食品更加稳定和具有口感。

相比之下，冻胶的高液体含量使其在某些特定领域具有独特的功能。冻胶常用于凝胶电泳实验中，用于分离和分析DNA、RNA和蛋白质。由于其高含液量，冻胶能够提供足够的水分环境，使分子在凝胶中自由运动，从而实现分离和分析的目的。凝胶和冻胶的液体含量差异也进一步影响了它们的物理性质。由于凝胶的液体含量较低，其具有较高的稠度和强度。相比之下，冻胶的高液体含量让其具有较低的稠度和强度，容易形成凝胶痕迹或被损坏。

（三）硅酸凝胶

硅酸有多种组成形式，水溶液中主要是以H_2SiO_4存在，H_2SiO_4聚合形成其他不同的多硅酸即硅酸溶胶。因为在各种硅酸中以偏硅酸的组成最简单，所以通常以H_2SiO_4代表硅酸。在稀的硅酸溶液中加入电解质或者在适当浓度的硅酸盐溶液中加入酸，则生成硅酸凝胶，该凝胶软而透明，有弹性，其强度足以阻止通过地层的水流。

现场上常用Na_2SiO_3来制备凝胶，凝胶的强度可用模数来控制，模数小生成的凝胶强度小，模数大生成的凝胶强度大。硅酸凝胶又分为酸性凝胶和碱性凝胶两类，前者是将硅酸钠加入酸中制成，该体系胶凝时间短而凝胶强度大；后者是将酸加入硅酸钠中制成，该体系胶凝时间长，凝胶强度小。酸能引发硅酸钠发生胶凝，故称为活化剂，常用的活化剂除酸以外，还有CO_2（NH_4）$_2SO_4$、甲醛、尿素等。

堵水机理：Na_2SiO_3溶液遇酸后，先形成单硅酸，后缩合成多硅酸。多硅酸是由长链结构形成的一种空间网状结构，在其网格结构的空隙中充满了液体，故呈凝胶状，主要靠这种凝胶物封堵油层出水部位或出水层。

硅酸凝胶可用于砂岩地层，温度在16～93℃范围。除酸外，加其他化学剂可用于灰岩或温度更高的地层。在张性裂缝或孔洞中，固化物对流体并无很大阻力，一般加石英砂或硅粉提高其强度，加入聚合物增加黏度有助于悬浮固体，提高处理效果。

硅酸凝胶的优点在于价廉且能处理井径周围半径1.5～3.0m地层，能进入地层小孔隙，在高温下稳定。其缺点是Na_2SiO_3完全反应后微溶于流动的水中，强度较低，需要加固体增强或用水泥封口。此外，Na_2SiO_3能和很多普通离子反应，处理层必须验证清楚并与上下层隔开。

（四）氰凝堵剂

氰凝堵剂是一种用于地层堵漏的材料，它由主剂（聚氨酯）、溶剂（丙酮）和增塑剂（邻苯二甲酸二丁酯）组成。这种堵剂通过在地层孔隙中形成坚硬的固体来阻止流体的渗漏。其现场配方的质量比为聚氨酯：丙酮：邻苯二甲酸二丁酯=1：0.2：0.05。当氰凝材料挤入地层后，聚氨酯分子两端所含的异氰酸根与水反应，形成一种坚硬的固体物质。这种固体物质的生成可以有效地堵死地层孔隙，防止地下水或其他流体的渗漏。对于需要进行安全工程的地层，在使用氰凝堵剂之前，必须要求绝对无水环境，以确保聚氨酯与水分子能够充分反应，形成稳定的固体堵漏效果。

然而，使用氰凝堵剂的过程却需要使用大量的有机溶剂，丙酮是其中的主要成分。使用有机溶剂主要是为了将聚氨酯、溶剂和增塑剂充分混合，并使其能够形成均匀的堵漏材料。有机溶剂提供了良好的颜料分散、流动性和混合能力，确保了氰凝堵剂的性能和效果。虽然有机溶剂在氰凝堵剂的制备过程中起到了非常重要的作用，但也需要注意其使用的安全性。有机溶剂具有易燃、挥发性高的特点，因此在操作过程中必须严格控制火源，并保持良好的通风条件，以降低安全隐患。同时，在操作结束后，必须妥善处理有机溶剂的废弃物，避免对环境造成污染。

（五）丙凝堵剂

丙凝堵剂是丙烯酰胺（AM）和N，N-甲撑双丙烯酰胺（MBAM）的混合物，在过硫酸铵的引发和铁氰化钾的缓凝作用下，聚合生成不溶于水的凝胶而堵塞地层孔隙，该剂可用于油井、水井堵水，常用配方如下。

AM：MBAM：过硫酸铵：铁氰化钾（质量比）=（1～2）：（0.04～0.1）：（0.016～0.08）：（0.0002～0.028）

混合物中堵剂质量分数为5%～10%，每口井用量12～30m^3，其胶凝时间受温度、过硫酸铵和铁氰化钾含量的影响。在60℃下，AM：MBAM=95：5，总质量分数为10%，过硫酸铵占0.2%，铁氰化钾占0.001%～0.002%（质量分数）时，胶凝时间为92～109min。国内某油田用该剂堵水作业11井次，成功率为100%。如某井堵水前原油含水68%（质量分数），日产油15t，堵后含水率为6%（质量分数），日产油49t，该堵剂适用于封堵油井单一水层和底部出水层。

（六）盐水凝胶堵剂

Wittington研制了一种盐水凝胶堵剂，已在现场用于深部地层封堵。其组成为羟丙基纤维素（HPC）、十二烷基硫酸钠（SDC）及盐水，三者混合后形成凝胶。其优点是不需加入铬或铝等金属的盐做活化剂，而是控制水的含盐度引发胶凝。HPC-SDC的淡水溶液黏度为80mPa·s，当与盐水混合后黏度可达7×10^{3}mPa·s。该凝胶在砂岩的岩心流动试验中，可使水的渗透率降低95%。施工时不必对油藏进行特殊设计和处理，有效期达半年。当地层中不存在盐水时，几天内就会使其黏度降低。

四、冻胶型堵剂

严格地说这是一类弹性凝胶，即由高分子溶液经交联剂作用而形成的具有网状结构的物质。因其含液量很高（体积分数通常大于98%），胶凝后类似于冻胶而得名。

可被交联的高分子主要有：聚丙烯酰胺（PAM），部分水解聚丙烯酰胺（HPAM）、羧甲基纤维素（CMC）、羟乙基纤维素（HEC）、羟丙基纤维素、羧甲基半乳甘露糖（CMGM）、羟乙基半乳甘露糖（HEGM）、木质素磺酸钠（Na-LS）、木质素磺酸钙（Ca-LS）等。交联剂多为由高价金属离子所形成的多核羟桥络离子，此外还有醛类或醛与其他低分子物质缩聚得到的低聚合度树脂。这类堵剂很多，如铝冻胶、铬冻胶、锆冻胶、钛冻胶、醛冻胶、铬木质素冻胶、硅木冻胶、酚醛树脂冻胶、脲醛树脂冻胶、三聚氰胺—甲醛树脂冻胶等。例如，聚丙烯酰胺铬冻胶由部分水解聚丙烯酰胺、红矾钠、大苏打和盐酸组成，在地层温度和酸性条件下，红矾钠被大苏打还原成三价的铬离子，与部分水解聚丙烯酰胺交联产生强度较大的冻胶，堵塞地下孔道。

综上所述，在油气井非选择性堵剂中，按堵水强度以树脂最好，冻胶（弹性凝胶）、沉淀型堵剂次之，凝胶最差；按成本，则是凝胶、沉淀型堵剂最低，冻胶（弹性凝胶）次之，树脂型最高。由此得出：沉淀型堵剂是一种强度较好而价廉的堵剂，加之它耐温、耐盐、耐剪切，所以是较理想的一类非选择性堵剂。在油气井非选择性堵剂中，凝胶、冻胶和沉淀型堵剂都是水基堵剂，都有优先进入出水层的特点，因此施工条件较好的油气选择性堵水中同样也可使用。

第四节　油井选择性堵剂

选择性堵水适用于不易用封隔器将油层与待封堵水层分开时的施工作业。目前选择性堵水的方法发展很快，选择性堵剂的种类也很多。尽管选择性堵剂的作用机理有很大不同，但它们都是利用油和水、出油层和出水层之间的差异来进行选择性堵水的。这类堵剂按分散介质的不同可分为3类：水基堵剂、油基堵剂和醇基堵剂。它们分别以水、油和醇做溶剂配制而成。

一、水基堵剂

水基堵剂是选择性堵剂中应用最广、品种最多、成本较低的一类堵剂。它包括各类水溶性聚合物、泡沫、水包油型乳状液及某些皂类等。其中最常用的是水溶性聚合物。

（一）烯丙基类聚合物

1.聚丙烯酰胺

以聚丙烯酰胺为代表的水溶性聚合物是目前国外使用最广泛和最有效的堵水材料。这种堵剂溶于水而不溶于油，注入地层后可以限制井内出水（降低水的渗透率超过90%）而又不影响油气的产量（降低油的渗透性不超过10%）。处理时不需要测定水源或封隔层段（注水井除外），处理费用较低。PAM是一种高分子聚合物，其分子结构属线型高分子，交联后其结构属体型高分子，形成网状的三维空间结构。

（1）PAM堵剂的类型：PAM使用前必须先水解，以保证其水溶性。HPAM在堵水应用中分非交联和部分交联两类，前者用于低渗透层段，后者用于高渗透层段。

（2）PAM的堵水机理：部分水解的聚丙烯酰胺分子上的-CONH和-COO影响着分子

链的展开程度和吸附能力，它的选堵能力就表现在流动阻力上。用来解释残余阻力的机理是吸附、捕集和物理堵塞理论。

①吸附理论（亲水膜理论）：进入地层的HPAM中的-CONH和-COO可通过氢键吸附在由于出水冲刷而暴露出来的岩石表面上，形成一层亲水膜。HPAM分子中未被吸附的部分可在水中伸展，对水产生摩擦力，降低地层水的渗透性，而油气通过亲水膜孔道时，由于HPAM分子不亲油，分子不能在油中伸展，因此对油的流动阻力影响小。进入油层的HPAM，由于砂岩表面为油所覆盖而不发生吸附，因此不堵塞油层。从某种意义上讲，HPAM薄膜对水产生阻力，而对油气流则起润滑作用。实验表明，亲水膜的厚度是水的矿化度、酸碱度、聚合物类型、聚合物浓度和聚合物与基岩之间反应能力的函数。

②动力捕集理论：HPAM分子很大，相对分子质量为几百万至几千万。分子链具有柔顺性，松弛时一般卷曲呈螺旋状，在泵送通过孔隙介质时受剪切和拉伸力作用而发生形变，沿流动方向取向。当径向泵入地层，且外力消除后，分子又松弛成螺旋状。当油气井投产时，卷曲的聚合物分子便桥堵孔隙喉道并阻止水流。但油气能使大分子线团体积收缩，故能减少出水量而油气产量不受影响。

③物理堵塞理论：在HPAM分子链上存在很多活性基团，阴离子型聚合物比非离子型聚合物更活泼。它们很容易与地层盐水中常见的多价金属离子发生反应，生成相对分子质量较高的交联产物。该产物呈网状结构，能限制水在多孔介质中的流动，而且由于水趋于使网状聚合物分子膨胀，而油气使其收缩，因此能降低产水而不影响油气产量。由于出水层含水饱和度较高，且地层压力小于油层，因而聚合物水溶液优先进入含水饱和度高的地层，并按含水饱和度的大小调整地层对流体的渗透性，这一特点是其他选择性堵剂所没有的。

（3）交联的聚丙烯酰胺：在高渗或裂缝性地层中，水流经过的孔道直径比高分子尺寸大，使其堵水效果降低，因而发展了交联聚丙烯酰胺。交联剂通常为含高价金属离子的盐类和其他有机化合物，常用的交联剂有柠檬酸铝、重铬酸钾和甲醛以及乌洛托品、间苯二酚等物质。它们分别和阴离子型HPAM形成低溶的交联产物，和非离子型的PAM形成更黏稠的溶液，阴离子型和阳离子型聚合物在地层中结合起来，趋向形成一种难以驱除的混合物。它能使聚合物在孔道中形成网状结构。虽然这种方法能够提高堵水能力，但也易使堵剂失去选择性。

用化学交联剂在一定的pH（3～5）和温度（130℃以上）下使HPAM线型体变为网状体，从而增加了其黏弹性。交联后的HPAM抗剪切安定性和稳定性都有所改善。控制体系的pH、温度或化学交联剂的化学特性，使交联反应不是在地面完成，而是在地下所指定的部位完成，这种方法叫延缓交联。这样做不仅利于施工，利于实现选择性，而且可以将堵剂送到地层深处。

（4）改进的HPAM堵水技术：Zairoun在常规的HPAM堵水的基础上，提出了两种新方法，它们比常规的方法堵水效率高，而且没有因交联而堵塞油气层的危险。这两种方法都是根据聚合物吸附层的适度溶胀来堵水的，方法1适合处理含低矿化度水的地层，方法2适用的地层水矿化度范围较宽。

方法一：利用丙烯酰胺—丙烯酸共聚物分子在盐水中卷曲收缩，在淡水中溶胀伸展的性质来堵水。没有盐存在时，同一分子链上带负电的羧基互相排斥，使分子由卷曲变为伸展。当有盐存在时，阳离子屏蔽了大分子链上的负电荷，使分子卷曲收缩，这种大分子链形态的改变使得HPAM在淡水中黏度高，在盐水中黏度低。在施工作业中，HPAM与高于地层水矿化度的盐水一起注入地层。注入时聚合物分子呈收缩状态，溶液黏度低。此外HPAM分子在收缩状态时的吸附能力比溶胀状态时强，因此在地层孔隙表面上形成了一层致密的吸附层。在生产过程中，矿化度小的地层水不断替换浓度高的盐水，使吸附层溶胀，从而能有效地控制地层水的产出，而烃类仍能通过孔隙中间流动。

方法二：在原理上与方法1相似。聚合物分子也是呈收缩状态注入地层，在生产过程中依靠分子溶胀来堵水。不同的是用非离子型的PAM代替了阴离子型的HPAM，吸附层的胀大是通过加入溶胀剂进行化学处理，而不是靠盐度的递减来实现。在实验中用质量分数为1%的K_2CO_3作为溶胀剂，结果使PAM分子适度碱性水解并在地层中溶胀。施工时不必考虑地层水的矿化度而将聚合物溶解并注入地层。非离子型的PAM分子对盐水几乎没有敏感性，与HPAM相比，PAM水溶液的黏度稍低，而在储层岩石上的吸附量增加。

2.部分水解聚丙烯腈（HPAN）

HPAN作为一种选择性堵水剂主要用于地层水中多价金属离子含量高的地层。

（1）HPAN的特点：与地层水中的电解质作用形成不溶的聚丙烯酸盐，但沉淀物的化学强度低，形成的聚丙烯酸钙是溶解可逆的。水解聚丙烯酸盐沉淀物存在淡化问题，即在淡水中由于析出离子开始变软，最后溶解。

（2）选堵机理：HPAN（黏度250～500mPa·s）结构中羧基与含有多价金属离子Ca^{2+}、Mg^{2+}、Fe^{3+}的地层水（或人工配制的高矿化度水）作用，形成弹性胶凝体（聚丙烯酸盐）。它随时间自行硬化，封堵水道。而油层中不含高价金属离子，HPAN不能生成沉淀，在油井生产时随油流带回地面，因而具有选择性。

从结构上看，HPAN和HPAM在堵水机理方面有相似的地方。HPAN通常交联使用，可用的交联剂包括HCHO、$CaCl_2$、$FeCl_2$、$Al(NO_3)_3$等，HPAN也可以与KH_2PO_4或K_2HPO_4一起作用，以增加堵剂Ca^{2+}、Mg^{2+}产生的沉淀量，二者的质量分数为HPAN 5%～10%、KH_2PO_4 5%～20%。据报道，经上述配方处理的地层具有一定的憎水性，所以堵水效果更好。

3.聚丙烯酸类

聚丙烯酸类聚合物是指丙烯酸、甲基丙烯酸和它们的衍生物的均聚物和共聚物。这类聚合物一般在水中有很好的溶解度，聚丙烯酸和聚甲基丙烯酸在水中的溶解度随温度、中和度和水的矿化度而变化。

使用甲基丙烯酸—甲基丙烯酸二乙胺盐共聚物堵水，效果比用甲基丙烯酸均聚物好。这种聚合物是在甲基丙烯酸水溶液中加入二乙基胺聚合而成，聚甲基丙烯酸二乙胺链节质量分数为40%。堵水作业使用质量分数18.5%的聚合物水溶液，其中含有质量分数10%左右未反应的二乙基胺，其优点如下。

（1）该聚合物中存在胺盐段和二乙基胺，形成的堵塞物体积较大；

（2）溶液中存在有胺，它和多价金属离子形成络合物，可填补凝胶中存在的孔隙；

（3）胺的存在使其对岩石表面的吸附和对水的束缚力增大。这类聚合物在现场试验中取得了非常好的效果。如某井堵水前日产油15t，产水68m^3；堵水作业后日产油20t，产水20m^3，有效期超过两年。聚丙烯酸同样也可以与多价金属离子（如Al^{3+}、Ti^{4+}、Cr^{3+}等）作用，发生交联用于地层封堵。

（二）阴离子、阳离子、非离子三元共聚物

使用两性聚合物选择性堵水，效果十分明显。两性聚合物是由一种阴离子单体，一种阳离子单体和一种中性（非离子）单体聚合而成的三元共聚物。

1.丙烯酰胺—（3–酰胺基–3–甲基）丁基三甲基氯化铵共聚物

这是一种阴离子、阳离子、非离子三元共聚物，它是由丙烯酰胺（AM）和（3–酰胺基–3–甲基）丁基三甲基氯化铵（AMBTAC）共聚水解得到的，所以也可以叫作部分水解AM/AMB–TAC共聚物，相对分子质量大于10万，水解度在0～50%，堵水使用浓度为100～5000mg/L。堵剂分子中含有阴离子、阳离子和非离子结构单元，它的阳离子结构单元可与带负电的砂岩表面产生牢固的化学吸附；它的阴离子、非离子结构单元除有一定数量吸附外，主要是伸展到水中增加水的流动阻力，它比HPAM有更好的封堵能力。

2.丙烯酰胺—二甲基二烯丙基氯化铵共聚物

这种聚合物是由丙烯酰胺（AM）和二甲基二烯丙基氯化铵（DMDAC）共聚而成，共聚物中一般含（质量分数）AM 40%、丙烯酸（AA）30%和DMDAC 10%、残留的游离DM–DAC 20%。该处理液以AMP命名，使用时要与黏土防膨剂（KCl）、互溶剂（乙二醇丁醚）和表面活性剂一起使用。表面活性剂的作用是清洗地层、润湿地层和帮助液体返排。其配方（质量分数）为：共聚物 0.2%～3%+KCl 2%+乙二醇丁醚 5%～20%+表面活性剂0.1%～1%，该堵剂既可用于砂岩地层，也可用于灰岩地层。

3.WOR-CON堵剂

WOR-CON堵剂也是两性聚合物，为丙烯酰胺-（3酰胺基-3-甲基）丁基氯化铵共聚物。该堵剂每个分子链上都具有正负电荷，对岩石表面有强烈的亲和力，能牢固地吸附在岩石表面，在孔隙介质中形成阻碍水流动的网状结构。普通聚合物没有这种强有力的电荷，主要靠氢键作用，吸附不牢。在油层内，WOR-CON分子不与被油所覆盖的岩石表面发生吸附作用，只是蜷缩在岩石孔隙之间，并可随油流入井筒，不阻碍油的流动，因而具有选择性堵水作用。WOR-CON的相对分子质量为3×10^6，有效浓度3%（质量分数），含有12%NaCl（质量分数）和少量防冻液，适用于温度149℃的砂岩、灰岩地层。堵水作业后水相渗透率降低80%~85%，而堵油率仅为5%~7%。经1000倍孔隙体积盐水冲洗，其堵水率并不下降，而普通聚合物经300倍孔隙体积盐水冲洗后，即随产出水排出地层。WOR-CON聚合物能耐多价离子、氧和酸的作用，易混合、无公害，在岩石表面黏附性好。

（三）分散体系

分散体系选择性堵剂主要包括泡沫、乳状液及黏土分散悬浮体等，其选择性主要由其外相（连续相）所决定。

1.泡沫堵水

泡沫可根据起泡液的成分分为两相泡沫、三相泡沫和刚性泡沫，其稳定程度依次增大。前者含有起泡剂和稳泡剂，后二者则还有固相，如黏土、白粉等。三相泡沫的稳定性较两相泡沫高许多倍，这是因为固相颗粒能够加固小气泡之间的界面膜。

泡沫堵水机理如下。

（1）泡沫以水做外相，可优先进入出水层，在出水层稳定存在。

（2）小气泡黏附在岩石孔隙表面，可阻止水在多孔介质中的自由运动。岩石表面原有的水膜会阻碍气泡的黏附，加入一定量的表面活性剂可削弱这种水膜。

（3）由于Jamin效应和岩石孔隙中泡沫的膨胀，水在岩石孔隙介质中的流动阻力大大增加。

（4）堵液在岩石孔隙介质内乳化，改变了岩石的润湿性，使岩石表面憎水，阻碍流水窜通。

（5）泡沫在油层不稳定时会自行消泡，因而进入油层的泡沫不堵塞油层。由于油水界面张力远大于水气界面张力，按界面能自发减小的规律，稳定泡沫的活性剂分子将大量转移到油水界面引起泡沫破坏，故泡沫是一种选择性堵剂。起泡剂主要用磺酸盐类表面活性剂，稳泡剂（又叫稠化剂）常为CMC、PVA（聚乙醇）、PVP（聚乙烯吡咯烷酮）等，制备泡沫的气体是空气、N_2或CO_2，后两种气体可由液态转变而来。特别是液体CO_2，使用很方便。用于起泡的N_2亦可通过反应产生，在地层发泡。

2.水包稠油（O/W型乳状液）

这种堵剂是使用O/W型乳化剂将稠油乳化在水中形成O/W型乳状液，该乳状液以水为外相，所以黏度低，易进入水层。在水层中乳化剂被地层表面吸附，乳状液破坏，油珠合并为高黏的稠油，产生很大的流动阻力，因而减少出水层产水。水包稠油的乳化剂最好为阳离子型，因为它易吸附在带负电的砂岩表面，引起乳状液的破坏。

3.黏土

黏土在水中具有较高的分散性，这意味着当黏土溶液被注入含水油井中时，会选择性地进入具有较高渗透率的水淹层，并将自身分散在岩石的孔隙间。一旦黏土遇到水，它会发生膨胀并增大体积，从而有效地堵塞水的流动通道。与此同时，在低渗透性的含油层上，黏土则会形成泥饼，因为其流动性较差，这使得在油井重新投产后容易将泥饼排出。这一过程的结果是，黏土在不堵塞油的同时，实现了有效堵塞水的效果。黏土的高分散性是由其微观结构和化学特性所决定的。它的颗粒较小且表面积较大，这使得黏土能够更好地与水分子进行相互作用。在水溶液中，黏土颗粒与水分子发生吸附作用，从而使黏土更容易分散在水中。当黏土溶液被注入油井中时，黏土会随水流进入孔隙，并逐渐在孔隙中膨胀。因为黏土颗粒的体积增大，它们会堵塞孔隙，从而阻止水的流动。

另外，黏土在低渗透性含油层上的表现也是非常有益的。由于低渗透性含油层的孔隙较小，黏土很容易形成泥饼，这能够在油井投产后起到重要的作用。当油井重新投产时，泥饼会被排出。由于黏土的流动性较差，它不会附着在油井内部的岩石孔隙上，从而不会妨碍油的流动。因此，黏土在该情况下实现了堵水不堵油的效果。

4.镁粉

使用烃液或聚合物水溶液与镁粉配成的悬浮液可用作堵水材料。当这种堵剂与高矿化度的地层水接触时会发生反应，形成氢氧化镁和氧化镁沉淀，从而形成坚固而低渗透性的固体。这种堵水材料主要适用于储层中存在大裂缝或直径较大（≥3～10mm）的窜槽的封堵。由于镁粒的直径较大，这种堵水材料能够有效地填充大裂缝和窜槽，阻止水的渗透。镁粉也可能会进入油层，但由于油层中的残余水数量较少，水解反应实际上并不会发生。因此，镁粒能够长期维持裂缝的张开状态，保持油道的畅通性，具有一定的选择性。

这种堵水材料不仅具有良好的堵水效果，而且由于氢氧化镁和氧化镁的沉淀物具有一定的强度和稳定性，能够保持长期的封堵效果。另外，烃液或聚合物水溶液的使用也使得这种堵水材料在使用过程中具有较好的流动性和可控性。需要注意的是，由于镁粉的直径较大，这种堵水材料并不适用于裂缝较小或窜槽直径较小的储层。对于这些情况，可能需要采用其他适合的堵水材料来实现封堵效果。

（四）皂类

这类选择性堵剂都可与Mg^{2+}、Ca^{2+}反应生成沉淀，因而只用于封堵Mg^{2+}、Ca^{2+}含量高的出水层。

1.松香酸皂

松香酸（$C_{19}H_{29}COOH$）呈浅色，高皂化点，非结晶。松香酸不溶于水，其钠皂、铵皂溶于水，松香酸钠和Ca^{2+}、Mg^{2+}离子反应生成不溶于水的松香酸钙、松香酸镁沉淀。

由于油层不含Ca^{2+}、Mg^{2+}，所以不发生堵塞。常用的配方为松香：碳酸钠：水（质量比）=1：0.176：0.5。施工时，在80～90℃下将熬制成的松香酸钠加水稀释到10%（体积分数）左右，挤入地下采油段即可。例如，某井处理前含水率89%，日产液4.3t，处理后含水率降至27%，日产液5.8t，效果较为明显。

2.山嵛酸钾

山嵛酸[$CH_3(CH_2)_{20}COOH$]，其钾皂溶于水，钠皂不溶于水，将山嵛酸钾溶液注入地层后，遇地层水中的Na^+即发生如下化学反应而产生沉淀，封堵出水层。

$$CH_3(CH_2)_{20}COOK+Na^+=CH_3(CH_2)_{20}COONa\downarrow+K^+$$

3.环烷酸皂

以碱性油废液，如炼油厂柴油或润滑油碱性废液为堵剂，其主要成分是环烷酸皂。这种废液是暗褐色易流动液体，密度和黏度都接近于水，热稳定性好，无毒，易于同水和石油混溶，但对$CaCl_2$水溶液极为敏感。它和$CaCl_2$水溶液反应时生成强度高、黏附性好的憎水性堵水物质。堵剂由碱性废液和5%～15%（质量分数）$CaCl_2$水溶液组成，中间需要隔离液。油井处理后关井24h即可恢复生产。

（五）其他水基选择性堵剂

1.胶束溶液

这种胶束溶液遇到盐水变黏，胶束溶液在22℃时的黏度为50mPa·s，若遇到含盐量20mg/L的地层水，黏度可超过1000mPa·s，其配方（体积分数）是：盐水（每100mL含盐3.4g）34.8%+异丙醇0.5%+石油磷酸铵8.1%+烃56.6%。

2.单宁

单宁又称鞣质，广泛存在于植物的根、茎、皮、叶或果实中，是一类多元酚的衍生物。根据其化学结构可把单宁分为两类：水解单宁和缩合单宁。单宁可溶于水，呈弱酸性，加强酸使pH<5时，单宁酸即沉淀析出，单宁在高pH时全部溶于水，注入地层后，地层水将溶液稀释使pH降低，于是产生沉淀封堵出水层。

3.阳离子型活性剂

$[C_{18}H_{37}N^{+}H_{3}]CH_{3}COO^{-}$、$[(C_{18}H_{37})_{2}N^{+}+(CH_{3})_{2}]Cl^{-}$及$R(N^{+}H_{3})_{2}CH_{3}COO^{-}$等活性剂只能用于砂岩地层。砂岩表面带负电，与阳离子活性剂反应后，带负电的亲水表面变成亲油表面，当孔隙中有油存在时，所产生的毛细管力对水的流动造成阻力。

4.酸渣

酸渣是生产润滑油时用硫酸精制芳香族馏分的副产物，具有较好的憎水性。用酸渣选择性堵水，可以降低油井含水量，增加产油量。酸渣遇水可析出不溶性物质，硫酸与地层水中的Ca^{2+}、Mg^{2+}也可以产生相应的沉淀物而堵塞地层。用酸渣封堵水淹层时，可降低水相的渗透率，提高油相的渗透率，且不受油层水淹程度的限制，堵水工艺简单，不需要专门的设备。施工时用水泥车把酸渣注入油井内，关井72h即可开井生产。

5.聚三聚氰酸酯盐

聚三聚氰酸酯盐是一种水溶性堵剂，其质量分数为0.25%～25%，水溶液的黏度仅为0.5～50mPa·s，易注入。它可水解为不溶于水的沉淀，在一定的地层温度和堵剂浓度下，堵剂的水解反应是由pH控制的（pH=8～15）。pH越高，水解越快，因此可通过调节堵剂溶液的pH使其注入地层内欲堵塞的位置。

6.阴离子聚多糖

阴离子聚多糖是一种具有很高增稠能力的聚合物，它在水溶液中呈现出三重螺旋结构。由于其独特的结构和性质，阴离子聚多糖的溶液具有假塑、剪切稀释和热稳定的特点，抗温性能可达到100～130℃，因此非常适用于高盐和高温地层的堵水作业。相比于其他聚合物材料，阴离子聚多糖的吸附性能更加出众。当阴离子聚多糖与地层中的水和油发生相互作用时，它可以形成一层均匀而稳定的膜状结构，将地层中的水和油有效地隔离开来，从而达到预期的残余阻力效果。这种特性使得阴离子聚多糖在堵水作业中非常理想，无论是在咸水井、高温井还是含高盐地层。

此外，阴离子聚多糖还具有良好的降满水性能。在高温和高盐条件下，水的黏度通常会下降，导致堵水效果不佳。但阴离子聚多糖的特殊结构可以抵抗溶液稀释和剪切稀释的影响，保持水的黏度，从而保证堵水效果的持久性和稳定性。

二、油基堵剂

（一）有机硅类堵剂

有机硅类化合物包括$SiCl_4$、氯甲硅烷、α，ω-二氯聚二（有机）硅氧烷和低分子氯硅氧烷等。它们对地层温度适应性好，可用于一般地层温度，也可用于高温（200℃）地层。烃基卤代甲硅烷是有机硅化合物中使用最广泛的一种易水解、低黏度的液体，其通式为$RnSiX_{4-n}$，其中R为烃基，X表示卤素（F、Cl、Br、I），n为1～3的整数。

其堵水机理是：在地层条件下，氯硅烷遇水发生反应，生成具有弹性的含硅氧硅键（—Si—O—Si—）的聚硅氧烷沉淀。该沉淀物氧根朝向岩石表面并发生吸附，而烷基表面朝外，从而使砂岩的亲水表面变为憎水表面，增加了水的流动阻力，可阻止水流。油层无水，氯硅烷不发生反应，随油流出。氯硅烷与水发生水解反应，生成相应的硅醇，进而缩合成聚硅醇沉淀封堵出水层。此外，由于聚硅醇对岩石的附着作用和形成分子内键的牢固结合，含饱和水的地层砂岩颗粒强度会大大加固，所以甲硅烷能够起到防砂的作用，适合于油层压力低、疏松粉细的砂岩油藏。氯硅烷与水发生反应时，放出HCl烟雾，腐蚀性大，对人体有害，且产品昂贵。现国外已用低分子、低毒、低腐蚀性的硅氧烷代替，或选用醋酸基硅烷、烷氧基硅烷等。

（二）聚氨酯

这类堵剂由多羟基化合物和多异氰酸酯聚合而成，聚合时保持异氰酸基（—NCO）的数量超过羟基（—OH）的数量，即可制得有选择性堵水作用的聚氨酯。

该堵剂的选择性在于过剩的异氰酸基遇水所发生的一系列反应。首先生成氨基并放出CO_2；其次，氨基可继续与异氰酸基作用，生成脲键。

脲键上有活泼氢，它们还可以与其他未反应的异氰酸基反应，从而使原来可流动的线型聚氨基甲酸酯变成不流动的体型结构，从而将水层堵住。而在油层，由于不发生上述反应，所以不堵塞油层。

在聚氨酯堵水剂中还需加入如下3种成分。

（1）稀释剂。如二甲苯、CCl_4或石油馏分以增加聚氨酯的流动性。

（2）封闭剂。如C_{1-6}的醇，它可在一定时间内将聚氨酯的–NCO基全部封闭，即使堵剂进入并留在油层也不会有不良影响。

（3）催化剂。如2，4，6–三（三甲胺基甲基）苯酚，它可加速封闭反应的速度。

（三）稠油类堵剂

稠油类堵剂包括活性稠油、稠油固体粉末和偶合稠油等。

1.活性稠油

这是一种加有乳化剂的稠油，乳化剂为油包水型（如Span–80），它可使稠油遇水后产生高黏的W/O型乳状液，乳状液中的小水珠就像单流阀似的起堵塞作用。例如，当界面张力为20mN/m时，一滴直径为0.1mm的水珠要通过0.01mm的孔道，将需要120Pa的压力来推动，如果要靠周围的平行流动来得到这样的压差，则相应的压力梯度要高达8.0MPa，加之这些狭窄的孔隙通道是一连串被堵塞的，因此能够达到堵塞油层出水的目的。当活性稠油被挤入油层时，它能与原油很好地混溶并保持其以原油为连续相的特性，因而不堵塞油层。另外，它还可以提高井底附近的含油饱和度，使油的有效渗透率提高，水的有效渗透率降低。

由于稠油中就含有相当数量的W/O型乳化剂，如环烷酸、胶质、沥青质，所以也可将稠油直接用于选择性堵水。将氧化沥青溶于油中也可配成活性稠油，这种沥青既是W/O型乳化剂，也是油的稠化剂。使用时要用阴离子表面活性剂油溶液预处理地层，使之变为油润湿。

常用的配方为稠油：乳化剂（质量比）=1：（0.005～0.02），所用稠油含胶质、沥青质较高（两者之和大于50%），黏度为500～1000mPa·s，乳化剂可用AS、ABS、Span-80等。

2.稠油固体粉末

稠油固体粉末堵剂是一种混合了活性稠油和熟贝壳粉或熟石灰的固体混合物。此堵剂的成分具有阻塞水流的作用。当稠油固体粉末堵剂参与水体中时，会与水发生反应，并形成一种黏度很大的油包水型乳状液。这种乳状液的形成可以增强堵水效果。稠油固体粉末堵剂被广泛应用于油田开发中。当油井开采活动中出现水淹或水窜的情况时，稠油固体粉末堵剂可以被注入井口或井下，以阻止水的进入，从而保持油井的正常生产。堵剂中的活性稠油成分具有良好的黏附能力，能够有效地封堵水通道。与此同时，熟贝壳粉或熟石灰则能够与水发生化学反应，形成水溶液不稳定的油包水型乳状液。这种乳状液的高黏度有助于在水体中形成一层可靠的隔离层，阻止水继续渗入油井。除了在油田开发中的应用，稠油固体粉末堵剂也可以在工业领域中发挥作用。例如，在化工生产过程中，当需要将含有水分或其他液体的管道进行封堵时，可以使用稠油固体粉末堵剂。通过将堵剂注入管道中，堵剂中的成分会与管道内的液体发生反应，形成一层具有隔离效果的油包水膜。这种膜可以有效地阻止液体继续流动，从而实现管道的封堵效果。现场常用的配方（质量比）为：活性稠油：熟贝壳粉=1：（0.02～0.05），活性稠油：熟石灰=1：（0.01～0.05）。

3.偶合稠油

偶合稠油是一种特殊的堵剂，其制备过程涉及将低聚合度和低交联度的苯酚—甲醛树脂或它们的混合物溶解在稠油中。这些树脂在与地层表面接触时会发生化学吸附，从而形成强力结合，使稠油不易排出，有效地延长了稠油在地层中的存在时间。通过偶合稠油的应用，可以大大增强地层表面与稠油之间的黏附力。这种黏附力是基于化学反应的，并且能够在稠油中形成稳定的结合，有效地阻止稠油的流动顺利进行。结果就是使稠油在地层中的停留时间延长，从而提高了稠油的采收率。

偶合稠油具有多种优点：（1）它可以改善稠油的流动性，使其更易于开采。由于稠油的黏稠度较高，常常阻碍了它的流动，导致采收效率低下。而偶合稠油通过增强地层表面与稠油的结合，改善了稠油的流动性，使其更加易于被抽取出来。

（2）偶合稠油还能有效地延长稠油的有效期。一旦稠油被开采出来，其存在时间常常有限，因为它很容易在地层中被周围的环境因素所影响而流失。然而，通过偶合稠油，稠油能够稳定地附着在地层表面，不易被排出，从而延长了其在地层中的存在时间。

（3）偶合稠油还有助于提高稠油的经济效益。稠油是一种宝贵的能源资源，采收效率的提高对能源行业来说至关重要。偶合稠油的应用，能够有效地提高稠油的采收率，使更多的稠油能够被开采出来，为能源供给提供更多的资源。

（四）油溶性树脂

1.乙烯—醋酸乙烯酯共聚物

这是油溶性的热塑性树脂，使用时，除该组分外，还要加石蜡或酰胺作为延缓剂。

2.聚乙烯

聚乙烯是一种常见的聚合物材料，具有多种密度和熔点形式。其中，聚乙烯密度在0.91～0.92g/cm^{3}范围内，熔点为115～120℃。这种聚乙烯由于其特殊的物理性质，在高温地层（120℃）中可以被广泛应用。

在油田开采过程中，聚乙烯被用作一种特殊的工具，通过使用油带将其引入地层下。当聚乙烯暴露在高温地层中时会迅速熔化，并溶解成液体形式。这个过程产生了非常高的黏度，对水的流动产生了很大的阻力。因此，聚乙烯可以有效地封堵地下水流通道。

这种应用具有多种优势。首先，由于聚乙烯的特殊物理性质，可以在高温环境中保持稳定性，不易分解或失去其性能；其次，由于聚乙烯具有较高的密度，可以有效地阻挡水的流动，从而实现封堵作用；最后，聚乙烯还具有良好的可塑性和可加工性，可以根据需要进行定制。然而，需要注意的是，聚乙烯作为一种化学材料，其使用需要在实践中谨慎操作。在使用过程中需要严格遵守安全操作规程，确保其正确使用并避免对环境造成不良影响。同时，要定期对使用过的聚乙烯进行处理和回收，以减少对环境的污染。

3.深度氧化沥青、聚烯烃悬浮体系

该堵剂采用深度氧化沥青、聚烯烃为基本组分，悬浮于表面活性剂水溶液中。油溶性组分为固体粉状，粒径为0.1～3mm，密度为0.9～1.05g/cm^3，软化温度为90～180℃，在软化温度下黏度为10^3～10^9mPa·s。这些物质在很宽的温度范围内对地层水保持惰性，且具有结构力学性质和聚集，附着于岩石表面的能力，能有效地封堵高温（20～200℃）、高压（100MPa）下的裂缝型和裂缝孔隙型油藏水淹层段。施工时只需将此悬浮液通过油管挤入地层，加压关井0.5～6h，然后开井生产。用于选择性堵水时，油层温度低于聚合物软化点20～40℃时效果最好。

第五节　水井、气井堵剂

对于多油层注水开发的油田，由于油层的非均质性，使注入水沿着高渗透条带突进是油井过早水淹的主要原因。出水油井采取堵水措施虽然也可以降低含水率，提高油产量，但有效期短，成功率不高，特别是严重非均质的油层更是如此。所以，解决油井过早水淹的问题还必须从注水井着手。如果说油井堵水是治“标”，那么注水井调剖就属治“本”。“标”“本”兼治，则效果更佳。水井堵剂用于改变注水剖面（调剖），从而提高注入水的波及系数。水井堵剂可分为3类：粒状堵剂、单液法堵剂和双液法堵剂。有关气井堵水技术及堵剂方面的报道很少，一般认为油井化学堵水方法在气井中也适用。

一、注水井堵剂

注水井堵剂也称调剖剂。国内外常用高分子聚合物作为调剖剂，严格地说，这部分内容属于强化采油作业中的聚合物。这里仅就注水井的粒状堵剂和单液法、双液法堵水方法及堵剂做些讨论。

（一）粒状堵剂

这类堵剂是将各种含有固体或半固体微粒的溶液用于封堵注水地层的渗滤面，它按渗滤面的吸水能力的大小进行不同程度的封堵。这类堵剂用量最少，它只适用于垂直渗透率远小于水平渗透率的地层。常用的粒状堵剂有$Mg(OH)_2$、$Al(OH)_3$、石灰乳、黏土、炭黑、陶土、各种塑料颗粒、果壳颗粒、水膨体颗粒、生蚌壳粉等，本书介绍其中部分堵剂。

1.石灰乳

石灰乳是向生石灰的水分散体系中加入适量悬浮剂（如水玻璃、烤胶、纸浆废液、活性剂及原油等）后所形成的悬浮液。此悬浮液被挤入地层后，首先进入高渗透带，待悬浮于体系中的$Ca(OH)_2$颗粒沉积于地层后即可起到堵水调剖的作用。常用的配方（质量比）为：石灰乳∶水玻璃=（1～5）∶（0.4～0.6）。

2.$Al(OH)_3$

在制备$Al(OH)_3$悬浮体的过程中，将PAM溶液调至碱性的主要目的是促进反应的进行。碱性条件可以提供适当的环境，使铝酸钠与PAM发生反应，生成$Al(OH)_3$悬浮体。

同时，调整碱性还能影响悬浮体的特性和稳定性，使其更适合用于油井封堵。铝酸钠溶液的加入是制备Al（OH）$_3$悬浮体的关键步骤之一。铝酸钠是一种含有铝和氧的化合物，与PAM溶液中的化学物质发生反应后会形成Al（OH）$_3$悬浮体。这种悬浮体的形成使得油井封堵材料具有良好的黏结能力和封堵效果。通过搅拌混合，铝酸钠能够均匀地分散在PAM溶液中，确保反应充分进行，从而得到高质量的Al（OH）$_3$悬浮体。

Al（OH）$_3$悬浮体作为油井封堵材料具有多种优点。首先，由于其碱性特性，能够与油井中的酸性物质发生反应，形成稳定的封堵层，防止油和水的混合；其次，Al（OH）$_3$悬浮体具有良好的黏结能力，能够牢固地黏附在油井壁上，有效地封堵砂岩孔隙和裂缝。此外，该悬浮体还具有优异的耐高温性能，能够在高温环境下保持稳定，保证封堵层的长期效果。

3.惰性材料

（1）炭黑：化学惰性，即使酸化也不失效，它通常分散在非离子型活性剂水溶液中使用。

（2）塑料小球：按地层渗透率大小，将不同大小的塑料颗粒分散在水中或稠化水中注入。

（3）果壳颗粒：颗粒小于60目，因其密度小易被注入水带至注水地层的高渗滤剖面。

（4）榆树皮粉—生蚌壳粉堵剂：用榆树皮粉悬浮液为携带液，将生蚌壳粉带进水层高渗透带造成局部堵塞，使注入水改变流动方向，提高水驱效果。某井用该调剖剂处理后，井口压力由6.3MPa上升到9.2MPa，对应的油井含水率由38%下降到21%。

4.水敏（膨）性物质

黏土：黏土矿物中的蒙脱石易于水中膨胀，分散，能产生较好的堵塞作用。

水膨体颗粒：这是一类适当交联，遇水膨胀而不溶解的聚合物颗粒，使用时将它们分散在油醇或饱和食盐水中带至渗滤面，几乎所有适当交联的水溶性聚合物都可制成水膨体颗粒，如聚丙烯酰胺水膨体、聚乙烯醇水膨体、聚氨酯水膨体、丙烯酰胺—淀粉水膨体、丙烯酸—淀粉水膨体等。

（二）单液法堵剂

油井非选择性堵剂中的树脂型、冻胶型和凝胶型堵剂均可作为水井的单液法堵剂，重要的堵剂有下列几种。

1.硅酸凝胶

将硅酸溶液注入地层，经过一定的时间，硅酸溶胶发生胶凝变为硅酸凝胶，将高渗层堵住。用不同类型和不同浓度的活化剂、不同模数的硅酸钠，在不同温度的地层可得到不同胶凝时间的硅酸溶胶，可用于不同距离地层的封堵。

2.铬木质素冻胶

该堵剂是由重铬酸盐将木质素磺酸盐交联而得，木质素磺酸盐质量分数为2%～5%，重铬酸盐质量分数为4.5%，加入碱金属或碱土金属的卤化物（如$NaCl$、$CaCl_2$、$MgCl_2$），可减少重铬酸盐的用量，延长成冻时间并能增加冻胶强度。

改进的配方由聚丙烯酰胺、铬交联剂与氯化钠和改性铬木钙（或钠）复合而成，该复合堵剂不但具有高于单一堵剂的热稳定性和化学稳定性，而且还拥有成胶时间可调、成胶前可泵性好的性能。现场试验配方（质量比）为：木质素磺酸钙（或钠）：重铬酸钠：$CaCl_2$：聚丙烯酰胺=（1～1.6）：（0.2～0.43）：（0.26～0.46）：（0.15～0.3），堵剂质量分数为8%～10%，此配方亦可用于油井堵水。

铬冻胶可由PAM、HPAM、CMC、CMGM（羧甲基瓜尔胶）等聚合物在还原剂存在下用Cr^{+3}或Cr^{+6}交联产生，特点是成冻时间长，热稳定性好。此外，还有其他冻胶，如铝冻胶、锆冻胶、硼冻胶等。这些冻胶成冻时间都比铬冻胶短，调节pH，使用络合交联剂或改变聚合物分子基团可延长成冻时间。例如，HPAM在pH≤9.2时可用铝酸钠交联，若将pH调至10以上，则30d也不交联。在碱性条件下PAM不能为硼砂交联，若用甲醛将PAM中的酰胺基羟甲基化，则可为硼砂所交联。由于酰胺基的羟甲基化的反应速度较慢，所以$PAM\text{-}CH_2O\text{-}Na_2B_4O_7$的碱性体系有较长的成冻时间。

3.聚丙烯酰胺—乌洛托品—间苯二酚

该堵剂由乌洛托品-间苯二酚交联PAM，它利用了乌洛托品析出甲醛的缓慢反应和线性酚醛树脂对聚丙烯酰胺的交联反应，降低了反应速度，使堵剂具有较好的稳定性，便于大剂量施工。常用配方（质量比）为聚丙烯酰胺：乌洛托品：间苯二酚=（1～1.7）：（0.2～0.27）：（0.05～0.083）。

4.含盐的水包稠油

含盐的水包稠油是一种多重乳状液（W/O/W），它的黏度随时间增加而增大。这是因为在含盐条件下，外相的水通过油膜进入内相引起乳状液珠的膨胀，从而使黏度增加。其堵水作用是靠油珠在孔喉结构中Jamin效应的叠加，增大高渗透层中的流动阻力。

5.硫酸

H_2SO_4能与地层中的Ca^{2+}、Mg^{2+}发生反应生成沉淀而发生堵塞。将浓H_2SO_4或含浓H_2SO_4的化工废液注入井中，硫酸先与井筒周围的碳酸盐（岩体或胶结物）反应，增加了注水井的吸收能力，产生的$CaSO_4$微粒将随酸液进入地层并在适当位置（如孔隙结构的喉部）沉积下来形成堵塞。堵塞主要发生在高渗层，因为高渗层进入的$CaSO_4$较多。

（三）双液法堵剂

油井非选择性堵剂中的沉淀型堵剂是双液法的主要堵剂，而冻胶和凝胶型堵剂在双液法中也同样得到应用，它们都可作为水井调剖剂使用。

在注水井调剖剂中，凡能产生沉淀、冻胶和凝胶的化学物质，都可用作双液法调剖剂。例如，HPAM和$KCr(SO_4)_2$、HPAM和CH_2O、Na_2SiO_3和$(NH_2)_2SO_4$、Na_2SiO_3和CH_2O。又如，用Na_2SiO_3、$CaCl_2$、HPAM按质量比（1~1.1）：（0.75~0.8）：0.015配合做堵剂，其中所用Na_2SiO_3浓度为20%，$CaCl_2$浓度为15%，用此堵剂处理注水井18口井，成功率达77%。

二、气井堵水剂

（一）沥青凝析油溶液

该堵剂是用溶解温度为46~57℃的道路沥青，加热后溶解在凝析油中制成均匀的溶液，用于气井中地层水锥的封堵。沥青凝析油溶液注入地层以后，凝析油被蒸发，于是在地层水淹部分的孔隙喉道表面形成亲油憎水的沥青薄膜，沥青薄膜堵塞了地层水通道或由于使通道从水润湿变为油润湿，因而大大降低了水相渗透率，达到堵水目的。沥青溶液虽然也进入气层，但由于在气层中不易形成沥青薄膜，在处理后诱喷时能被排出，因而不会降低气相渗透率，一般堵剂质量分数为20%。

（二）碱金属硅酸盐——氟硅酸钠

将硅酸钠（或钾）87%~92%（质量分数）与氟硅酸钠8%~13%（质量分数）混匀制成溶液，在0.5~4MPa下注入岩心。

（三）氧化镁沉淀

氧化镁沉淀适用于高矿化度地层水的封堵，其配方（质量分数）为：MgO 53%~63%、NaOH 2%~5%，加有粉煤灰的水泥1%~20%，其余为水。这种堵剂与地层盐水中的钙盐和镁盐发生反应，形成坚固的整体沉淀物，从而堵塞地层盐水通道，以此抑制地层盐水进入气井。其优点是：充分利用了高矿化度地层水，飞灰水泥能使封堵浆体的凝结时间可调；封堵液的膨胀效应及堵剂与地层孔隙表面的黏结效果俱佳，并且黏结强度可根据地层岩性和地层水成分调节。

（四）聚合物乳胶浓缩液

聚合物乳胶浓缩液是一种气井选择性堵剂，属聚合物油包水乳状液。这种浓缩液用经稀释后或者直接以浓缩液原液注入气水同产层，能够大大降低该层的水相渗透率，而该层的气相渗透率则基本上不受影响，这样将显著增加产出流体的气水比。

该堵剂的主要成分有聚合物、水、烃稀释剂及油包水乳化剂。增黏用的聚合物为丙烯酰胺及其衍生物的均聚物或共聚物，其质量分数为25%~35%，水在堵剂中质量分数为1%~25%。烃类稀释剂指脂肪族或芳香族化合物，如原油、柴油、天然凝析油等，其质量分数为15%~25%，油包水乳化剂质量分数通常为0.5%~5%。

第六节　弱凝胶调驱提高采收率技术

一、弱凝胶性能评价

弱凝胶的性能主要包括弱凝胶的成胶性能、流变特性、在多孔介质中的流动特性和调驱性能。其中，弱凝胶的成胶性能包括弱凝胶的成胶时间、成胶强度和稳定性。弱凝胶在多孔介质中的流动特性包括弱凝胶的阻力系数和残余阻力系数、弱凝胶在多孔介质的传播性能。弱凝胶的调驱性能包括改善剖面和驱油特性。

弱凝胶评价装置主要由氮气源、减压阀、恒压阀、中间容器、填砂滤管、压力传感及记录系统等部分组成。

（一）弱凝胶的成胶性能

1.成胶强度

聚合物溶液流变学理论认为，当聚合物分子尺寸与孔隙尺寸可以相比拟时，聚合物溶液在孔隙介质中的流动不仅表现为剪切流动，而且还出现拉伸流动，使得流动压力上升，产生附加压降，附加压降的贡献可以用拉伸黏度来描述。因此，可以用拉伸黏度评价弱凝胶的强度，拉伸黏度越大说明弱凝胶强度越高。

2.稳定性

弱凝胶的稳定性包括以下几方面的内容。

（1）剪切稳定性：一般来说，经过剪切后的聚合物/交联剂体系仍然可以形成弱凝胶，而且在剪切速率小于某值时，剪切对弱凝胶成胶性能基本无影响；但在剪切速率较大时，剪切后的聚合物/交联剂体系不能形成黏度较大的弱凝胶。因此在矿场试验中应尽量减少聚合物的剪切降解。

（2）长期稳定性：弱凝胶的长期稳定性实验是评价弱凝胶性能的重要手段。弱凝胶在油藏温度和盐度条件下，其成胶性能会受到一定的影响。弱凝胶体系应该具有一定稳定性，一般认为，聚合物分子量越高，浓度越大，稳定性越好。为了改善弱凝胶的稳定性能，加入一定量的稳定剂就可以改善弱凝胶体系的热稳定性。弱凝胶是由低浓度的聚合物/交联剂体系组成的弱交联体系，因此，形成的弱凝胶一般不会脱水。

3.弱凝胶的流变性

聚合物/交联剂体系注入油藏后，所形成的弱凝胶必须具有足够的力学强度，以保证地下流体分流和降低流度比的有效期。弱凝胶的流变特性是评价弱凝胶力学强度的重要性能。此外，根据弱凝胶的流变特性，还可以推测弱凝胶的结构。

（二）弱凝胶在多孔介质中的流动特性

弱凝胶在多孔介质中的流动特性是通过岩心流动实验来测定的。岩心流动实验是评价弱凝胶注入性能、传播性能、降低渗透率程度的主要方法和手段。弱凝胶在多孔介质中的流动性通常采用多测压点的填砂模型进行评价，通过各测压点的压力变化趋势，了解弱凝胶在多孔介质中的成胶和流动特征。测定弱凝胶的流动特性的填砂模型中一般充填不同数目的石英砂，已获得不同渗透率的多孔介质。

在模型的前部已经形成凝胶，弱凝胶引起前部渗流通道一定程度的堵塞，因此造成模型的前部压力急剧升高。随着前部压力继续升高，弱凝胶向模型中部移动，此时造成模型中部孔道一定程度的堵塞，表现出中部压力升高。当后部上升时，说明凝胶体系已流到模型的后部。所以，弱凝胶体系具有移动的流动性。

（三）弱凝胶调驱性能

1.平面模型驱油

由于油层的非均质性和不利的流度比，注入水会沿高渗流层很快窜入生产井，造成生产井产油量下降、含水率上升以及油井水淹。弱凝胶具有改善地层渗透率差异和水驱油流度比，提高注入水波及效率的作用。通过平面模型驱油实验可以研究弱凝胶调驱提高采收率的机理。

2.线性模型驱油

在开始注入弱凝胶之前要进行水驱，直到达到一个规定的含水率百分数98%。由实验结果可以外推水驱的最终采收率，这样就可以计算弱凝胶驱增加的采收率。弱凝胶驱油实验是在两个并联的具有相同长度和不同渗透率的岩心上进行的。驱油实验采用的并联岩心都具有一定的渗透率差。

3.改善剖面

对并联填砂管先进行水驱，然后注入弱凝胶，考察注弱凝胶前后高低渗透层的流量分配情况。在开始注入弱凝胶溶液时，由于弱凝胶还没有形成，注入的弱凝胶溶液绝大部分进入了高渗透层。尽管随着弱凝胶溶液的不断注入，聚合物在高渗透层的吸附和滞留会引起高渗透岩心入口端压力逐渐升高，在成胶之前，这一压力升高的幅度较小。在压力高于低渗透层的启动压力后，弱凝胶溶液可能进入低渗透层。因此，岩心的渗透率级差越大，进入低渗透岩心的溶液越少，剖面的改善效果越好。

（四）弱凝胶的抗盐性

1.盐对弱凝胶的影响

水溶液中加入无机盐电解质，阳离子压缩聚合物双电层，水化膜变薄，电动电位降低，带电基团之间的排斥力减小。在一定盐浓度范围内，不同的聚合物分子可以靠得更近，易于发生分子间的交联反应，体系成胶时间缩短，黏度上升快。当盐浓度过高时，由于电解质压缩双电层使得聚合物分子链过度卷曲，聚合物分子所占的流体力学体积非常小，聚合物分子间进行交联反应后形成的结构相对更为致密，结构空间狭小，所能包裹的水量有限而体系中自由水含量较多，因而形成的弱凝胶黏度随矿化度增加而下降。

随着反应时间延长，盐对聚合物双电层的压缩作用越来越大，聚合物分子链会靠得更近，弱凝胶发生过度交联而把原来包裹住的水挤出凝胶的网络结构，产生脱水现象。因此，当盐的浓度超过一定范围之后，盐浓度越高，反应时间越长，脱水越严重，弱凝胶稳定性越差。

2.聚合物类型对抗盐弱凝胶的影响

聚合物交联时存在一个临界浓度，聚合物浓度低于该值时因黏度增加很小，可以认为基本不成胶；当聚合物浓度高于该值时，聚合物与交联剂反应后会使体系黏度显著增加，并且聚合物浓度越高，体系交联速度越快，弱凝胶黏度越大。这是因为在一定条件下，聚合物分子的水力学半径是一定的，随着聚合物浓度的增加，聚合物分子间碰撞、缠绕概率增大，与交联剂反应的聚合物分子增多，增加了聚合物分子间的作用力，体系黏度升高，体系凝胶逐渐形成三维结构。

3.交联剂对抗盐弱凝胶的影响

交联剂对抗盐弱凝胶的影响主要包括：交联剂浓度对成胶时间和黏度的影响；交联剂配比对成胶时间和黏度的影响；聚交比对成胶性能的影响；pH对成胶的影响；等等。不同的弱凝胶体系以上因素所造成的影响各不相同。因此，要想深入了解交联剂对某弱凝胶体系的影响，必须对该弱凝胶体系展开针对性的研究。

二、弱凝胶微观调驱机理

（一）弱凝胶微观驱替实验

微观模型是用油藏砂作为填充剂，充填于两块特殊玻璃之内的填砂孔隙模型。在该模型上加围压，以确保模型中填砂的固定，从而确保驱替过程中孔隙及流道不发生改变。用微量泵泵入模拟地层流体和驱替液，实验过程中微观模型放置于显微镜平台上，通过数字显微镜观察各流体在微观模型中的运移过程，并进行局部或整体录像。微观模拟实验技术采用微观驱油动态彩色图像处理系统来观察多孔介质中各相流体的真实运动情况，通过分析各过程中流体分布及运移规律，研究各种驱替流体提高采收率的机理。

1.水驱油过程

从水驱油过程的微观模型的驱替实验结果可以看出，水进入岩心后，优先进入大孔道，驱替大孔道中的油，大孔道的油被驱走后，水才能进入开口比较大的相邻小孔隙进行水驱油。水的主流道很明晰，水是沿主流线方向流动，指进现象突出，支流延伸深度有限，水驱的波及效率很低。

2.聚合物驱油过程

从仿真模型中聚合物驱油结果可以看出，聚合物驱时，驱替前缘较为均匀，无明显指进现象，驱替效果较好。聚合物溶液首先沿着主流线前进，在聚合物溶液推进的前缘一直都有颜色渐变的过渡带，这是由于聚合物分子扩散和多孔介质弥散作用，使前缘部分被地层水所稀释，从而形成低聚合物浓度带。

对比水驱和聚合物驱过程的照片可以发现：聚合物驱可以明显抑制水驱出现的黏性指进现象，驱替前缘较为平稳。这是因为聚合物的加入大大提高了驱替相的黏度，改善了流度比，从而扩大了波及系数。

3.弱凝胶驱油过程

考察弱凝胶在多孔介质中的渗流规律，注入的是强度较弱的成胶后的体系。弱凝胶未进入多孔介质时，大孔隙被水占据，随着弱凝胶的注入，水被弱凝胶取代，而小孔隙中的水几乎不动。这一结果表明弱凝胶可优先进入被水占据的大孔道，而不能进入微小孔隙，因此弱凝胶的注入不会伤害低渗透带。

4.弱凝胶调驱后水驱过程

随着注入时间的增加，小孔隙中的模拟油所占面积越来越少，盐水所占的面积越来越大，而弱凝胶所占面积和位置几乎不变。这一结果说明弱凝胶注入后水驱时，注入水进入的孔道不是原来的水流孔道（该孔道已被弱凝胶占据），而是原来被油占据的小孔道，即弱凝胶的存在迫使注入水改向，从而改善微观波及效率。

在弱凝胶调驱后水驱过程中，注入水逐渐占据了相对较大孔道中残余油所占领的空间，而微小孔道中的油不能被水驱替。尽管孔道为油湿，水驱后颗粒表面上未能残留下油膜，即弱凝胶存在时油湿孔隙中水驱残余油存在形式与水驱的残余油存在的形式有明显差别，油膜并不是弱凝胶调驱后水驱残余油存在的主要形式。

（二）弱凝胶微观调驱机理

弱凝胶调驱后注入水推动弱凝胶向前流动，当弱凝胶流动遇到窄小孔喉时，流动速度减缓，甚至暂时停留在某些孔喉中，注入水在较高的压力梯度下进入微小孔喉，从而将微小孔喉中的油驱出。通过弱凝胶的改向作用，提高了注入水的波及效率。

1.弱凝胶在多孔介质中的流动规律

（1）弱凝胶优先进入大孔道：弱凝胶在多孔介质中的流动与水和聚合物溶液在多孔介质中的流动存在很大的差别，弱凝胶沿大孔道流动和变形通过孔喉是弱凝胶在多孔介质中的主要流动形式。

弱凝胶流动的主要路径总是沿着孔隙较大流道方向前进，这条主要路径往往是前期水窜的通道。这是因为孔隙表面的水湿性。长期的水驱也使得大孔道的壁面呈亲水性，弱凝胶为水溶性聚合物交联而成，带有负电荷表现出亲水性，更易于占据亲水表面。

（2）弱凝胶变形通过窄小孔喉：本体凝胶具有较强的网络结构，不能在孔隙介质中流动，更不能通过窄小孔喉。传统观点认为弱凝胶不能通过窄小孔喉，微观仿真模型实验结果表明弱凝胶通过变形可以挤入窄小孔喉，并建立适当的压差，促使后续注入水改向。弱凝胶在某一时刻接近孔喉，建立附加压力梯度，当压力梯度高于某一临界值时，弱凝胶发生变形并挤入窄小孔喉，此时及时去掉附加压力梯度，弱凝胶同样可以继续通过孔喉。

弱凝胶是一种黏弹性流体，即同时具有黏性和弹性。因此弱凝胶在多孔介质中具有拉伸变形能力，弱凝胶在多孔介质中的流动不仅存在剪切流动，而且还存在拉伸流动。当它进入窄小孔喉时，产生“挤出胀大”现象，同时产生附加压降，该附加压降可以促使弱凝胶通过窄小孔喉。

2.弱凝胶调驱提高原油采收率微观机理

弱凝胶调驱的作用体现在弱凝胶的大分子和高黏度可以改善油藏的平面和纵向上的非均质性，从而提高波及效率。微观仿真模型驱油实验研究结果认为弱凝胶提高采收率的微观机理在于以下两个方面。

（1）弱凝胶改向作用提高微观波及效率：微观波及效率定义为注入水在微观上波及的大孔道体积与波及区内总孔隙体积的比值。流体的改向是指多孔介质中由于流场变化导致流体流动方向改变的现象，人们在利用宏观岩心流动实验探索弱凝胶调驱提高采收率机理时，认为弱凝胶在多孔介质中流动时会改变其他流体流动方向。

（2）弱凝胶黏弹作用提高微观驱油效率：众所周知，一般流体具有黏性（如水、油等），一般固体具有弹性（如钢、橡胶等）。自然界还存在一类既有黏性又有弹性的流体（如聚合物溶液）。弱凝胶是较低浓度的聚合物与交联剂通过分子内和分子间交联而形成的弱交联体系。弱凝胶既有黏性也有弹性，属于黏弹性流体。研究结果认为弱凝胶提高驱油效率机理在于弱凝胶的黏弹性导致了弱凝胶在孔壁附近提高的速度梯度，改善了剥离油膜的能力。

综上所述，弱凝胶调驱的主要作用机理是弱凝胶首先进入原先被水占据的大孔道，在后续注入水的作用下沿阻力小的大孔道继续前进，同时由于弱凝胶的存在增加了大孔道的流动阻力，迫使注入水改向，进入未被水波及的小孔隙中，从而提高了注入水的波及效率和最终采收率。

三、弱凝胶调驱实施方法

弱凝胶调驱提高采收率技术的实施应当按照一定的顺序进行。首先对弱凝胶的性能进行评价，并对弱凝胶调驱油藏进行筛选；其次对弱凝胶调驱进行动态监测；最后确定弱凝胶调驱实施工艺。

（一）弱凝胶性能评价

弱凝胶性能评价是室内研究的一个非常重要的内容，它关系到现场弱凝胶调驱的成败。评价实验包括聚合物稳定性评价实验、弱凝胶成胶评价实验、弱凝胶成胶敏感性实验以及弱凝胶岩心流动实验。

（二）弱凝胶调驱油藏筛选与评价

从弱凝胶调驱技术和现场实施经验来看，弱凝胶调驱技术考虑的油藏因素有油藏温度、地层水矿化度、非均质变异系数等。弱凝胶有可能进入含水层、渗透率极高的地层、水道或裂缝，这些都对弱凝胶调驱不利。

（三）弱凝胶调驱动态监测

1.示踪剂监测

弱凝胶调驱前后示踪剂监测对于了解油藏的非均质性和调驱效果十分重要。通过注入示踪剂，可以判断油水井间大孔道及裂缝存在与否及规模大小，以便更准确地选择弱凝胶的类型和用量，提高措施效果。油藏中高渗透条带的存在都将严重影响弱凝胶调驱效果，确定油藏的高渗透条带的渗透率和厚度将有助于提高措施的效果。井间示踪剂测试能反映注入水在地层中各小层的流动特性，揭示油藏的非均质性。由于示踪剂浓度剖面是示踪剂在油藏中各层位的综合响应，通过分析生产井产出的示踪剂浓度剖面，可以计算各层的传导率、渗透率、孔隙度以及孔隙度与厚度的乘积等参数。因此井间示踪剂测试对于认识油藏的非均质性和弱凝胶调驱的设计十分重要的。

2.弱凝胶注入监测

对弱凝胶注入化学剂产品质量监测。对于弱凝胶调驱使用的聚合物和交联剂都要及时进行抽样化验分析，以确保质量和品质。使用的聚合物要达到设计的相对分子质量、固含量和水解度等指标。采用室内成胶实验来监测交联剂是否符合设计要求。监测方法是抽取交联剂样本与合格的聚合物，按照设计的比例和配方，在油藏温度和配制水条件下恒温，测定不同时间内形成弱凝胶的黏度或其他性能参数。

3.弱凝胶调驱生产动态监测

（1）注水井监测。

①吸水剖面监测。通过测定注入井的吸水剖面，可以判断弱凝胶在油层纵向上的分布。一般来说，注入弱凝胶后，吸水剖面应有明显的改善。这是因为随着弱凝胶进入油藏深部，降低了高渗透层位的渗透率，使相对高渗透层段的阻力增加，使一部分注入水进入相对低渗透层段。但是，如果注入弱凝胶后，注入井的吸水剖面未改善。而且注入压力上升幅度太小，油层可能仍然存在高渗透带，这时应考虑进行深度调剖。矿场试验已经证明，在注弱凝胶之前进行防窜是提高调驱效果有效方法。

②压降曲线的测定。通过注入井的压降曲线分析，不仅可以测定地层参数的地层压力，而且还可以估算弱凝胶在地层中的有效黏度和阻力系数。有效黏度表示弱凝胶段塞在地层中降低流度比的程度，阻力系数和残余阻力系数表示地层渗透率下降的幅度。

③注水指示曲线的测定。注水指示曲线反映了注入压力与注入量的关系。注入弱凝胶后由于高渗透层渗透率降低，启动压力会升高，指示曲线会向上移动。通过注入井指示曲线在注弱凝胶前后的变化可以了解弱凝胶调驱效果的好坏。

（2）生产井监测。采油井定期取样化验含水率，并对水质做全分析，测定流压以及按地质资料录取规定录取常规油水井动态数据。

生产井油水产量及含水率的监测在弱凝胶调驱的方案调整和效果评价中起着决定作用。在弱凝胶调驱期间，通过监测含水率的变化可以判断弱凝胶调驱是否有效，一般来说，弱凝胶调驱见效的标志为油井含水率下降、油量增加。如果无上述响应，说明注采井对应关系不好，或者油水井之间连通性较差。这时结合示踪剂测试结果，可以确定调整方案和措施。

（四）弱凝胶调驱实施工艺

1.施工工艺流程

目前调驱一般都是大剂量注入，现场实施要求边配制边注入。零散调驱和整体调驱分井场施工和注水站站内施工两种情况：对于单井零散调驱采用井场施工的办法；区块整体调驱采用注水站站内施工的办法。配液用水采用注入水，这样可以大量节约车辆费，节约人力。对整体调驱来说，可以节省搬运费，大大降低成本。

2.挤注工艺

（1）笼统挤注工艺。

笼统挤注工艺分为油管笼统挤注工艺和套管笼统挤注工艺。

油管笼统挤注工艺一般采用井内现有的笼统注水管柱将调驱剂从油管挤入地层。要求施工排量一般控制在0.1～$0.3m^3/min$，施工压力一般不超过正常注水压力的6MPa。

套管笼统挤注工艺是采用井内现有的笼统注水管柱，将调驱剂从套管挤入地层，该方法主要是针对调驱井段长，油层上部相对吸水量大，油管下在底部的调驱井而使用的。

（2）分层挤注工艺。

分层挤注工艺是将调剖剂从油管挤入地层，主要解决层内矛盾，其次可调整大段吸水剖面。由于调剖剂的选择性进入特性对施工参数要求相对较松，最高施工压力控制在地层破裂压力的80%以下。此方法对原有空心分注井施工来说，可以不动生产管柱，只需逐级捞出活芯子，然后在非调剖层段下入死芯子，即可进行调剖施工。该方法简单易行，但对非分注井施工来说，施工前对测试资料的准确性以及所用的工具的质量、卡点位置要求十分严格，再加上作业周期长，施工程序复杂，且施工费用高，从而较少采用。

第十一章　集输化学

第一节　埋地管道的腐蚀与防腐

埋地管道的材料多属金属材料。这些金属材料的表面与土壤接触常会发生化学与电化学反应而被破坏，这种现象叫金属腐蚀。为了减少埋地管道的腐蚀，需要使用有效的防护方法。

一、埋地管道的腐蚀

埋地管道的腐蚀是与土壤接触产生的，因此，要了解和控制埋地管道的腐蚀，应先了解土壤。

（一）土壤

土壤由4个部分组成，即矿物、有机质、水和空气。

土壤中的矿物来自风化的岩石。由于岩石是由一种或多种矿物组成的，所以岩石风化后可形成粒度不同的矿物颗粒，它们构成土壤的骨架，有一定的孔隙度和渗透率。

土壤中的有机质是由动植物残体在化学和微生物的作用下形成的。土壤中的有机质主要是腐殖酸。土壤中的腐殖酸是一类复杂物质的混合物。它的分子由核、核上的取代基和桥键组成。腐殖酸的核主要为芳香环（如苯环、萘环、蒽环），此外还有杂环（如吡啶环）；核上的取代基有羟基（醇羟基、酚羟基）、羧基、甲氧基等；腐殖酸的桥键包括亚烷基、亚胺基、硝基和醚键，这些桥键可将取代基的核连接成腐殖酸分子。这些腐殖酸分子还可通过氢键和金属离子的作用形成超分子结构。

土壤中的水叫土壤水，其中溶解了各种可溶的有机质、无机盐和气体。土壤水存在于矿物骨架的孔隙之中，并可在孔隙中流动。

土壤中的空气存在于土壤的孔隙之中，它与大气连通并进行物质交换。土壤水中的氧主要来自空气。若从相组成上分析，土壤由固相、液相和气相组成，其中固相为粒度不同的矿物颗粒和分解程度不同的有机质，液相为土壤水，气相为空气。

（二）土壤腐蚀

以土壤作为腐蚀介质的腐蚀叫土壤腐蚀。土壤腐蚀主要与土壤水的性质相关。

1.土壤水中含氧时产生的腐蚀

若土壤水中含氧，则埋地管道中不均匀部分的微电池可通过电极反应和电池反应，在阳极部分产生腐蚀。

2.土壤水中含酸性气体时产生的腐蚀

若土壤水中含硫化氢和二氧化碳，则它们可在水中解离出H^+。水中的H^+，可使埋地管道中不均匀部分的微电池通过电极反应和电池反应，在阳极部分产生腐蚀。

3.土壤中由细菌产生的腐蚀

若土壤水中有硫酸盐还原菌（SRB），它是厌氧菌，可将硫酸盐还原为硫化物。则埋地管道中不均匀部分的微电池可通过电极反应和电池反应，在阳极部分产生腐蚀。土壤水中还有铁细菌（IB），它是喜氧菌，可将Fe^{2+}氧化为Fe^{3+}。

此外，土壤腐蚀还与土壤的孔隙度、渗透率和水、气的饱和度密切相关。与埋地管道接触的土壤存在上述因素的差别时，可产生浓差腐蚀。这时，孔隙度小、渗透率低和（或）含气饱和度低的土壤处为阳极，产生阳极反应；而孔隙度大、渗透率高和（或）含气饱和度高的土壤处为阴极，产生阴极反应。因此，浓差腐蚀是埋地管道的土壤腐蚀中一种重要的腐蚀形式。由于土壤的电阻率能综合反映土壤的腐蚀性并且易于测定，因此可用土壤电阻率作为划分土壤腐蚀性的标准。

二、埋地管道的防腐

减少埋地钢质管道在土壤中的腐蚀，一般采用覆盖层防腐法和阴极保护法。

（一）覆盖层防腐法

为使金属表面与腐蚀介质隔开而覆盖在金属表面上的保护层叫覆盖层。用覆盖层抑制金属腐蚀的方法叫覆盖层防腐法。抑制金属腐蚀的覆盖层又称为防腐层。一种好的防腐层应满足热稳定、化学稳定、生物稳定、机械强度高、电阻率高、渗透性低等条件。在防腐层的结构中，涂料也是重要的组成部分。涂料是指能在表面结成坚韧保护膜的物料（俗称漆）。

埋地管道所用涂料主要有石油沥青涂料、煤焦油沥青涂料、聚乙烯涂料、环氧树脂涂料和聚氨酯涂料。在这些涂料中，有些是通过熔融后冷却产生坚韧保护膜（如石油沥青涂料、煤焦油沥青涂料、聚乙烯涂料等），有些则是通过化学反应产生坚韧保护膜（如环氧树脂涂料、聚氨酯涂料等）。

在防腐层的结构中，除涂料外，还有底漆（或底胶）、中层漆、面漆、内缠带和外缠带等视情况需要而使用的组成部分。

下面是埋地钢质管道常用的防腐层。

1.石油沥青防腐层

这是以石油沥青涂料为主要材料组成的防腐层。石油沥青来自原油，原油减压蒸馏后的塔底残油或用溶剂（如丙烷）脱出的沥青（经氧化或不经氧化）都属于这里提到的石油沥青。

石油沥青主要由油分、胶质和沥青质等成分组成。有两类可用的石油沥青：一类是软化点为95～110℃的Ⅰ号石油沥青；另一类是软化点为125～140℃的Ⅱ号石油沥青。前者用于输送液体温度低于50℃的埋地管道；后者用于输送液体温度在50～80℃范围的埋地管道。

根据土壤的腐蚀性，可选用不同结构的石油沥青防腐层。石油沥青防腐层具有原料来源广、成本低、施工工艺简单等优点。

2.煤焦油瓷漆防腐层

煤焦油瓷漆由煤焦油、煤焦油沥青和煤粉组成。有3类可用的煤焦油瓷漆，它们的软化点分别为大于100℃、105℃、120℃。这些煤焦油瓷漆的浇涂温度都在230～260℃。根据土壤的腐蚀性，可选用不同结构的煤焦油瓷漆防腐层。煤焦油瓷漆具有防水性好、机械强度高、化学稳定、抗细菌能力和抗植物根系穿入能力强、原料来源广、成本低等优点。

3.聚乙烯防腐层

聚乙烯防腐层用到两种聚乙烯：一种是密度在0.935～0.950g·cm^{-3}的高密度聚乙烯；另一种是密度在0.900～0.935g·cm^{-3}的低密度聚乙烯。

可用两种方法形成聚乙烯防腐层：一种方法是挤压包覆法；另一种方法是胶粘带缠绕法。当用挤压包覆法形成聚乙烯防腐层时，可先将聚乙烯加热熔化，然后挤压包覆在涂有底胶的管道外壁形成防腐层。这里使用的底胶是一种起底漆作用的胶粘剂。在它的分子中有非极性部分，能与聚乙烯表面紧密结合；也有极性部分，能与管道表面（因管道表面为空气所氧化，带极性）紧密结合。

当用胶粘带缠绕法形成聚乙烯防腐层时，可先在聚乙烯带表面涂上粘胶，制得聚乙烯胶粘带，然后将此聚乙烯胶粘带缠绕在涂有底漆的管道外壁形成聚乙烯防腐层。聚乙烯带上涂的粘胶有两种主要成分：一种是胶粘剂，如聚异戊二烯，它能提供粘胶黏度；另一种是润湿剂，如聚乙烯，它可溶于胶粘剂中，提高胶粘剂的润湿能力，减小胶粘剂在聚乙烯表面和底漆表面的润湿角，提高胶粘剂的胶粘作用。在胶粘带缠绕法中，金属表面的底漆可由橡胶型聚合物溶于溶剂中制得，可用的溶剂有二甲苯、乙酸乙酯、甲乙基酮、甲基异丁酮等。当底漆中的溶剂挥发后即可在金属表面形成橡胶型聚合物的漆膜，它可提高聚乙烯胶粘带与金属表面的结合力。

4.聚乙烯聚氨酯泡沫保温防腐层

这是以聚氨酯泡沫为内保温层，以聚乙烯为外保护层的复合保温防腐层。聚氨酯泡沫是通过不同的方法使聚氨酯起泡、固化而产生的。聚氨酯由多异氰酸酯与多羟基化合物合成。在合成时，必须保持异氰酸基比羟基过量。

由于合成时保持异氰酸基比羟基过量，因此聚氨酯与水接触时可发生反应，使聚氨酯起泡、固化，产生聚氨酯泡沫。此外，也可通过通入空气或利用反应热使低分子烷烃（如丁烷）或低分子卤代烷烃（如一氟三氯甲烷）汽化的方法产生气泡，同时加入胺，使聚氨酯固化，产生聚氨酯泡沫。作为外保护层的聚乙烯多用高密度聚乙烯。聚乙烯聚氨酯泡沫保温防腐层在油田中有着广泛的应用。

5.熔结环氧粉末防腐层

将加有固化剂的环氧树脂粉末喷涂在金属表面，在150～180℃下烘15min，即可得到坚韧的熔结环氧粉末防腐层。软化点是环氧树脂的重要性质，它是在规定条件下测得的环氧树脂的软化温度。可用软化点为95℃的环氧树脂制备环氧粉末。环氧树脂的固化剂主要有以下两种。

（1）双氰胺：双氰胺由两个氰胺加合而成，双氰胺中的伯胺基和仲胺基可通过环氧树脂中的环氧基起交联作用。聚丙烯酸酯可降低涂料的表面张力，提高涂料对金属表面的润湿性，使涂料易于在金属表面扩展。二氧化钛为颜料，起着色和增加涂膜强度的作用。

（2）酚醛树脂：酚醛树脂由苯酚（或甲酚）与甲醛缩聚而成。酚醛树脂中的酚基可通过环氧树脂中的环氧基起交联作用。气相二氧化硅是将熔融的二氧化硅在气相中雾化产生的，它的表面是羟基，可以通过氢键形成结构，防止涂料边缘在高温烘干时流失。配方中的二氧化钛和三氧化二铁均为颜料，起着色和增加涂膜强度的作用。

以酚醛树脂做固化剂的环氧树脂涂料适用于做高温管道的防腐层。

6.环氧煤沥青防腐层

环氧煤沥青防腐层主要由环氧煤沥青底漆、中层漆和面漆组成。第一成分中，环氧树脂和煤焦油沥青为主剂，轻质碳酸钙为填料，铁红（三氧化二铁）和锌黄（碱式铬酸锌与铬酸钾形成的复盐）为颜料，混合溶剂由甲苯、环己酮、二甲苯和乙酸丁酯按质量比4：3：2：1配成；第二成分中的聚酰胺由不饱和脂肪酸加热聚合成二聚酸，再与二乙烯三胺缩合而成。

由于环氧树脂可在常温下固化，所以环氧煤沥青漆可在常温下冷涂。

7.三层型的复合防腐层

由于各种防腐层各有其优点，所以可通过防腐层的复合形成使用性能更好的防腐层。代表这一发展趋势的是一种三层型的复合防腐层。在这种防腐层中，底层为环氧树脂，它有很好的防腐性、黏结性与热稳定性；中层为各种含乙烯基单体的共聚物，如乙烯与乙酸乙烯酯共聚物、乙烯与丙烯酸乙酯共聚物和乙烯与顺丁烯二酸甲酯共聚物等，这些共聚物有与底层结合的极性基团，也有与外层结合的非极性基团，因此有很强的黏结作用；外层为高密度的聚乙烯，有很好的机械强度。若用聚丙烯代替聚乙烯做外层，则防腐层可用于93 ℃高温。

这种三层型复合防腐层的主要缺点是成本高，在使用范围上受到限制。

（二）阴极保护法

覆盖层防腐法是防止埋地管道腐蚀的重要方法，但它必须与阴极保护法联合使用才能有效控制埋地管道的腐蚀，因为在涂敷过程中防腐层不可避免地会出现漏涂点，在使用期间防腐层在各种因素作用下，会出现剥离、穿孔、开裂等现象，这时阴极保护法是覆盖层防腐法的补充防腐法。

阴极保护的方法有两种，即外加电流法和牺牲阳极法。

1.外加电流的阴极保护法

在腐蚀电池中，阳极是被腐蚀的电极，而阴极是不被腐蚀的电极。

将直流电源的负极接在需保护的金属（埋地管道）上，将正极接在辅助电极（如高硅铸铁）上，形成回路，然后加上电压，使被保护金属整体（包括其中大量由于金属的不均匀或所处条件不相同而产生的微电池）变成阴极，产生保护电流。保护电流发生后，在电极表面发生电极反应；在阳极表面发生阳极反应（氧化反应）；在阴极表面发生阴极反应（还原反应）。由于被保护金属与直流电源的负极相连，它发生的是阴极反应，因此可以得到保护。

这种将被保护金属与直流电源的负极相连，由外加电流提供保护电流，从而降低腐蚀速率的方法叫外加电流的阴极保护法。

阴极保护法需测定被保护金属的自然电位和保护电位。这两种电位都需要将被保护金属与参比电极相连测出。

参比电极是一种具有稳定的可重现电位的基准电极。常用的参比电极为铜/饱和硫酸铜电极（简称硫酸铜电极，简写为CSE）。若将被保护金属与插于土壤中的硫酸铜参比电极相连，则测得的电位为被保护金属的自然电位。埋地钢质管道的自然电位在中等腐蚀性的土壤中约为–0.55V（相对于CSE）。

若在回路中，用外加电流法对金属进行阴极保护，即回路中产生了保护电流，在这种情况下再将被保护金属与插于土壤中的硫酸铜参比电极相连，测得的电位则为被保护金属的保护电位。在有效的阴极保护中，保护电位一般控制在–0.85 ~ –1.20V（相对于CSE）范围。保护电位之所以对自然电位负移，是由于阴极反应受阻。在阴极表面发生的反应为还原反应。还原反应需要与阴极表面相接触的水中有接受电子的离子（如H^+）。这些离子的扩散、反应以及反应产物离开阴极表面的速率低于电子在金属导体中的移动速率，造成电子在阴极表面的积累。

2.牺牲阳极的阴极保护法

将被保护金属和一种可以提供阴极保护电流的金属或合金（牺牲阳极）相连，使被保护金属腐蚀速率降低的方法叫牺牲阳极的阴极保护法。可作为牺牲阳极的物质是电位比比被保护金属还要负的金属或合金。

一种好的牺牲阳极应满足电位足够负，电容量大，电流效率高、溶解均匀，腐蚀产物易脱落、制造简单，来源广，成本低等要求。这里讲的电容量是指单位质量牺牲阳极溶解所能提供保护电流的电量，而电流效率则是指牺牲阳极的实际电容量与理论电容量的比值，以百分数表示。

重要的牺牲阳极均为合金。可用两类合金：一类是以镁为主要成分的镁基合金；另一类是以锌为主要成分的锌基合金。在牺牲阳极使用时，必须在它的周围加入由硫酸钠、膨润土和石膏粉组成的填包料。填包料主要起减小牺牲阳极的接地电阻，增加输出电流和使腐蚀产物易于脱落的作用。

第二节　乳化原油的破乳与起泡沫原油的消泡

原油中含有各种表面活性物质如环烷酸、脂肪酸、胶质、沥青质等，它们可吸附在油水界面或气液表面，对液珠和气泡有稳定作用，由此产生原油乳化和起泡沫问题。本节主要介绍与乳化原油破乳和起泡沫原油消泡有关的问题。

一、乳化原油的破乳

乳化原油是指以原油做分散介质或分散相的乳状液。由于乳化原油含水会增加泵、管线和储罐的负荷，引起金属表面腐蚀和结垢，因此乳化原油外输前都要破乳，将水脱出。

（一）乳化原油的类型

1.油包水乳化原油

这是以原油做分散介质，以水做分散相的乳化原油。一次采油和二次采油采出的乳化原油多是油包水乳化原油。稳定这类乳化原油的乳化剂主要是原油中的活性石油酸（如环烷酸、胶质酸等）和油湿性固体颗粒（如蜡颗粒、沥青质颗粒等）。

2.水包油乳化原油

这是以水做分散介质，以原油做分散相的乳化原油。三次采油（尤其是碱驱、表面活性剂驱）采出的乳化原油多是水包油乳化原油。稳定这类乳化原油的乳化剂是活性石油酸的碱金属盐，水溶性表面活性剂或水湿性固体颗粒（如黏土颗粒等）。

这两种类型的乳化原油是基本类型的乳化原油。但在显微镜观察中还发现，在这些类型的乳化原油中还包含一定数量的油包水包油（记为油/水/油）或水包油包水（记为水/油/水）的乳化原油。这些乳化原油叫多重乳化原油。乳化原油类型的复杂性可能是一些乳化原油难以彻底破乳的一个原因。

（二）油包水乳化原油的破乳

1.油包水乳化原油的破乳方法

油包水乳化原油的破乳方法有热法、电法和化学法。这些方法通常是联合起来使用的，叫热—电—化学法。

（1）热法：这是用升高温度破坏油包水乳化原油的方法。由于升高温度可以减少乳化剂的吸附量，减小乳化剂的溶剂化程度，降低分散介质的黏度，因而有利于分散相的聚并和分层。

（2）电法：这是在高压（$1.5\times10^4\sim3.2\times10^4$V）的直流电场或交流电场下破坏油包水乳化原油的方法。在电场作用下，水珠被极化变成纺锤形，表面活性物质则取向并浓集在变形水珠的端部，使垂直电力线方向的界面保护作用削弱，导致水珠沿垂直电力线方向聚并，引起破乳。

（3）化学法：这是用破乳剂破坏油包水乳化原油的方法。

2.油包水乳化原油的破乳剂

虽然可用低分子破乳剂如脂肪酸盐、烷基硫酸酯盐、烷基磺酸盐、烷基苯磺酸盐、OP型表面活性剂、平平加型表面活性剂和吐温型表面活性剂等破乳，但高效的油包水乳化原油的破乳剂是高分子破乳剂。这些破乳剂可由引发剂（如丙二醇、丙三醇、二乙烯三胺、三乙烯四胺、四乙烯五胺、酚醛树脂、酚胺树脂等）和环氧化合物（如环氧乙烷、环氧丙烷等）反应生成。为了提高破乳剂的相对分子质量，可使用扩链剂（如二异氰酸酯、二元羧酸等）。为了改变破乳剂的亲水亲油平衡，可使用封尾剂（如松香酸、羧酸等）。上面列出的油包水乳化原油破乳剂，都可找到由引发剂和环氧化合物组成的部分，有些破乳剂还可找到由扩链剂和封尾剂组成的部分。

3.油包水乳化原油破乳剂的破乳机理

不同破乳剂具有不同的破乳机理。低分子破乳剂都是水溶性破乳剂（HLB值大于

8），它们相对于油包水乳化原油乳化剂（HLB值一般在3～6）是反型乳化剂，可以通过抵消作用使油包水乳化原油破乳。高分子破乳剂中的水溶性破乳剂同样有此抵消作用，但油溶性破乳剂也是高效破乳剂，可见其破乳机理主要不是靠这种作用。高分子破乳剂主要通过下列机理破乳。

（1）不牢固吸附膜的形成：因高分子破乳剂在界面上取代原来的乳化剂后所形成的吸附层不紧密（特别是支链线型的高分子破乳剂），保护作用差。

（2）对水珠的桥接：由高分子破乳剂可同时吸附在两个或两个以上水珠的界面上所引起，这些为破乳剂分子联系起来的水珠有更多的机会碰撞、聚并。

（3）对乳化剂的增溶：高分子破乳剂在很低的浓度下即可形成胶束，这种高分子胶束可增溶乳化剂分子，导致乳化原油破乳。

4.高分子破乳剂的发展趋势

高分子破乳剂的发展呈如下趋势。

（1）相对分子质量继续升高：各种扩链剂的使用表现出这一趋势。目前使用的扩链剂包括醛、二元羧酸或多元羧酸（如聚丙烯酸）、环氧衍生物和多异氰酸酯。

（2）由水溶性转向油溶性：这是由于油田产液中水含量越来越高，水溶性破乳剂主要分配在水中，因而破乳效果越来越差；而油溶性破乳剂主要分配在油中，因而能延长其起作用时间，提高破乳效果。

（3）由直链线型转向支链线型：如羟基系列的引发剂发展到采用酚醛树脂，氨基系列的引发剂发展到采用多乙烯多胺。

（4）新型的破乳剂仍在开发：这是由破乳剂专一性强所决定的。新型高分子破乳剂除含硅、含氮、含磷、含硼破乳剂外，还有提出用碳酸亚乙酯代替氧亚烷基化合物合成高分子破乳剂，也有提出用不含氧亚烷基的水溶性聚合物做破乳剂。

（5）复配使用：这是克服高分子破乳剂专一性最可取的做法，如含硅破乳剂与聚氧乙烯酚醛树脂复配，不酯化的与酯化的聚氧乙烯酚醛树脂复配等。

（三）水包油乳化原油的破乳

1.水包油乳化原油的破乳方法

水包油乳化原油的破乳方法有热法、电法和化学法。这些方法通常也是联合使用的。

（1）热法：热法的作用同油包水乳化原油破乳法。

（2）电法：水包油乳化原油的电法破乳是在中频（$1\times10^3\sim2\times10^4$Hz）或高频（大于$2\times10^4$Hz）的高压交流电场下进行的（考虑到水的导电性，在通电的电极中必须有一个是绝缘的）。在电场的作用下，由于乳化剂吸附层的有序性受到干扰而使保护作用削弱，导致油珠聚并，引起破乳。

（3）化学法：水包油乳化原油的化学法破乳也是使用破乳剂破乳。

2.水包油乳化原油的破乳剂

（1）可用4类破乳剂，即电解质、低分子醇、表面活性剂和聚合物。

（2）可用的电解质有盐酸、氯化钠、氯化镁、氯化钙、硝酸铝、氧氯化锆等。

（3）可用的低分子醇可分成水溶性醇和油溶性醇，前者如甲醇、乙醇、丙醇等，后者如已醇、庚醇等。

（4）可用的表面活性剂包括阳离子型表面活性剂和阴离子型表面活性剂。

可用的聚合物包括阳离子型聚合物及非离子型聚合物和非离子—阳离子型聚合物。

3.水包油乳化原油破乳剂

水包油乳化原油破乳剂的破乳机理较多，不同的破乳剂有不同的破乳机理。

电解质主要通过减小油珠表面的负电性和改变乳化剂的亲水亲油平衡的机理起作用。

低分子醇通过改变油水相的极性（使油相极性增加，水相极性减小），使乳化剂移向油相或水相的机理起破乳作用。

表面活性剂通过与乳化剂反应（阳离子型表面活性剂），形成不牢固吸附膜（有分支结构的阴离子型表面活性剂）和抵消作用（油溶性表面活性剂）等机理起破乳作用。

聚合物中的非离子型聚合物通过桥接机理起破乳作用；阳离子型聚合物和非离子—阳离子型聚合物除通过桥接机理起破乳作用外，还通过减小油珠表面负电性的机理起破乳作用。

4.水包油乳化原油破乳剂的发展趋势

水包油乳化原油破乳剂的发展表现出如下趋势。

（1）在4类水包油乳化原油破乳剂中，表面活性剂和聚合物的发展占主要地位。

（2）在表面活性剂和聚合物的破乳剂中主要发展了季铵盐型表面活性剂和季铵盐型聚合物。

（3）在所发展的季铵盐型聚合物中则向着高季铵度的方向发展。这里的季铵度是指聚合物链节中含季铵基团链节所占的百分数。

（4）由于环境友好，所以季铵盐型天然高分子（如季铵盐型淀粉等）的发展受到人们特别的重视。

（5）由于不同破乳剂有不同的破乳机理，因此破乳剂是趋向于复配使用的。

二、起泡沫原油的消泡

（一）原油泡沫的形成机理

原油主要在油气分离和原油稳定过程中遇到起泡沫问题。这些过程都是通过降低压力和（或）升高温度，使天然气（包含C_1~C_7的烃，主要是烷烃）从原油中释出的。

当天然气从原油中释出时，产生了油气表面。原油中含有的表面活性剂，其中有低分子表面活性剂（如脂肪酸、环烷酸）和高分子表面活性剂（如胶质、沥青质），都可在油气表面上吸附，它们在原油泡沫的形成过程中起不同的作用。

低分子表面活性剂，由于分子小，易扩散至油气表面，降低油气表面张力，减少产生泡沫所需做的表面功，使泡沫易于生成。

高分子表面活性剂，虽然因分子大，不易扩散至油气表面，对原油泡沫的生成贡献很小，但当其吸附在油气表面后，由于它们的特殊结构（片状稠环芳香烃及其支链上都有极性基团），可在油气表面上形成高强度的表面膜，该膜对原油泡沫的稳定起重要作用。

由于泡沫稳定性与原油泡沫中气泡间液膜的排液速率密切相关，因此原油黏度对原油泡沫的稳定性有直接影响。

由于表面活性剂的亲油部分对原油有吸引力，所以当液膜排油至一定程度后停止，从而使液膜保持一定厚度，因此原油泡沫都有一定的稳定性。

在泡沫中，气泡大小是不均匀的。由于小气泡内的压力大于大气泡内的压力，因此小气泡中的气体可通过液膜扩散到大气泡中，使小气泡逐渐变小，直至消失，大气泡逐渐变大，由此引起泡沫的破坏。原油泡沫也存在这种泡沫破坏机理。由于表面活性剂吸附膜的存在可抑制大、小气泡间液膜的透气性，从而使原油泡沫稳定性得到提高。

原油泡沫的形成会严重影响油气分离和原油稳定的效果，并使正常的计量工作不能进行。

（二）起泡沫原油的消泡

能消除原油泡沫的化学剂叫原油消泡剂，可用原其消除原油的泡沫。原油消泡剂可分为以下几类。

1.溶剂型原油消泡剂

这类消泡剂是指通常用作溶剂的低分子醇、醚、醇醚和酯。当将这些消泡剂喷洒在原油泡沫上时，由于它们与气的表面张力和与油的界面张力都低而迅速扩展时，使液膜局部变薄而导致泡沫的破坏。

2.表面活性剂型原油消泡剂

这类消泡剂是指一些有分支结构的表面活性剂。当将这些消泡剂喷洒在原油泡沫上时，由于它取代了原来稳定泡沫的表面活性物质后形成不稳定的保护膜，导致泡沫被破坏。

3.聚合物型原油消泡剂

这类消泡剂是指其与气的表面张力和与油的界面张力都低的聚合物。它的消泡机理与溶剂型原油消泡剂的消泡机理相同。

这类消泡剂主要有聚硅氧烷，也可用含氟的聚硅氧烷和聚醚改性的聚硅氧烷。

第三节　原油的降凝输送与减阻输送

为了改善长距离管道输送原油的流动状况，原油凝点的降低（降凝）和原油管输阻力的减小（减阻）是原油集输中的两个重要问题。在解决这些问题时，化学方法仍是非常适用的方法。

一、原油的降凝输送

（一）原油按凝点的分类

原油的凝点是指在规定的试验条件下原油失去流动性的最高温度。原油失去流动性有两个原因：一个是由于原油的黏度随温度的降低而升高，当黏度升高到一定程度时，原油即失去流动性；另一个是由原油中的蜡引起的，当温度降低至原油的析蜡温度时，蜡晶析出，随着温度的进一步降低，蜡晶数量增多，并长大、聚结，直到形成遍及整个原油的结构网，原油即失去流动性。

按凝点不同可将原油分成下列几类。

1.低凝原油

这是指原油凝点低于0℃的原油。在这种原油中，蜡的质量分数小于2%。

2.易凝原油

这是指原油的凝点在0～30℃的原油。在这种原油中，蜡的质量分数在2%～20%。

3.高凝原油

这是指原油凝点高于30℃的原油。在这种原油中，蜡的质量分数大于20%。从上面的分类可以看出，原油的凝点越高，原油的蜡含量也就越高。

（二）多蜡原油的黏温曲线

易凝原油与高凝原油统称为多蜡原油。在不同的剪切速率下测定多蜡原油黏度随温度的变化，就可得到黏温曲线。温度对多蜡原油的黏度有明显的影响。

在黏温曲线中有两个需要进一步说明的特征点：一个是析蜡点，多蜡原油降温至该点所处的温度时，即有蜡晶析出；另一个是反常点，从该点起继续降温，多蜡原油的黏度即随剪切速率变化，说明多蜡原油已由牛顿流体转变为非牛顿流体。由于在不同的剪切速率下，多蜡原油蜡晶所形成的结构受到不同程度的破坏，因此低于反常点温度的多蜡原油的黏度随剪切速率变化。

（三）原油的降凝输送

原油的降凝输送是指用降凝法处理过的原油在长输管道中的输送。原油降凝法有下列几种。

1.物理降凝法

这是一种热处理方法。该法首先将原油加热至最佳热处理温度，然后以一定的速率降温，达到降低原油凝点的目的。

（1）热处理对原油黏温曲线的影响：热处理后，原油的黏温曲线发生了下列变化。

①析蜡点后，原油黏度降低。

②原油具有牛顿流体特性的温度范围加宽，即反常点降低。

③反常点后，原油黏度随剪切速率的变化减小。

热处理后，原油黏温曲线发生的这些变化是由温度对原油中各成分的存在状况的影响引起的。

（2）热处理对原油中各成分存在状况的影响：原油升温对原油各成分存在状况可产生下列影响。

①原油中的蜡晶全部溶解，蜡以分子状态分散在油中。

②沥青质堆叠体的分散度由于氢键减弱和热运动加剧的影响而有一定提高，即沥青质堆叠体的尺寸减小，但数量增加。

③在沥青质堆叠体表面的胶质吸附量由于热运动的加剧而减少，相应地原油油分中胶质的含量增加。

原油升温后引起各成分存在状况的变化在冷却时不能立即得到复原。这意味着原油降温至析蜡点时，蜡是在比升温前有更多的沥青质堆叠体和有更高的胶质含量的条件下析出的。由于沥青质堆叠体可通过充当晶核的机理起作用，胶质则通过与蜡共晶和吸附的机理起作用，因此处理后原油析出的蜡晶将更分散、更疏松，形成结构的能力减弱，因而热处理后原油的凝点降低。

2.化学降凝法

化学降凝法是指在原油中加降凝剂的降凝法。能降低原油凝点的化学剂叫原油降凝剂。在化学降凝法中主要使用两种类型的原油降凝剂：一种是表面活性剂型原油降凝剂，如石油磺酸盐、聚氧乙烯烷基胺和六聚三乙醇胺油酸酯，它们是通过在蜡晶表面吸附的机理，使蜡不易形成遍及整个体系的网络结构而起降凝作用的；另一种是聚合物型原油降凝剂，它们在主链和（或）支链上都有可与蜡分子共同结晶（共晶）的非极性部分，也有使蜡晶晶型产生扭曲的极性部分，从而起到降凝作用。

聚丙烯酸酯是一种典型的聚合物型原油降凝剂，降凝剂中有许多结构与蜡分子相同，因而在析蜡时有可与蜡分子共同结晶的非极性部分（烷基），也有使蜡晶晶型产生扭曲的极性部分（—COO—），因此聚丙烯酸酯有明显的降凝效果。由于当聚合物型原油降凝剂中的非极性部分有与蜡相近的平均碳数时降凝剂的降凝效果最好，因此在多蜡原油的降凝剂中，除可选择不同的聚合物外，还应优化聚合物中非极性部分的平均碳数。

3.化学—物理降凝法

这是一种综合降凝法。该法要求在原油中加入降凝剂并对加剂原油进行热处理。为将热处理与综合处理进行对比，可测定3种情况下的黏温曲线，即未处理原油的黏温曲线、热处理原油的黏温曲线和综合处理原油的黏温曲线。综合处理后的原油比热处理后的原油有更好的低温流动性，表现在析蜡点以后原油黏度更低和原油具有牛顿流体特点的温度范围更宽（反常点出现的温度更低）。综合处理后的原油之所以比热处理后的原油有更好的低温流动性，主要由于综合处理后的原油中既有天然的原油降凝剂（胶质、沥青质）的降凝作用，也有外加的聚合物型原油降凝剂的降凝作用。也就是说，综合处理是热处理在降凝作用上的延伸和强化。在某些场合下（如热处理后原油的性质仍不能满足管输的要求时），综合处理可起特殊作用。

二、原油的减阻输送

（一）流动的类型及其阻力

雷诺数是用于表征流体在管中流动状态的一个无因次准数。

若按雷诺数进行分类，流体在管中的流动可分为两种类型，即层流和紊流。

（1）在层流中，流体的流动阻力由流体相邻各流层之间的动量交换产生。

（2）在紊流中，流体的流动阻力由尺度大小随机、运动随机的旋涡所引起。

尽管紊流产生的旋涡是随机的，但旋涡总是逐渐分解而产生尺度越来越小的旋涡。由于旋涡尺度越小，能量的黏滞损耗越大，所以由分解形成的小旋涡的能量最终为流体的黏滞力损耗掉，变成热能。

（二）原油的减阻输送

原油的减阻输送是指加有减阻剂的处在紊流状态的原油在长距离管道中的输送。

由于处于紊流状态的原油有许多旋涡，而且这些旋涡是逐级变小的，从而使管输能量逐级地由较大的旋涡传递给较小的旋涡，最后转变为热能而被消耗掉，因此处于紊流状态的原油，需消耗大量的管输能量。为了减少能量消耗，可在原油输送时加入减阻剂。

原油减阻剂是指在紊流状态下能降低原油管输阻力的化学剂。原油减阻剂都是油溶性聚合物，它在油中主要以卷曲的状态存在。以这种状态存在的聚合物分子是具有弹性的。若处于紊流状态的原油中有减阻剂存在，各级旋涡就把能量传递给减阻剂分子，使其发生弹性变形，将能量储存起来。这些能量可在减阻剂应力松弛时释放出来，还给相应的旋涡，维持流体的紊流状态，从而减少外界为保持这一状态所必须提供的能量，达到减阻的目的。

只有当原油处于紊流状态时，减阻剂才起减阻作用。可用减阻率与增输率评价原油减阻剂的减阻效果。只要加入少量减阻剂，管输原油的摩阻就明显降低。下列因素对减阻剂的减阻作用有重要影响。

1.原油的性质

原油的黏度和密度越低，紊流条件越易达到，越有利于原油减阻剂起作用。原油的含水率高，会影响减阻剂的溶解，从而影响其减阻效率。

2.减阻剂的结构

减阻剂的相对分子质量不宜过低或过高。过低会影响减阻效率，过高则影响油溶性能并易被剪切降解。减阻剂主链应有一定数量、一定长度的支链（如乙烯、丙烯与α-烯烃共聚物），使减阻剂分子有适当的柔顺性，同时具有支链对主链的保护作用，以提高减阻剂的剪切稳定性和减阻效率。

3.管输的条件

管输的温度越高，油的黏度越低，就越有利于减阻剂起作用。管输的流速越快，管径越小，雷诺数越大，紊流程度越高，减阻剂的作用发挥得就越好。但当流速过快，引起减阻剂降解时，减阻剂的减阻效率会降低。减阻剂的浓度增大，可使减阻效率增加，但超过一定数值后，减阻效率提高的幅度减小，因此原油减阻剂应有最佳的使用浓度。减阻剂已在管道输油中起了重要的作用。

第十二章　油田污水处理

从油井产液中脱出的水叫油田污水（简称污水）。由于污水含有固体悬浮物、原油，并有腐蚀、结垢和细菌繁殖等问题，因此需用相应的化学剂进行处理。这些化学剂总称为污水处理剂。污水处理的目的主要有6个，即除油、除氧、除固体悬浮物、防垢、缓蚀、杀菌，因此除油剂、除氧剂、絮凝剂、防垢剂、缓蚀剂、杀菌剂均属污水处理剂。

第一节　污水的除油

一、除油剂

污水中的油以油珠的形式存在于水中。油珠的表面由于吸附了阴离子型表面活性物质（如羧酸盐型表面活性物质），形成扩散双电层而带负电。可通过除油剂的作用，使污水中的这些油珠易于聚并、上浮，在除油罐（沉降罐）中除去。能减少污水中油含量的物质叫除油剂。有以下两类除油剂。

（1）阳离子型聚合物。可用下列结构的阳离子型聚合物：聚氧丙烯基三甲基氯化铵、聚1，3–亚丙基氯化铵、聚2–羟基–1，3–亚丙基二甲基氯化铵、丙烯酰胺与丙烯酰胺基亚甲基三甲基氯化铵共聚物，这些阳离子型聚合物有中和油珠表面负电性和桥接油珠的作用，因而具有较好的除油效果。

（2）有分支结构的表面活性剂。可用下列结构的表面活性剂：二（六亚甲基）胺二（氨基二硫代甲酸钠）、聚氧丙烯对甲基亚苄基二醇醚–N，N–二乙基二（氨基二硫代甲酸钠）、聚氧丙烯–2，2–二羟甲基正丁醇醚–N–磺甲基三（氨基二硫代甲酸钠）。这些有分支结构的表面活性剂可取代油珠表面原有的吸附膜，使吸附膜保护作用大大削弱，从而使油珠易于聚并、上浮，与污水分离。

二、物理方法

油田污水除油的物理方法有很多种，比如沉淀、过滤、离心、气浮和膜分离等。其中，气浮法是一种常用的除油方法。这种方法是通过向污水中通入空气或其他气体，借助气泡的作用使油脂等微小颗粒浮到水面上，并最终用刮板或真空吸取器将漂浮物集中起来。

气浮法的原理很简单，但却非常有效。当空气或其他气体进入污水中时，会在液体中形成大量微小的气泡。这些气泡会附着在油脂等微小颗粒的表面，并形成一个轻质聚集体。由于这些气泡的浮力大于颗粒的重力，所以它们会顺着液体的流动，不断上升直到浮到水面上。

一旦油脂等污染物浮到水面上，就可以采取进一步的处理措施。比如使用刮板将漂浮物从水面上集中起来，或者利用真空吸取器将其抽取到另外的容器中。通过这种方法，可以将油脂等污染物与水分离开来，达到除油的目的。当然，在实际应用中，气浮法除油并不是唯一的选择。根据具体情况，我们也可以结合其他物理方法来进行污水处理。比如，沉淀是指通过让沉积速度较快的沉淀物沉淀到底部，然后将上清液取出来的方法；过滤是指通过过滤介质，将污水中的固体颗粒截留在介质上，使洁净水通过的方法；离心则是通过旋转离心机，利用离心力将污水中的固体颗粒分离出来的方法；而膜分离是指通过选择性渗透的膜，将污水中的固体颗粒和溶质从溶剂中分离出来的方法。

三、化学方法

为了有效去除油田污水中的油脂，人们通过化学方法找到了一种可行的解决方案。这种化学方法通过添加化学剂，使油水乳状液发生凝聚、絮凝和分离的过程。具体而言，利用化学物质改变污水的表面张力，将微小的油滴聚集成大滴，从而使其更容易被分离出来。

这种化学方法采用了多种化学剂，每一种都具有特定的功能。比如，表面活性剂能够改变油水界面的特性，从而使油滴更容易形成团聚体；而沉淀剂则能够使其中的杂质和固体颗粒形成絮凝体，进一步提高油脂的分离效率。另外，还有一些添加剂可以中和污水中的酸碱度，并调节污水中的离子浓度，从而改善凝聚和分离过程。

当污水中的化学剂被添加后，由于它们与油滴之间的相互作用力的改变，油滴开始相互聚集，并逐渐形成较大的团块。这些团块相对较大且较为密实，因此可以通过沉淀、过滤或离心等物理方法进行分离。这种化学方法不仅可以有效地去除油脂，还能将废水中的其他杂质和颗粒一并去除，从而达到净化油田污水的目的。

值得一提的是，化学方法除油虽然具有高效、可控等优点，但也存在一些挑战。比如，化学剂的选择和添加量需要经过仔细研究和实验验证，以确保去除油脂的效果同时不会对环境造成负面影响。此外，不同类型的油滴可能对不同的化学剂有不同的响应，因此需要根据不同的污水特征来选择合适的处理方案。

四、生物方法

生物方法除油是一种环保和可持续的处理油田污水的方式。由于油田污水中含有大量的有机物质，传统的物理和化学方法可能效果有限，而生物方法则利用微生物的降解能力来将有机物质转化为无害物质，从而达到有效去除油污的目的。在实施生物方法除油之前，需要对油田污水进行预处理，以去除其中的悬浮物、沉积物和其他杂质。预处理过程包括沉淀、过滤和气浮等步骤，使污水质量达到生物处理的要求。

生物处理系统主要由生物反应器和微生物组成。生物反应器是生物方法除油的核心设备，其内部提供了适宜的环境条件，以促进微生物的生长和降解有机物质的活动。微生物是生物反应器中的关键成分，它们可以通过吸附、降解和转化等过程将有机物质转化为无害物质，如水和二氧化碳。生物方法除油具有许多优点。首先，它是一种相对低成本的处理方式，相比于传统的物理和化学方法，生物方法不需要大量的能源和化学药剂。其次，生物方法对环境的影响较小，因为它是利用微生物自然降解能力来处理污水，不会二次污染。此外，生物方法还可以有效地去除油污中的有害物质，如重金属和挥发性有机物，保护水体的水质和生态系统的健康。然而，生物方法除油也存在一些挑战和限制。首先，微生物的适应性和降解能力可能会受到油田污水中其他化学物质的影响，从而影响处理效果；其次，生物反应器的运行和维护也需要一定的技术和操作经验，以确保微生物的正常生长和活动；最后，生物方法处理大规模的油田污水可能需要较大的处理设备和场地，增加了实施的难度和成本。

第二节　污水的除氧

一、除氧剂

污水中的溶解氧会增加金属的腐蚀，因此应该将其脱除。一般用加热、气提或抽真空等方法脱除水中的溶解氧，但最常用的方法是使用除氧剂。

能除去水中溶解氧的化学剂叫除氧剂。除氧剂都是还原剂。可用下面的除氧剂除氧。

（1）亚硫酸盐：如亚硫酸钠、亚硫酸氢钠、硫代硫酸钠和连二亚硫酸钠，它们可通过反应除氧。由于在常温下亚硫酸盐与氧反应很慢，所以需添加催化剂。铜、锰、镍和钴的二价金属盐可用作催化剂，其中以钴盐最好。

（2）甲醛。

（3）联氧。

（4）硫脲。

（5）异抗坏血酸。

二、曝气法

曝气法是一种通过在水中喷射空气或氧气的方法，以增加水中的氧气溶解度，从而降低水体中的溶解氧含量。这种方法在许多领域被广泛应用，其中包括污水处理厂的曝气池。在油田污水处理过程中，曝气池是一个关键的环节。曝气池通常设置在污水处理厂的旁边，用于提供充足的氧气供给，促进污水的生化处理。通过喷射空气或氧气到曝气池中，氧气与污水中的有机物质发生反应，促使细菌进行分解和降解，从而实现油田污水的净化。随着科技的进步，曝气法在油田污水处理中的应用也得到了不断的改进和创新。研究人员发现，通过调节曝气池的操作方式和气泡尺寸，可以提高氧气的溶解速度和效率。此外，一些新型的曝气设备也被引入，如超声波曝气器和电解曝气器，可以进一步提高曝气过程中的氧气利用率。

三、真空除氧法

在油田开采过程中会产生大量的污水，其中含有大量的氧气。过多的氧气会对油田设备和管道造成严重的腐蚀，并且还会对环境产生负面影响。因此，对油田污水进行除氧处理，是非常重要的环境保护措施。首先，将油田污水置于真空容器中是真空除氧法的基本操作。通过减压的方式，真空容器内的压力下降，使得污水中的氧气分子开始析出并转化为气体状态。这个过程类似于煮沸时水中的气泡升起，只不过在真空环境下，氧气的析出更加迅速和彻底。

其次，真空除氧法具有高效的除氧效果。由于真空容器内的压力低于大气压，氧气分子在这个环境中的溶解度降低，从而促使氧气从水中析出。因此，真空除氧法能够有效地去除污水中的氧气，减少氧气对污水处理过程中的干扰，提高后续处理步骤的效果。

此外，真空除氧法还具有灵活性和可控性。通过调节真空容器的压力和处理时间，可以根据油田污水的特性和处理需求来实现最佳除氧效果。这种方法可以根据具体情况进行调整，确保处理过程的稳定性和可靠性。

然而，真空除氧法也存在一些局限性。首先，该方法只能去除污水中的氧气，对其他污染物的去除效果有限。因此，在进行真空除氧之前，需要先对污水进行预处理，以去除其中的悬浮物、沉淀物等。另外，真空除氧法的处理效率受到真空容器容量和设备成本的限制，对于大规模的油田污水处理可能需要更多的设备和投入。

四、化学除氧法

化学除氧法是一种常见的油田污水处理方法，它利用特定的化学剂去除水中的氧气。其中，常用的方法之一是利用还原剂，如亚硫酸氢钠或二氧化硫来还原溶解氧。在这种方法中，亚硫酸氢钠或二氧化硫作为还原剂，通过与水中的氧气发生化学反应，将氧气转化为其他化合物，进而降低水中的溶解氧含量。这样，油田污水中的氧气含量被有效地减少，从而达到除氧的目的。化学除氧法在油田污水处理中具有一系列优点。首先，该方法操作简便，使用方便，并且化学剂相对容易获得，成本相对较低。其次，通过化学除氧法处理后的油田污水具有较低的溶解氧含量，有效降低了氧气对水质和生物的影响，提高了油田污水的环境可持续性。此外，化学除氧法还可以应用于一些其他领域，如饮用水处理、工业废水处理等。然而，化学除氧法也存在一些局限性。首先，该方法只是去除了溶解氧，对于水中的大气氧气和生物氧气并没有明显的去除效果。其次，化学除氧法使用的化学剂可能产生一些副产物，对环境造成一定的污染，因此在使用过程中需要严格控制剂量和排放。

五、生物除氧法

通过引入特定的微生物或生物反应器，生物除氧法可以加速微生物对有机物的降解过程，从而有效地消耗水中的氧气。生物除氧法的原理是利用微生物的代谢活动将有机物降解为无机物，这个过程会消耗水体中的氧气。在处理油田污水中，我们可以通过将这些微生物引入油田污水中实现有机物的降解。这些微生物在合适的环境条件下能够高效地利用有机物作为能量来源，并将其分解为无害的无机物。

为了实现有效的生物除氧处理，需要选择适合的微生物和反应器。在油田污水处理中，常用的微生物包括硫酸盐还原菌、好氧微生物和厌氧微生物等。这些微生物能够分别在不同的氧气条件下生活和繁殖，从而实现对油田污水中有机物的降解。生物除氧法还可以通过调节环境条件来提高处理效果。例如，可以增加温度、调节pH、增加营养物质等，以创造适宜的生物活动环境。此外，还可以采用特殊的生物反应器，如生物膜反应器、微生物颗粒法等，来提高微生物的代谢效率和降解能力。

生物除氧法处理油田污水不仅能有效降解有机物，还能减少水体中的氧气消耗。相比传统的化学除氧方法，生物除氧法的优势在于不会产生二次污染物，同时降低了处理成本和能源消耗。因此，生物除氧法在油田污水处理中具有广阔的应用前景。通过不断的研究和技术创新，可以进一步完善生物除氧法的工艺，提高其处理效果和经济效益，为油田污水处理提供更加可持续和环保的解决方案。

第三节　污水中固体悬浮物的絮凝

油田污水中的固体悬浮物是指在水中悬浮着的微小固体颗粒，如泥土、灰尘、细小的油脂颗粒等。这些悬浮物对油田污水的处理和后续利用造成了很大的困扰。为了解决这个问题，通常使用化学絮凝剂来实现固体悬浮物的絮凝。絮凝是指将水中的微小悬浮物聚集成大的絮凝体的过程。通过使用絮凝剂，可以使悬浮在水中的微小固体颗粒相互吸附和凝聚，形成较大的颗粒。这种较大的固体絮凝物质更容易分离和处理。

在油田污水处理中，常用的絮凝剂包括无机物质和有机物质。无机物质如硫酸铝和聚合氯化铝具有较强的絮凝效果，它们能够与悬浮物表面的带电离子发生作用，形成絮凝物质，使得悬浮物相互吸附和凝聚；有机物质如聚丙烯酰胺则具有较好的聚集性能，能够通过与悬浮物的分子间作用力加强悬浮物的聚集。

使用絮凝剂进行油田污水处理的过程通常分为两步：絮凝和分离。首先，在加入絮凝剂前，需要对污水进行预处理，去除较大的固体物质和油脂，以减少絮凝剂的消耗。然后，将絮凝剂加入污水中，根据实际情况调整剂量和投放方式，使絮凝剂能够充分与悬浮物发生反应。在絮凝的过程中，絮凝剂会在水中形成絮凝物质，吸附和凝聚悬浮物质，使其迅速聚集成较大的颗粒。

接下来，通过分离处理，将絮凝后的固体絮凝物质与水进行分离。常用的分离方法包括沉降、过滤和离心等。沉降是将絮凝物质静置一段时间，使其沉降到污水底部；过滤则是通过过滤介质将悬浮物质过滤出来；离心则是利用离心力将沉积在污水中的絮凝物质分离出来。

通过絮凝和分离处理，油田污水中的固体悬浮物可以得到有效去除和处理。这样不仅可以减少水中固体颗粒的含量，提高水的透明度和质量，还可以方便后续的处理和利用。同时，絮凝剂的选择和使用方法也需要根据具体情况进行调整，以达到最佳絮凝效果。

第四节　污水的防垢

一、防垢剂

在一定条件下从水中析出的溶解度很小的无机物质称为垢。在油田中最常见的垢是碳酸钙垢、硫酸钙垢、硫酸锶垢和硫酸钡垢。垢在管线表面、设备表面或地层表面的沉积称为结垢。可用防垢剂防止或延缓水中成垢离子的成垢沉积。防垢剂主要有下面几类。

（1）缩聚磷酸盐：可分为链状缩聚磷酸盐（如三聚磷酸盐）和环状缩聚磷酸盐（如六偏磷酸盐）。这类防垢剂只在低于50℃下使用，否则可发生部分水解，产生正磷酸盐，与二价金属离子（如Ca^{2+}）反应而结垢。

（2）磷酸盐：由多氨基化合物与甲醛和亚磷酸反应，再用碱中和生成。磷酸盐比缩聚磷酸盐的热稳定性好，用量低，是一类理想的防垢剂。

（3）氨基多羧酸盐：由氨基化合物与氯乙酸在碱性条件下反应生成。氨基多羧酸盐也是一种热稳定性较好的防垢剂。

（4）表面活性剂：在防垢用的表面活性剂中，磺酸盐、羧酸盐等类型表面活性剂的热稳定性明显优于硫酸盐型表面活性剂的稳定性，因为前者不会发生后者那样的水解反应。

（5）聚合物：低相对分子质量（小于5×10^4）的带羧基链节的均聚物和共聚物可用于防垢。聚合物也有用量低、热稳定性好的优点，因此也是一类理想的防垢剂。

上述各类防垢剂可通过两种与吸附有关的机理起防垢作用：一种是晶格畸变机理，这是由于防垢剂的吸附，使垢表面的正常结垢状态受到干扰（畸变），抑制或部分抑制了垢晶体的继续长大，使成垢离子处在饱和状态或形成松散的垢被水流带走；另一种是静电排斥机理，这是由于防垢剂（非离子型防垢剂除外）在垢表面吸附，能形成扩散双电层，使垢表面带电，抑制了垢晶体间的聚并。防垢剂也可在垢表面吸附，形成同样的扩散双电层，使垢表面也带电，从而使那些不能相互聚并的垢晶体不能在垢表面沉积，达到防垢的目的。

此外，一些防垢剂在水中解离后的阴离子可与成垢的阳离子通过反应+络合（螯合）产生稳定的水溶性的环状结构起防垢作用。

二、化学防垢剂

化学防垢剂通过向系统中加入特定的化学剂，如缓蚀剂、分散剂、螯合剂等，来抑制垢的形成或改善垢的稳定性，从而减少或延迟垢的沉积和积聚。

（1）缓蚀剂是化学防垢剂中常见的一种，其主要作用是抑制金属表面的腐蚀反应，从而减少垢的形成。它能与金属表面产生一层保护膜，阻止腐蚀剂直接接触金属，从而实现抑制腐蚀的效果。缓蚀剂的选择需要根据具体的工作环境和污水成分来确定，以确保最佳防腐蚀效果。

（2）分散剂是另一种常见的化学防垢剂，它能够改善垢的稳定性并防止其沉积和积聚。分散剂作为一种表面活性剂，能够将垢颗粒分散在污水中，防止其相互聚集形成大颗粒导致堵塞管道。通过加入适量的分散剂，垢颗粒的分散性和流动性得到改善，进而提高油田污水处理系统的稳定性和效果。

（3）螯合剂也是化学防垢剂中的重要成分之一。它的作用是通过与垢中的金属离子结合形成稳定的络合物，防止垢的形成和沉积。螯合剂能够有效地与金属离子发生配位反应，减少其在污水中的浓度，从而降低垢的形成和堵塞风险。不同类型的垢常常是由不同的金属离子组成的，因此选择适当的螯合剂是一个关键的工作。

化学防垢剂的使用不仅能有效减少垢的沉积和积聚，还能延长系统的使用寿命。通过加入适量的缓蚀剂，系统内部的管道和设备的腐蚀速度大大降低，减少了修复和更换的次数和成本。同时，分散剂的应用也能减少清洗和维护的频率，提高工作效率和生产效益。然而，化学防垢剂的选择和使用也需要一定的技术和经验。不同的油田污水处理系统对于垢的形成原因和性质有所不同，因此，应根据实际情况选择适合的化学剂进行处理。同时，化学防垢剂的控制剂量和使用方法也需要科学合理。过量的化学剂使用可能会导致环境污染和副作用，使用量不足则达不到预期的防垢效果。因此，在使用过程中，需要进行定期监测和调整，以最大程度地发挥化学防垢剂的效果。

三、物理防垢装置

在处理过程中，物理防垢装置发挥着关键作用。其中一个常见的装置是安装过滤器，通过过滤的方式将污水中的悬浮固体颗粒逐步去除。这项手段可以有效减少垢的沉积，确保污水处理系统的正常运行和延长其使用寿命。另一个常用的物理防垢装置是离心分离器。通过离心力的作用，它可以将污水中的固体颗粒和沉淀物分离出来，从而减少垢的形成。离心分离器的工作原理是利用高速旋转的离心机，使污水中的悬浮固体颗粒和沉淀物在离心力的作用下被分离出来，并通过不同的出口排出系统。

除了过滤器和离心分离器，还有其他一些物理防垢装置可以应用于油田污水处理过程中。例如，沉降池是利用浮力和重力的原理，通过让沉淀物沉积在底部，将悬浮固体颗粒分离出来。此外，气浮装置也是一种常见的物理防垢设备，它利用气泡的浮力将悬浮物质从污水中带走。这些物理防垢装置不仅可以降低垢的沉积，还能提高油田污水处理的效率和质量。通过减少悬浮颗粒和沉淀物的含量，这些装置可以保护处理设备免受损坏和堵塞。同时，物理防垢装置也有助于减少能源的消耗，因为处理清洁的污水比处理带有大量悬浮物质的污水要更加高效。

四、软化水处理

油田污水处理中，污水防垢起到了至关重要的作用。在这一过程中，利用离子交换树脂或其他软化水设备，能有效去除水中的硬度离子，从而降低形成垢的倾向。

（1）了解硬度离子的来源对于污水防垢至关重要。在油田开采过程中，地下水和注入水中会带来一定量的钙、镁等硬度离子。这些离子会与水中的其他化合物结合，形成硬度沉淀物，并且在设备表面、管道内堆积。

（2）通过利用离子交换树脂，可以将水中的硬度离子与树脂表面的其他离子进行交换。树脂表面上具有与硬度离子相互吸附的功能基团，使得树脂能够选择性地吸附硬度离子，并释放出其他离子。这种交换过程可以减少水中硬度离子的浓度，从而降低形成垢的倾向。

（3）另外，除了离子交换树脂，还可以采用其他软化水设备来实现污水防垢。例如，通过过滤、离心、蒸发等方式，可以有效去除水中的悬浮物、溶解物和颗粒物，减少这些物质在设备表面沉积的可能性。

（4）污水防垢不仅能够延长设备的使用寿命，降低维修和更换的成本，还能够提高设备的工作效率。因为垢层堆积在设备表面会导致热量传递的阻碍，从而影响设备的热交换效率。通过污水防垢，可以降低垢层形成的风险，保持设备高效运行。

五、清洗和维护

（1）定期清洗设备是防止污水处理设备内部垢积聚的重要措施。在长时间的运行过程中，油田污水中含有大量的油脂、砂粒和其他杂质，这些杂质容易附着在设备内部形成垢。而垢的积聚不仅会导致设备性能下降，还会降低设备的寿命，甚至引发设备故障。因此，定期清洗设备可以有效去除垢，保持设备的正常运行和长久使用。

（2）定期维护设备也是确保污水处理效果稳定的重要环节。油田污水处理设备在长时间运行后，可能会出现一些问题，如设备漏水、管道堵塞等。这些问题的存在会导致油田污水处理效果不佳，不仅无法达到环保要求，还可能对周围环境造成严重污染。通过定期的维护工作，可以及时发现和修复设备问题，确保设备正常运行和处理效果稳定。

六、控制水质条件

在进行污水处理过程中，控制水质条件是至关重要的步骤。通过调节水质中的pH、温度和流速等参数，可以有效减少垢的形成，从而提高处理效果。

（1）调节水质的pH是一项关键任务。不同的污水处理工艺对pH有不同的要求。通过控制污水的酸碱度，可以影响其溶解性和稳定性。在酸性环境中，某些有机物质更容易被分解，从而减少垢的堆积。而在碱性环境中，某些重金属离子会发生沉淀反应，也能有效去除有害物质。

（2）调节水质的温度也是影响污水处理效果的重要因素。温度的变化能够改变污水中有机物质的溶解度和速度。一般来说，较高的温度可以加快化学反应速度，有利于有机物质的分解。而较低的温度则可能降低反应速度，需要更长的处理时间。因此，在进行油田污水处理时，需要根据具体情况调节温度，以达到最佳处理效果。

（3）控制水质中的流速也是减少垢形成的重要手段之一。适当调节污水在处理设备中的流速可以增加物质的接触时间，提高处理效率。过快的流速可能导致物质在接触过程中不能充分反应，而过慢的流速又可能导致设备的处理能力不足。因此，合理调节流速可以平衡处理效果和设备运行的稳定性。

第五节　污水的缓蚀

一、缓蚀剂

污水的pH在6～8，属于中性介质，可用中性介质缓蚀剂缓蚀。按作用机理，这类缓蚀剂可分为以下3类。

（1）氧化膜型缓蚀剂：这类缓蚀剂是通过氧化产生致密的保护膜而起缓蚀作用的。由于所产生的保护膜极易促进金属的阳极钝化，所以这类缓蚀剂也叫钝化膜型缓蚀剂。

重铬酸盐属于这类缓蚀剂，它通过氧化反应产生Cr_2O_3和Fe_2O_3。这些氧化物在钢铁表面形成铁-氧化铁—铬氧化物的钝化膜控制钢铁腐蚀。钼酸盐也属于这类缓蚀剂。在有溶解氧的条件下，它可使钢铁表面形成铁—氧化铁—钼氧化物的钝化膜而起缓蚀作用。属于这类缓蚀剂的还有亚硝酸盐、钨酸盐、钒酸盐、硒酸盐、锑酸盐、乙酸盐、苯甲酸盐、甲基苯甲酸盐、水杨酸盐等。

（2）沉淀膜型缓蚀剂：这类缓蚀剂是通过在腐蚀电池的阳极或阴极表面上形成沉淀膜而起缓蚀作用的。硅酸钠可在阳极表面上与腐蚀产物Fe^{2+}反应，形成硅酸铁沉淀膜而起缓蚀作用。硫酸锌可在阴极表面上与电池反应所产生的OH^-反应，形成氢氧化锌沉淀膜而起缓蚀作用。此外，氢氧化钠、碳酸钠、磷酸二氢钠、磷酸氢二钠、磷酸三钠、六偏磷酸钠、三聚磷酸钠、葡萄糖酸钠、次氮基三亚甲基磷酸钠（ATMP）、乙二胺四亚甲基磷酸钠（EDTMP）、次乙基羟基二磷酸钠（HEDP）等都属于这类缓蚀剂。

（3）吸附膜型缓蚀剂：这类缓蚀剂是通过在腐蚀电池的阳极表面和阴极表面上形成吸附膜而起缓蚀作用的。由于除氧剂可以通过除去水中的溶解氧而起缓蚀作用，杀菌剂可通过抑制水中硫酸盐还原菌的繁殖而起缓蚀作用，因此，在某种意义上，这些化学剂都可被看作缓蚀剂。污水缓蚀剂通常也是复配使用的，如磷酸盐与锌盐复配，重铬酸盐与锌盐复配，钼酸盐与锌盐复配，钼酸盐与有机磷酸盐复配，重铬酸盐与聚氧乙烯松香胺复配，硫脲与聚氧乙烯松香胺复配，硫氰酸铵与肉桂醛复配，钼酸盐、锌盐与葡萄糖酸盐复配等。

二、添加缓蚀剂

添加缓蚀剂：缓蚀剂是一种能够形成保护性膜或吸附层的物质，能够阻止金属与污水中的腐蚀物质接触，从而减缓腐蚀的发生。在油田开采过程中，大量的污水会产生，其中所含的腐蚀物质极易对管道和设备造成损坏。为了解决这个问题，研究人员开始探索利用缓蚀剂来减缓腐蚀速度的方法。有机胺、缓蚀胶体和缓蚀聚合物等特定缓蚀剂的添加成为一种有效的腐蚀防护措施。

添加缓蚀剂的原理是通过将其加入污水中，使其与金属表面发生反应，形成一层保护性的膜或吸附层。这样，腐蚀物质无法直接接触金属，从而延缓了腐蚀的发生。有机胺作为一种常用的缓蚀剂，具有优异的抗腐蚀性能。它可以在金属表面形成一层致密的保护膜，阻隔了腐蚀介质与金属之间的直接接触。而缓蚀胶体和缓蚀聚合物则能够通过吸附的方式有效地避免金属与污水中的腐蚀物质接触。

虽然添加缓蚀剂是一种有效的方法来减缓油田污水的腐蚀问题，但仍需注意其使用条件和限制。例如，缓蚀剂的使用需要考虑对环境的影响，以及对人体健康是否有害。此外，缓蚀剂的选择和添加量也需要根据具体情况进行合理调整，以确保达到最佳缓蚀效果。

三、控制污水pH

油田污水处理中的一个关键问题是如何控制污水的pH，以缓解其对设备和管道的腐蚀影响。腐蚀是由于污水中存在的酸性物质或碱性物质与金属发生化学反应而导致的。

要实现油田污水的缓蚀，首先需要了解污水的pH。通过监测和测量污水中的酸碱度，可以确定是否需要调节pH。当污水的pH过高或过低时，都会对金属设备和管道造成腐蚀风险。

调节污水的pH，使其处于不利于腐蚀的范围内，可以有效地降低对油田设备和管道的损害。为了实现这一目标，油田污水处理工程通常会引入一系列的化学添加剂来调节pH。通过添加碱性物质，如氢氧化钠（NaOH）或石灰（CaO），可以将酸性污水中的酸度中和，并提高其pH。此外，还可以使用酸性物质[如硫酸（H_2SO_4）或盐酸（HCl）]来降低碱性污水的pH。

控制油田污水的pH还有助于防止金属腐蚀和管道内的沉积物形成。当污水的pH处于偏酸性或偏碱性时，金属表面会更容易受到腐蚀的影响。而当污水的pH处于中性范围内时，金属表面的腐蚀速率会显著减少，延长设备和管道的使用寿命。此外，控制污水的pH还可以防止管道内的沉积物形成，这些沉积物会堵塞管道并影响油田生产效率。通过将污水的pH维持在合适的范围内，可以降低沉积物的生成速度，并保持管道的通畅。这对于维持油田的正常运营至关重要。

四、阳极保护

阳极保护是一种利用金属阳极来保护金属设备和管道的方法。在这种方法中，阳极通常是一种比金属更容易腐蚀的材料。阳极保护的原理是，当阳极与金属结合在一起时，它会作为一个抛弃性阳极遭受腐蚀，从而保护金属不被腐蚀。这主要是因为阳极所使用的材料会优先被电化学反应中的氧化过程所消耗，而金属设备和管道则得以保持相对完好的状态。

在油田污水处理中，阳极保护可以有效减少金属设备和管道在潮湿或腐蚀性环境下的腐蚀程度。阳极保护系统通常包括将阳极安装在金属设备和管道表面的特定位置，并与其电连接。当金属设备和管道处于腐蚀性环境中时，阳极就会被腐蚀，而金属设备和管道则相对受到保护。这种保护机制可以有效延长金属设备和管道的使用寿命，降低维护和更换成本。

然而，阳极保护也存在一些问题和挑战。首先，选择合适的阳极材料至关重要。阳极材料必须具有良好的腐蚀性能，能够提供足够的保护效果。其次，阳极的安装位置和数量也需要仔细设计。如果阳极安装不当或数量不足，可能导致保护效果不佳，甚至无法保护到位。

此外，阳极的性能会随着时间的推移而逐渐衰减。因此，定期检查阳极的状态并进行更换是确保阳极保护系统有效运行的重要措施。同时，加强油田污水处理过程中的监测和维护工作也是保证阳极保护效果的关键。

总之，阳极保护是一种有效的油田污水缓蚀方法，可以保护金属设备和管道免受腐蚀的损害。然而，阳极保护的实施需要注意选择合适的阳极材料和合理安装位置，并定期检查和维护阳极保护系统的运行状态。通过正确应用阳极保护技术，可以大大延长金属设备和管道的使用寿命，提高油田污水处理的效率和可靠性。

五、电化学缓蚀技术

电化学缓蚀技术是一种有效的方法，可以用于处理油田污水中的腐蚀问题。在油田开采过程中会产生大量的废水，其中含有各种有害物质和化学物质，这些物质会对金属设备和管道造成严重的腐蚀。通过应用电化学缓蚀技术，可以在金属表面形成一层保护性的氧化膜或膜，从而减缓金属的腐蚀速度。这种技术利用电流和电位控制技术，通过外加电流或电位来促进金属表面的氧化反应，从而形成稳定的氧化层，阻止金属与周围环境中的水、氧和其他腐蚀性物质接触。

电化学缓蚀技术具有许多优点。首先，它可以通过在金属表面形成氧化膜或膜来确保长期的防腐保护。此外，这种技术具有较强的选择性，可以根据具体情况对不同金属进行不同程度的防腐处理。另外，电化学缓蚀技术还可以实现自动化控制，提高生产效率和降低成本。油田污水的电化学缓蚀处理通常包括以下几个步骤。首先，需要对污水进行预处理，去除其中的悬浮物、泥沙和有机物等。其次，将处理后的清洁水引入电化学缓蚀设备中，同时通过外加电流或电位来促进金属表面的氧化反应。在反应过程中，金属表面将形成稳定的氧化层，有效地减缓金属的腐蚀速度。最后，经过电化学缓蚀处理的水可以经过后续的处理步骤，以确保水质达到排放标准。

当然，电化学缓蚀技术也存在一些挑战和限制。一方面，该技术需要专业的设备和操作技术，因此对于一些小型油田或缺乏技术支持的地区可能难以实施；另一方面，电化学缓蚀技术虽然可以减缓金属的腐蚀速度，但无法完全消除腐蚀问题，因此还需要结合其他防腐措施来综合保护金属设备和管道。

第六节　污水的杀菌

一、污水杀菌剂的分类

在污水中，主要遇到的细菌是硫酸盐还原菌、铁细菌和腐生菌。它们可引起金属腐蚀、地层堵塞和化学剂变质，因此需要杀菌。少量加入就能杀死细菌的物质叫杀菌剂。

污水杀菌剂有如下两类。

（1）氧化型杀菌剂：这类杀菌剂通过氧化作用杀菌。氯是一种典型的氧化型杀菌剂，它可在水中产生次氯酸。次氯酸不稳定，可分解反应产生的原子态氧，起氧化杀菌作用。

此外，下列杀菌剂也是通过氧化作用杀菌的：臭氧、二氧化氯、次氯酸钠、次氯酸钙、高铁酸钾、高锰酸钾、二氯异三聚氰酸、三氯异三聚氰酸，它们可在水中产生原子态氧起杀菌作用。

（2）非氧化型杀菌剂：这类杀菌剂按其主要作用可再分为吸附型杀菌剂和渗透型杀菌剂。吸附型杀菌剂是通过吸附在细菌表面，影响细菌正常的新陈代谢而起杀菌作用的。由于细菌表面通常带负电，所以季铵化合物是特别有效的吸附型杀菌剂。

在这些杀菌剂中，有些含多个季铵氮，有些为表面活性剂，从而强化了它们的使用效果。此外，有些杀菌剂有缓蚀、防垢和黏土稳定的结构，因此它们同时具有缓蚀、防垢和黏土稳定作用。渗透型杀菌剂能渗入细菌的细胞质中，破坏菌体内的生物酶而起杀菌作用。下面是一些渗透型杀菌剂：甲醛、戊二醛、2-丁烯腈、二硫氰基甲烷、异噻唑烷酮等。

杀菌剂多复配使用。复配杀菌剂的效果超过单一杀菌剂的效果。杀菌剂必须交替使用，因为长期使用一种杀菌剂会使细菌产生抗药性而显著降低杀菌剂的使用效果。杀菌剂开始使用时浓度要高，在细菌数量处在控制之下时，则可改为较低浓度，即能有效地控制细菌的繁殖。杀菌剂可连续投放或间歇加入。连续投放时杀菌剂的质量浓度一般在10～50mg·L^{-1}，间歇加入时杀菌剂的质量浓度一般在100～200mg·L^{-1}。

二、油田污水处理细菌新技术的应用现状

中国是石油大国，石油污水方面也十分严重。为了能够使污水的整体处理效果更加明显，需要对现阶段的各种新技术体系进行综合性的优化。因此，从整体来看，污水处理技术还有待提高。目前，很多专业人士已经投入污水处理技术的升华之中，对于不同的污水进行不同级别的处理，让各种有机化合物能够得到全面性的净化，最终使得污水的处理效果更加显著。在油田进行全面开发的过程中，回注污水必须投放杀菌剂进行处理，尤其是对于有害成分的还原菌需要进行彻底性清理。硫酸盐还原菌属厌氧菌，是一种普遍存在的细菌，在石油污水中，不仅会全面地繁衍及繁殖，还会对油田的污水造成十分严重的影响。一般情况下，其最适宜的生产温度在20～40℃，由于整体的繁衍能力较强，同时还具备硫化合物的脱氧变化。因此，在进行还原菌的全面处理中，需要对有机物的残渣进行控制。同时，对于硫酸盐及石油表面的微生物物质，需要利用多种不同的杀菌方式让油田的

污水能够得到集中性处理，从而让硫酸盐的还原菌得到良好的物质处理，最终使得原油的影响大幅降低。

三、污水处理细菌新技术的各种影响因素

（一）观念影响因素

首先，在污水的整体处理上，很多人认为经过基础处理的污水就能够进行循环利用，但实际其依旧存在诸多的使用风险。很多人对于这种新技术还没有较为深刻的认识，因此，使得污水处理的新技术一直处于停滞不前的地步。由于观念的陈旧，污水处理的新技术难以得到全面性的改变，因此，观念影响因素对污水处理技术的整体影响较为深远。

（二）资金因素

中国各个地区的发展非常不平衡，有非常多的小型污水处理厂，但由于在进行技术的处理过程中，其需要得到大量的资金支持，所以污水处理新技术的整体推进进度还有待提高。目前，国家还没有足够的资金向污水处理技术方面进行大幅倾斜。这就使得很多中小企业的污水处理技术还不够完善，而且污水处理的成本还越来越高。目前，很多中小企业在污水处理上依旧采用二级处理方式，甚至还有企业采用的是一级处理方式来进行污水的处理，这就很难达到污水的处理效果。所以，资金因素也是污水处理技术提高的重要因素，相对来说，油田污水的处理成本较高。因此，在进行综合性的处理过程中，其处理杀菌剂还要配合多种方式进行综合性处理，这样才能让污水的处理效率得到相应的提高。

（三）技术因素

从整体的技术层面上讲，在油田污水的整体处理中，腐生菌是一种非单群菌落，最容易对管线及设备造成一定的腐蚀干扰。因此，为了能够使得细菌得到良好的抑制，需要对其进行较好的技术处理。在整体的细菌处理中，其整体的采油体系已经初步得到改善。同时，在进行地面温度的控制上，需要对矿物质进行范围有机物的控制。因此在污水的整体处理中，其需要配备各个污水站进行集中性的污水处理。同时，在整体的处理流程中，需要对其进行三防要求、处理方法来确定。

四、油田污水处理中杀菌剂的混合处理分析

（一）矿物质油田污水的处理

在矿物质油田污水的处理中，通常具有多种不同的处理方式。首先，在处理的结构上，细菌的整体生长会更加明显。因此，在进行控制的过程中，硫酸盐还原菌不得超过25

个/mL，因此，在杀菌剂中，需要增加阳性离子的数量。同时，在氧化物的整体控制中，还要对多菌离子进行综合性的物质控制，并使得污水处理的站点能够利用1227、WC–85、杀菌灭藻剂、异噻唑啉酮杀生剂等杀菌剂，加药浓度在30～60mg/L以上。这样，污水的整体处理不仅十分有效而且节能，而且在不同药剂的大量使用过程中，其附带的污水处理效果也会更加明确。尤其是在降低费用的处理中，需要对其整体的处理效果进行全面性增强，并集中性地利用不同的方法让污水的整体处理方式得到良好的优化，最终有效地降低污水的分子游动率。同时，其能够对污水中的各种污水物质进行综合性的吸附，从而使得整体的水质得到较为显著的净化。最终达到较为明显的废水处理效果。在进行污水的处理过程中，其可以考虑作为主原料进行水质的整体净化，并对污水的整体处理结构进行综合性的数据控制。在多层面的污水体系结构的控制上，其需要利用原生态的整体处理方式让污水的整体转化率得到全面性的提高，最终使得污水处理技术的优势全面性地发挥出来。同时，该种污水处理技术也较为容易操作，能够使得各种矿物质的污水处理效率得到全面性的提高，整体的处理效果会更为明显。因此，为了避免出现二次性的污染，需要对各种污染进行相应的控制，将各种技术优势全面性地发挥出来。

（二）油田污水的离子分离

可以利用化学催化的方式让无机污染物或是有机污染物进行还原反应，分解成水、CO以及盐，以此来对污水进行净化。光催化技术所应用的原药有很多种，对于其离子化合物的整体变化情况，需要采用多种不同的方式达到相应的去污染效果。为了能够使得整体的去污染效果更加明显，需要加强去污水的整体效果，可以利用不同的光线照射后，进行物料性质的化学反应，从而使得空气得到相应的氧化。在紫外线的持续照射下，其整体空气出现的氧就会得到相应的活化，当活性氧的自由基因得到相应的活性反应时，其两者之间具有较高的活性分离。当污染物相遇时，其氧化还原反应就能全面完成，最终达到较好的去污目的。当然污水的整体处理是一个较为漫长的过程，因此在进行集中性的控制中，还要对其杀菌剂的性能进行良好的分析，对于投药的时间点及投药的药量都要进行精准性的控制。在进行连续加药的过程中，还要对整体的药量变化进行周期性的浓度控制。一般情况下，在停药一周以后，其投药的浓度同样也会增加，在不同的浓度作用下，整体的杀菌也会出现相应的变化。因此，在连续性的投递过程中，需要对其整体的周期变化情况进行相应的控制，最终使得油田污水的处理效果更加明显。

（三）菌量变化的控制

对其菌量的变化，同时在不同的变化周期中，在加药方式和加药量都相同的情况下，杀菌效果显著改善，TGB和SRB的生长得到有效控制，菌量都维持在低水平。这一结果说明，适时换用适当的杀菌剂，两种或多种杀菌剂交替使用很有必要。因此，为了能使得其菌量的变化因素得到良好控制，在进行主体性应用中，需结合其菌量的变化体系进行综合性的因素研究。同时，在进行杀菌的整体处理中还要对其整体进行控制。

（四）混合处理研究

在进行混合处理的过程中，整体的药剂处理效果也有不同的反应，因此在进行综合性的处理过程中，需要结合不同的方式让整体的药剂效果更加显著。对于油田污水中的细菌而言，长期性地使用一种药剂很容易出现问题，因此在进行综合性的利用中，需要采用多种不同的药剂进行混合使用，从而使得整体的药剂使用效果更佳。

五、杀菌工艺原理

（一）电解盐水杀菌

电解盐水杀菌工艺是利用次氯酸钠与水的反应产物杀菌的原理。次氯酸钠的生成装置为装有盐水的电解槽。针对目前电解盐水杀菌工艺的加药泵、自控系统、化盐罐、电解槽等装置存在的问题，分析后发现，以加药泵存在的问题对杀菌率影响最大。传统加药泵是离心式加入装置，可以将其改为柱塞式的按照比例计量的计量泵，满足现代污水处理过程中压力大、流量小的污水处理要求。改进装置的目的是提高污水处理效率，提高装置的稳定性和可靠性。为更好地改进电解盐水装置的其他组成部分，要对电解过程多做记录分析，加强杀菌效果的跟踪。

（二）LEMUP杀菌

LEMUP物理杀菌技术是集紫外线杀菌和光触媒杀菌两种工艺而研发出的全新杀菌工艺。紫外线杀菌原理是通过照射引起DNA链断裂，其核酸与蛋白交联过程受到阻碍，核酸因此丧失生物活性，细菌失去繁殖能力慢慢死亡。紫外线杀菌过程中的光源是光触媒杀菌的主要催化剂，光触媒杀菌过程有大量羟基产生，羟基自由基可以使SRB细菌致死。SRB将油田污水中的硫酸根离子作为电子受体，经过代谢将还原为S^{2-}，反应产物为对油气田管线有强烈腐蚀作用的H_2S。因此，LEMUP杀菌工艺广泛应用于消灭SRB的过程中。光触媒杀菌原理中起主导作用的是半导体材料和光催化材料，如TiO_2、CdS等。这些光催化材料由于自身具有光电特性，由固体能带理论的能量最低原理可知电子会优先占用能量较低的轨道，吸收光能后，电子从价带（VB）跃迁到导带（CB）。另外，半导体能带的不连续性导致电子空穴复合较多，当电子空穴复合后形成能快速参与反应的合子，油田污水中的有机物等可以作为此反应的空穴俘获催化剂，进而氧化出羟基化反应物，生成更多的羟基，达到杀死SRB等细菌的目的。LEMUP杀菌装置安装在输油管的外输管道上，杀菌过程中发生氧化还原电位的变化。油田污水经过LEMUP杀菌过程，水内氧化还原电位变化电位差达到700mV，其加大幅度的电位变化也会破坏除SRB细菌以外其他类型细菌的生长电位。由于每种细菌均有自身的生长电位，当变化的电位破坏了细菌的生长环境，也就杀灭了细菌。通过某油田污水处理站使用LEMUP装置前、后的细菌含量变化，得出LEMUP杀菌工艺的杀菌率，经过LEMUP杀菌装置处理后的油田污水完全符合回注要求。

（三）HLX-102非氧化性杀菌剂的杀菌

HLX-102非氧化性杀菌剂原理：来源于细菌的蛋白质可与碳、氨基、硫基发生加合反应，反应过程消耗了细菌繁殖复制的基本物质，使其代谢不能正常进行，因此起到杀菌功效。SRB作为油田污水处理过程中的主要消灭对象，HLX-102非氧化性杀菌剂反应装置在运行过程中起到极大的作用，SRB的死亡率与其紧密相关。污水处理站将HLX-102非氧化性杀菌剂与絮凝剂混合，作为加入污水的药剂形式，此种工艺运行方式的优点在于可以将两种杀菌剂同时加入污水中，加强了物理沉降过程的沉降效果，但由于HLX-102非氧化性杀菌剂和絮凝剂的作用原理有差异，两种物质在同时加入管网后会发生部分氧化还原反应，从而在一定程度上影响杀菌效果。物理沉降效果的增强与杀菌效率的总体下降相比，传统的HLX-102非氧化性杀菌剂工艺装置依旧需要在后期改进。

（四）氯消毒

通过向油田污水中加入氯化合物，如氯气或次氯酸钠（常见的漂白粉），以达到消毒的效果。氯具有强大的杀菌能力，可以有效地消灭细菌、病毒和其他微生物。当氯与水中的有机物和细菌接触时会发生氯化反应，生成次氯酸。次氯酸是一种强氧化剂，能破坏细菌和病毒的细胞膜，破坏其代谢和生长能力，从而达到杀菌效果。

在油田污水处理过程中，氯消毒是广泛应用的一种方法。通过控制加入的氯化合物的浓度和反应时间，可以有效地杀灭油田污水中的有害微生物，并降低其生物负荷。此外，氯消毒还能减少油田污水中的恶臭物质，提高水质的卫生安全性。然而，尽管氯消毒是一种有效的消毒方法，但其也存在一些潜在问题。首先，氯消毒会生成一些副产物，如氯酸和三氯甲烷等，这些化合物有时可能对环境和人体健康造成潜在风险。因此，在进行氯消毒时，需要控制好氯化合物的投加量，避免过量使用。另外，氯消毒并不能完全去除油田污水中的有机物和重金属等污染物质，这些物质可能会对水体造成污染和长期影响。因此，在进行油田污水处理时，还需要采用其他方法，如生物处理、化学处理等，以进一步降低污染物的含量。

（五）紫外线消毒

紫外线消毒技术利用紫外线的高能量特性，有效地杀灭污水中的有害微生物，如细菌、病毒和其他微生物。

（1）紫外线消毒具有高效性。紫外线灯在照射污水时，其能量能够破坏微生物的核酸，进而破坏细菌、病毒和其他微生物的遗传物质，从而使其失去生机，无法继续生长繁殖。这种快速而有效的消毒过程能够高效地去除污水中的病原微生物，保障水环境的健康与安全。

（2）紫外线消毒没有化学残留物。相比其他传统的消毒方法，如氯消毒，紫外线消毒不需要添加任何化学物质，因此不会产生化学残留物。这有助于减少对水质的二次污染，并且不会对人体和环境造成危害。这使得紫外线消毒成为一个可持续、环保的选择。

（3）紫外线消毒具有操作简便、维护成本低的特点。只需要将紫外线灯安装在合适的位置，将污水通过灯的照射区域，就能够实现消毒效果。相对于其他复杂的污水处理过程，紫外线消毒技术不需要大量的设备和耗费高昂的维护费用，降低了运营成本。

（4）紫外线消毒还能有效地处理油田污水中的油脂和悬浮物。紫外线能量能够促使油脂和悬浮物的聚集和沉降，从而净化油田污水。这有助于改善油田污水处理效果，保护水资源，减少对周边环境的影响。

（六）臭氧消毒

臭氧消毒利用臭氧气体的强氧化和杀菌作用，能够高效地消除污水中的微生物。臭氧消毒的原理是通过将臭氧气体直接通入污水中，使臭氧与水中的微生物发生反应，从而破坏其细胞膜、DNA和其他生物分子结构。臭氧气体具有强氧化性，可迅速与细菌、病毒和其他微生物产生化学反应，对其进行杀灭。相比传统的消毒方法，臭氧消毒具有更广谱的杀菌作用，不仅可以消灭细菌和病毒，还能有效降解有机物、去除异味。臭氧消毒技术在油田污水处理中的应用已经取得了显著的成果。通过将臭氧气体注入污水处理系统，可以迅速杀灭污水中的微生物，减少病菌传播的风险。此外，臭氧消毒还可以提高处理系统的稳定性和效率，有效降低污水处理的能耗和化学物质使用量。

然而，在应用臭氧消毒技术时，还需注意一些问题。首先，臭氧气体具有较强的氧化性，需要正确控制其浓度，以免对环境造成不良影响。其次，臭氧消毒需要配备适当的设备和控制系统，以确保臭氧气体的安全使用和有效释放。此外，臭氧消毒对不同的微生物有着不同的杀菌效果，需要根据具体情况进行调整和优化。

（七）过滤

通过使用微孔滤器或其他过滤装置，可以有效地将污水中的微生物去除。在油田开采过程中，产生的污水中含有大量的菌群和病原微生物。如果这些微生物未经过有效处理，直接排放到自然环境中，将对周围生态系统造成严重的危害。而通过过滤方法，可以有效地去除这些微生物，减少对环境的污染。

微孔滤器是一种常用的过滤装置。它利用其特殊的材料，如陶瓷或塑料，具有微小的孔径，只能通过较小的分子和颗粒。当污水通过微孔滤器时，微生物会被滤除，而清洁的水则流出。除了微孔滤器，还有其他一些过滤装置可以用于油田污水的杀菌。例如，活性炭过滤器可以吸附污水中的有机物和微生物，净化水质。而纳滤器则通过孔径更小的滤膜，将微生物和其他溶质截留在膜表面，从而净化水源。

过滤是油田污水处理的初级步骤，可以有效地去除微生物，净化水质。但在实际应用中，过滤仍需要与其他处理方法相结合，以达到更好的效果。例如，过滤后的污水仍可能含有一些残留的微生物，因此需要进一步进行消毒或氧化处理，确保水质的安全性。

参考文献

[1] 高岗.油气勘探地质工程与评价[M].北京：石油工业出版社，2021.

[2] 邹才能.非常规油气勘探开发[M].北京：石油工业出版社，2019.

[3] 徐凤银，陈东，梁为.非常规油气勘探开发技术进展与实践[M].北京：科学出版社，2022.

[4] 窦立荣.跨国油气勘探理论与实践[M].北京：科学出版社，2023.

[5] 陈欢庆.油气藏地质成因分析及应用[M].北京：石油工业出版社，2021.

[6] 袁剑英.国内外典型湖相碳酸盐岩油气藏地质背景及勘探技术[M].北京：地质出版社，2019.

[7] 许红，张莉，李祥全.东海盆地地质与油气—天然气水合物成藏动力学[M].北京：科学出版社，2022.

[8] 王嫣，潘琳，朱芳冰.油气藏工程动态分析案例库建设 3册[M].武汉：中国地质大学出版社，2021.

[9] 张元福.沉积环境与沉积相[M].北京：石油工业出版社，2023.

[10] 李胜利，于兴河.油气储层地质学基础[M].第3版.北京：石油工业出版社，2023.

[11] 李少华，包兴，喻思羽，等.基于地质模型的油气储层产能评价方法及应用[M].北京：石油工业出版社，2020.

[12] [伊朗]瓦希德塔瓦库里.地质岩心分析在储层表征中的应用[M].刘卓，吕洲，宁超众，译.北京：石油工业出版社，2021.

[13] 马火林，骆淼，赵培强，等.地球物理测井资料处理解释及实践指导[M].武汉：中国地质大学出版社，2019.

[14] 景成，宋子齐.致密砂岩气藏测井解释理论与技术[M].北京：中国石化出版社，2019.

[15] 李宁，王才志，武宏亮.复杂储层测井解释理论方法及CIFLog处理软件 2008—2020[M].北京：石油工业出版社，2023.

[16] 靳军，李二庭，杨禄.油藏地球化学基础与应用：以新疆油田玛湖区块为例[M].北京：中国石化出版社，2020.

[17] 杨昭，李岳祥.油田化学[M].哈尔滨：哈尔滨工业大学出版社，2019.

[18] 曹晓春，闻守斌，逯春晶，等.油田化学[M].北京：石油工业出版社，2021.
[19] 衣雪松.油田废水超滤处理技术[M].北京：中国环境出版集团，2019.
[20] 金丽梅.油田废水纳滤处理技术[M].哈尔滨：哈尔滨工程大学出版社，2020.
[21] 窦宏恩.油田开发基础理论（下册）[M].北京：石油工业出版社，2019.
[22] 李斌，刘伟，毕永斌，等.油田开发项目综合评价[M].北京：石油工业出版社，2019.
[23] 黄红兵，李源流.低渗油田注水开发动态分析方法与实例解析[M].北京：北京工业大学出版社，2021.
[24] 穆龙新，范子菲，王瑞峰.海外油田开发方案设计策略与方法[M].北京：石油工业出版社，2020.
[25] 齐与峰，叶继根，黄磊，等.油田注水开发系统论及系统工程方法[M].北京：石油工业出版社，2023.
[26] 姜洪福，辛世伟.海塔油田滚动开发探索实践[M].北京：科学出版社，2022.
[27] 赵平起，蔡明俊，张家良，等.复杂断块油田高含水期二三结合开发模式[M].北京：石油工业出版社，2021.
[28] 甘振维，何龙，范希连.石油工程现场作业岗位标准化建设丛书 钻井分册[M].北京：中国石化出版社，2020.
[29] 甘振维，何龙，范希连.石油工程现场作业岗位标准化建设 钻井液、定向、固井分册[M].北京：中国石化出版社，2020.
[30] 蒲春生.石油百科：储层改造[M].北京：石油工业出版社，2022.
[31] 雷群.储层改造关键技术发展现状与展望[M].北京：石油工业出版社，2022.
[32] 王道成，李年银，黄晨直，等.高温高压油气井储层改造液体技术进展[M].北京：石油工业出版社，2022.
[33] 班兴安，李群，张仲宏，等.油气生产物联网[M].北京：石油工业出版社，2021.
[34] 鲁玉庆.油气生产信息化技术与实践[M].北京：中国石化出版社，2021.
[35] 单朝晖.浅层超稠油油藏开发调整技术[M].北京：石油工业出版社，2022.